AVA-Handbuch

Wolfgang Rösel · Antonius Busch · Bernd Rode

AVA-Handbuch

Ausschreibung – Vergabe – Abrechnung

10. überarbeitete und aktualisierte Auflage

 Springer Vieweg

Wolfgang Rösel
Lindau, Deutschland

Antonius Busch
Universität Kassel
Kassel, Deutschland

Bernd Rode
Universität Kassel
Kassel, Deutschland

ISBN 978-3-658-29521-9   ISBN 978-3-658-29522-6   (eBook)
https://doi.org/10.1007/978-3-658-29522-6

Die Deutsche Nationalbibliothek verzeichnet diese Publikation in der Deutschen Nationalbibliografie; detaillierte bibliografische Daten sind im Internet über http://dnb.d-nb.de abrufbar.

Lektorat: Karina Danulat
Springer Vieweg ist ein Imprint der eingetragenen Gesellschaft Springer Fachmedien Wiesbaden GmbH und ist ein Teil von Springer Nature.
Die Anschrift der Gesellschaft ist: Abraham-Lincoln-Str. 46, 65189 Wiesbaden, Germany

Vorwort

Vorwort zur 10. Auflage

Am 1. April 2020 wird Herr Prof. Busch in den Ruhestand eintreten und diesen Schritt auch zum Anlass nehmen, seine Autorentätigkeit einzustellen. Sein langjähriger Weggefährte und Mitarbeiter Dr.-Ing. Bernd Rode wird als neuer Autor die Bearbeitung des AVA-Handbuchs weiterführen.

Herr Rode hat auch die 10. Auflage maßgeblich überarbeitet.

Insbesondere die neue VOB, in der Fassung von 2019 und die neue DIN 276, in der Fassung vom Dezember 2018 sind Grundlage der neuen Auflage. Ebenfalls wurde das Kapitel 12 „Computergestützte AVA" von Herrn Rode speziell auf das Thema „BIM" überarbeitet.

Die Mitwirkung von Experten trägt zum aktuellen Stand der fachlichen Inhalte bei, wofür die Autoren diesen Herren vielmals danken:

Herr Rechtsanwalt *Prof. Dr. jur. Wolfgang Weller* übernahm auf Grundlage der aktuellen Rechtsprechung die Durchsicht der Texte auf deren rechtliche Belange.

Bei der Überarbeitung des Kapitels „Versicherungen" hat Herr *Rainer-Karl Bock-Wehr* von HDI-Gerling, Firmen und Privat Versicherung AG, Köln, beratend mitgewirkt.

Die Herren *Dr.-Ing. Bernd Rode* und *Dr.-Ing. Stefan Strack* leisteten engagierte Mitarbeit an dieser Auflage, und widmen sich der unermüdlichen Weiterentwicklung der Lehre im Bereich AVA am Institut für Bauwirtschaft.

Unsere aufmerksamen Leser und Fachkollegen regen mit kritischen Hinweisen und Vorschlägen, für die wir sehr dankbar sind, gelegentlich Verbesserungen an. Zukünftig soll in Ergänzung zu den Themeninhalten des AVA-Handbuches eine online-Plattform mit ergänzenden Übungen initiiert werden, welche dem Selbststudium und der Wissenvertiefung dienen soll.

Einen ganz besonderen Dank gebührt Herrn Universitätsprofessor i.R. Dr.-Ing. Wolfgang Rösel, der dieses Buch 1978 ins Leben gerufen hat. Auch nach 42 Jahren hat es an Aktualität nicht verloren und wird sicher noch weitere Auflagen überleben.

Herr Prof. Wolfgang Rösel wird ebenfalls die Mitarbeit an diesem Buch aus Altersgründen nach der 10. Auflage beenden. Ab der 11. Auflage wird die Bearbeitung des Buches durch Herrn Dr. Bernd Rode erfolgen.

Lindau, Bodensee	Wolfgang Rösel
Kassel	Antonius Busch
	Bernd Rode

im Januar 2020

Vorwort zur 1. Auflage

Diese Schrift will ein Leitfaden auf dem Weg der Bauabwicklung aus der Sicht des prakti-
zierenden Architekten sein. Die Kenntnis der Rechtsbeziehungen zwischen ihm, seinen
Auftraggebern und den Auftragnehmern benötigt er unbedingt zur Erfüllung seines Auftrags.

Er ist im Rahmen seiner Berufstätigkeit verpflichtet, seinen Bauherrn im Sinne einer Ne-
benaufgabe auch in rechtlichen Dingen zu beraten, sofern dies der Erfüllung seiner eigent-
lichen Berufsaufgabe dient und daher mit dieser in einem notwendigen und unmittelbaren
Zusammenhang steht.

Diese Verpflichtung bezieht sich also nur auf die Beratung in den hier dargelegten Grund-
satzfragen. Dagegen bleibt eine individuelle Rechtsberatung, insbesondere in Zweifelsfäl-
len oder Streitigkeiten, den dafür nach dem Rechtsberatungsgesetz legitimierten Rechts-
anwälten vorbehalten. Es ist darauf hinzuweisen, daß die Urteile der Gerichte, insbesondere des Bundesgerichtshofes, für die rechtliche Beurteilung analoger Fälle bedeutsam sind.

In knapper Form vermittelt diese Schrift den Studierenden, den Baupraktikern und den
Bauherren eine übersichtliche Darstellung der Vorgänge, die zur Ausschreibung, Vergabe
und Abrechnung erforderlich sind. Diese gelten generell für Neubauten in handwerklicher
und industrialisierter Methode, Fertighäuser, Altbau-Erneuerungen und größere Repara-
turen.

Um den Rahmen und den Zweck dieses „Stichwort"-Leitfadens nicht zu sprengen, finden
sich textlich zugeordnete Hinweise auf Gesetze und Bestimmungen am Textrand. Dieser
„Wegweiser" durch die Pfade der Rechts- und Verfahrensstruktur kann darum nur ein-
führend auf die vielfältigen Gefahren und Probleme hinweisen und damit deutlich machen, daß es zur Bauabwicklung des Fachmannes und in strittigen Rechtsfragen des
Rechtsanwalts bedarf.

Kassel, April 1978

Wolfgang Rösel

Inhaltsverzeichnis

1 Rechtliche Grundlagen

1.1 Allgemeine Hinweise auf gesetzliche Regelungen

Die Verhältnisse der Einzelnen zueinander unter dem Gesichtspunkt der grundsätzlichen Gleichberechtigung werden durch das Recht bestimmt. Die bei der Planung und Abwicklung von Bauten entstehenden rechtlichen Beziehungen zwischen dem Auftraggeber (in der Regel der Bauherr) und den an der Planung und Ausführung Beteiligten sind durch Vertrag zu regeln.

Bei allen Rechtsgeschäften gilt grundsätzlich das Bürgerliche Gesetzbuch (BGB). Es ist das wichtigste und umfassendste Gesetz des deutschen Privatrechts. Das BGB trat am 1. Januar 1900 in Kraft und ist trotz einiger Änderungen in seinen Grundzügen unverändert geblieben.

Über die Bestimmungen des BGB hinaus können im Rahmen der nach deutschem Recht gegebenen Vertragsfreiheit weitere Vereinbarungen getroffen werden, sofern sie nicht gegen zwingende rechtliche Vorschriften verstoßen. Eine besondere Rolle spielen die Generalklauseln des BGB; die wichtigsten sind die Begriffe „Gute Sitten" und „Treu und Glauben mit Rücksicht auf die Verkehrssitte", da sie oft als Auslegungsmaßstab herangezogen werden.

BGB § 134

BGB § 242
BGB § 157

Ein Rechtsgeschäft, das gegen gesetzliche Vorschriften oder die guten Sitten verstößt, ist nichtig.

BGB §§ 134, 138

Ergänzend zum BGB gelten eine Vielzahl weiterer spezieller Regelungen, in denen besondere Bereiche des bürgerlichen Rechts und prozessuale Fragen geregelt werden. Dazu gehören u. a.

–   das Einführungsgesetz zum Bürgerlichen Gesetzbuch (EGBGB)

–   die Grundbuchordnung (GBO)

–   das Gesetz über die Zwangsversteigerung und Zwangsverwaltung (ZVG)

–   das Gesetz über die Angelegenheiten der freiwilligen Gerichtsbarkeit (FGG)

–   das Handelsgesetzbuch (HGB)

–   das Gerichtsverfassungsgesetz (GVG)

–   die Zivilprozessordnung (ZPO)

–   die Insolvenzordnung (InsO)

–   die Verordnung über Insolvenzverfahren (InsVfVo)

© Springer Fachmedien Wiesbaden GmbH, ein Teil von Springer Nature 2020
W. Rösel et al., *AVA-Handbuch*, https://doi.org/10.1007/978-3-658-29522-6_1

BGB §§ 305 ff.   Mit dem Schuldrechtsmodernisierungsgesetz wurden einige Nebengesetze in das BGB integriert, so auch das „Gesetz zur Regelung des Rechts der Allgemeinen Geschäftsbedingungen" vom 09.12.1976. In den §§ 305 ff. BGB wird die „Gestaltung rechtsgeschäftlicher Schuldverhältnisse durch Allgemeine Geschäftsbedingungen" neu festgelegt.

Nach dem BGB § 305 Abs. 2 werden Allgemeine Geschäftsbedingungen „nur dann Bestandteil eines Vertrags, wenn der Verwender bei Vertragsschluss

1. die andere Vertragspartei ausdrücklich oder, wenn ein ausdrücklicher Hinweis wegen der Art des Vertragsschlusses nur unter unverhältnismäßigen Schwierigkeiten möglich ist, durch deutlich sichtbaren Aushang am Ort des Vertragsschlusses auf sie hinweist und

2. der anderen Vertragspartei die Möglichkeit verschafft, in zumutbarer Weise, die auch eine für den Verwender erkennbare körperliche Behinderung der anderen Vertragspartei angemessen berücksichtigt, von ihrem Inhalt Kenntnis zu nehmen, und wenn die andere Vertragspartei mit ihrer Geltung einverstanden ist".

BGB § 157
BGB § 242   Die Auslegung eines Vertrages erfolgt mit Rücksicht auf die Verkehrssitte nach Treu und Glauben, wenn im Einzelfall beim Vertragsabschluss Regelungen offen geblieben sind.

BGB § 104
bis § 113   Rechtsgeschäfte können nur von geschäftsfähigen Personen abgeschlossen werden.

BGB § 125
bis § 129   Die Form des Abschlusses eines Rechtsgeschäfts kann durch Gesetz vorgeschrieben sein.

Die landläufige Redensart „Auftrag erteilen" ist im juristischen Sinn nicht korrekt, da nicht aktiv ein „Auftrag erteilt" wird, sondern vielmehr ein „Angebot" angenommen wird (Auftragserteilung = Angebotsannahme).

BGB § 145
BGB § 147
BGB § 145
bis § 157   Das BGB definiert, dass die Schließung eines Vertrags angetragen wird (= Angebot) und der Antrag innerhalb einer Frist anzunehmen ist. Wenn der Antrag angenommen wird, ist das Rechtsgeschäft (= Vertrag) zustande gekommen. Einzelheiten regelt das BGB.

Beim Zustandekommen eines Vertrages mit dem Inhalt der Planung oder Errichtung eines Bauwerks ist die Schriftform nicht durch Gesetz vorgeschrieben. Aus Beweisgründen und zur Vermeidung von Streitigkeiten wird die schriftliche Fassung von Antrag (Angebot) und dessen Annahme (Auftrag) dringend empfohlen (Vertragsurkunde).

1.2 Die Vertragschließenden

Das Rechtsgeschäft bei der Planung und/oder Ausführung von Bauwerken sowie bei Lieferungen wird von zwei Parteien, dem sog. Auftraggeber (AG) und dem sog. Auftragnehmer (AN) begründet.

Als Auftraggeber (AG) für Planungs- und/oder Bauleistungen sowie für Lieferungen können im Einzelfall als natürliche oder juristische Person auftreten

- der Bauherr
- der Bauträger/der Baubetreuer
- der Generalübernehmer/der Generalunternehmer/Generalplaner
- Geschäftsbesorger.

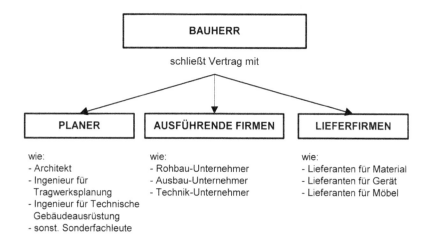

Bild 1-1 Die Vertragspartner beim Planen und Bauen

Als Auftragnehmer (AN) gelten:

a) die **Planenden**, das sind besonders

- der Architekt
- der Tragwerksplaner
- die Ingenieure für technische Ausrüstung sowie
- die Gutachter

b) die **Ausführenden**, das sind besonders

- die Rohbau-Unternehmer,
- die Ausbau-Unternehmer,

- die Unternehmer der technischen Ausrüstung.

c) die **Lieferanten**, das sind besonders

- die Möbellieferanten,

- Gerätelieferanten und

- Lieferanten des AG, sofern er Baumaterial selbst einkauft und zur Verarbeitung durch ausführende Firmen diesen zur Verfügung stellt,

- Materiallieferanten.

Die vom AG beauftragten AN können ihrerseits wieder andere AN im eigenen Namen und für eigene Rechnung als sog. Nachunternehmer oder Subunternehmer beauftragen. Vertragliche Beziehungen zwischen AG und dem Nachunternehmer bestehen in der Regel nicht.

1.3 Vertragsform

Ob es sich beim Rechtsgeschäft im Einzelfall um einen Werkvertrag oder um einen Dienstvertrag handelt, wird durch das BGB bzw. durch die höchstrichterliche Rechtsprechung bestimmt.

1.3.1 Dienstvertrag

BGB § 611

BGB § 612

Ein Dienstvertrag liegt vor, wenn die Leistung von Diensten jeder Art gegen eine Vergütung vereinbart ist. Es besteht eine Vergütungsverpflichtung, auch wenn diese nach Grund und Höhe nicht ausdrücklich vereinbart ist, wenn die Dienstleistung den Umständen nach nur gegen Vergütung zu erwarten ist.

BGB § 628

Beim Dienstvertrag besteht bei Mängeln keine Berechtigung oder Verpflichtung zur Nacherfüllung des zum Dienst Verpflichteten (bei schuldhaften Pflichtverletzungen oder bei Kündigung wird ggf. sofort auf Schadenersatz gehaftet – kann AG oder AN treffen!).

Für Dienstverträge auf abhängige Arbeit unter Eingliederung in einen Betrieb gelten auch sonstige einschlägige Vorschriften des Arbeitsrechts, des Betriebsverfassungsgesetzes, der Reichsversicherungsordnung u. a.

BGB § 620 bis § 630

Für die Beendigung und die Kündigung eines Dienstvertrages gelten generelle gesetzliche Regelungen.

Beispiele für Dienstvertrag: Angestelltenvertrag, Inanspruchnahme eines Gepäckträgers.

1.3.2 Werkvertrag

Ein Werkvertrag besteht, wenn die Herstellung eines Werkes oder die Herbeiführung eines anderen Erfolges vereinbart ist. Der Besteller ist zur Entrichtung einer Vergütung auch ohne ausdrückliche Vereinbarung verpflichtet, wenn die Leistung den Umständen nach nur gegen Vergütung zu erwarten war.

BGB § 631 bis § 650

Bei nicht mangelfreier Erfüllung des Werkvertrages haftet der zur Leistung Verpflichtete ohne Rücksicht auf Verschulden auf Mangelbeseitigung bzw. Kostenersatz nach fruchtlosem Fristablauf.

Bei Verschulden haftet der Verpflichtete darüber hinaus bei Mängeln oder nicht rechtzeitiger Erfüllung auf Schadensersatz.

Für Lieferungen gelten die Bestimmungen über den Kaufvertrag.

Beispiel für Werkvertrag: Bauvertrag zwischen Bauherr und Bauunternehmer.

1.3.3 Architektenvertrag

Der Architektenvertrag ist nach ständiger Rechtsprechung z. B. des Bundesgerichtshofs (BGH) vom 22.10.1981, Az.: VII ZR 310/79 stets ein Werkvertrag (entgegen früherer Rechtsprechung). Es ist ohne Belang, ob der Architekt mit der Planung allein, mit Planung und Bauüberwachung oder nur mit der Bauüberwachung beauftragt wurde.

BGB § 631
BGB § 650p
bis § 650t

Die Vergütung der vertraglich geschuldeten Leistungen der Architekten und Ingenieure regelt die HOAI, wobei das Leistungsbild für Planungsleistungen Grundleistungen und Besondere Leistungen vorsieht. Die Grundleistungen sind mit Abschluss eines Architekten- oder Ingenieurvertrages ohne ausdrücklicher Erwähnung in der vereinbarten Vergütung miteingeschlossen. Besondere Leistungen sind hiervon ausgenommen, so dass deren Vergütung gesondert vertraglich vereinbart werden muss.

HOAI

Die HOAI sollte nach dem Willen des Gesetzgebers Mindest- und Höchstsätze der Vergütung verbindlich festlegen. Abweichende Vereinbarungen der Vertragsparteien sollten unzulässig sein. Der EuGH (Europäische Gerichtshof) hat mit Urteil vom 04.07.2019, Rs. C-377/17, IBR 2019, 436) jedoch festgestellt, dass die Bundesrepublik Deutschland mit dieser Vorgabe gegen ihre Verpflichtungen aus Art. 15 Abs. 1, 2 g und 3 Richtlinie 2006/123/EG verstoßen hat. Der nationale Gesetzgeber ist aufgrund dieser Entscheidung verpflichtet, die HOAI zu modifizieren.

1.3.4 Projektsteuerungsvertrag

Projektsteuerungsleistungen sind je nach Ausgestaltung des Vertrages die Bestimmungen des Dienst- oder des Werkvertrages zugrunde zu legen. Die

Rechtsprechung des BGH tendiert z. Z. dazu, den Projektsteuerungsvertrag als „Geschäftsbesorgungsvertrag mit dienstvertraglichem Charakter", auf den das Dienstvertragsrecht Anwendung findet, anzunehmen (BGH 7. Zivilsenat Urteil vom 26.01.1995 VII. Z 49/94; Urteil vom 09.01.1997 VII. ZR 48/96). Es kann aber auch ein Werkvertrag vorliegen, wenn eine komplette Steuerung eines Bauvorhabens und der zugrundeliegenden Planung geschuldet ist (BGH BauR 2007, 724).

1.3.5 Ingenieurvertrag

BGB § 650p-t
HOAI

Der Vertrag zwischen Bauherrn und Ingenieur z. B. Tragwerksplaner ist entsprechend dem Architektenvertrag ein Werkvertrag. Für die Vergütung gelten die Bestimmungen der HOAI.

1.3.6 Bauvertrag

BGB § 650a-h

Ein Bauvertrag zwischen Bauherr und ausführendem Unternehmer ist stets ein Werkvertrag. Geschuldet wird die fertige mangelfreie Leistung, das Bauwerk, als Erfolg einer Bautätigkeit.

1.3.7 Liefervertrag

BGB § 650

Ein Vertrag über Lieferung ist ein Werklieferungsvertrag, auf den Kaufrecht anzuwenden ist. Gilt z. B. für bloße Lieferung von Baumaterial (Kaufvertrag).

1.4 Vergütung

BGB § 612
BGB § 632

Sowohl für den Dienstvertrag als auch für den Werkvertrag ist die Vergütung auch für den Fall geregelt, dass diese nicht ausdrücklich im Vertrag vereinbart ist. Es kommt vielmehr darauf an, dass die Dienstleistung oder die Herstellung des Werkes den Umständen nach nur gegen eine Vergütung zu erwarten ist.

Zunächst ist eine bestehende Taxe für die Bemessung der Vergütung maßgebend. Als solche gilt bei Planungsleistungen die Honorarordnung für Architekten und Ingenieure (HOAI) in der Fassung vom 10. Juli 2013 (siehe hierzu jedoch Ziff. 1.3.3).

Leistungen und Honorare für nicht alltägliche bzw. in den vorliegenden Gebührenordnungen nicht enthaltene Architekten- und Ingenieurleistungen werden in aller Regel frei entsprechend der Aufgabenstellung zwischen den Vertragsparteien vereinbart.

1.5 Vergabe- und Vertragsordnung/Verdingungs-ordnung

Am 02. Mai 2002 hat der Deutsche Vergabe- und Vertragsausschuss (DVA) die Änderung der VOB/B in Hinsicht auf die Novelle des Bürgerlichen Gesetzbuchs (BGB) durch das Gesetz zur Modernisierung des Schuldrechts vom 26.11.2001 beschlossen. Nach dieser Änderung steht die Abkürzung VOB nicht mehr für „Verdingungsordnung für Bauleistungen", sondern für „Vergabe- und Vertragsordnung für Bauleistungen" (Aktuelle Fassung: Ausgabe 2019, am 23. September 2019 in Kraft getreten).

Der Gesetzgeber hat ausdrücklich festgestellt, dass die VOB/B auch nach In-Kraft-Treten des Gesetzes zur Modernisierung des Schuldrechts (SchuldRModG), soweit ein Verbraucher nicht beteiligt ist, ein privilegiertes Regelwerk bleibt, da dies von dem Gesetzgeber bei der Einbindung des AGBG in das BGB beabsichtigt war. Die Privilegierungen des AGBG wurden im BGB in §§ 308, 309 Nr. 8 b ff. BGB (anders formuliert) eingebunden. Ist der Vertragspartner des Verwenders Verbraucher, findet eine vollständige Inhaltskontrolle statt. Die VOB findet nur Anwendung auf Bauleistungen, nicht auf Planungsleistungen der Architekten und Ingenieure.

1.5.1 Vergabe- und Vertragsordnung für Bauleistungen (VOB)

Bei der Ausgestaltung von Bauverträgen sollte die Vergabe- und Vertragsordnung für Bauleistungen (VOB/B) zugrunde gelegt werden. Die VOB wird im Auftrag des Deutschen Vergabe- und Vertragsausschusses für Bauleistungen herausgegeben und gilt bei Vertragsabschluss jeweils in ihrer neuesten Fassung. Bei der VOB handelt es sich um Allgemeine Geschäftsbedingungen im Sinne des BGB.

BGB § 305

Der Fortentwicklung der Rechtsprechung, der Technik und der Wissenschaft wird durch ständige Überarbeitung der VOB (Neueste Fassung 2019) Rechnung getragen. Sie regelt Einzelheiten des Vergabe- und Vertragswesens, der Bauabwicklung und der technischen Durchführung. Die Vergabe- und Vertragsordnung besteht aus drei Teilen:

VOB Teil A:　Allgemeine Bestimmungen für die Vergabe von Bauleistungen, DIN 1960 – Ausgabe 2019.

VOB Teil B:　Allgemeine Vertragsbedingungen für die Ausführung von Bauleistungen, DIN 1961 – Ausgabe 2016.

VOB Teil C:　Allgemeine Technische Vertragsbedingungen für Bauleistungen (ATV). Die ATV enthalten DIN-Normen, die ebenfalls in der jeweils neuesten Fassung für die technische Durchführung der Arbeiten gültig sind – Ausgabe 2019.

Falls die VOB dem Vertrag nicht zugrunde gelegt wird, so gilt uneingeschränkt das BGB.

Wird der Bauvertrag auf der Grundlage der VOB geschlossen, so finden gleichwohl nur die Teile B und C Anwendung, während der Teil A nicht Vertragsbestandteil wird. Im Vergabewesen öffentlicher Bauherren wird die VOB Teil A uneingeschränkt angewandt. Private Bauherren bzw. Architekten oder Ingenieure sollten den Teil A ausdrücklich ausschließen, um ihre Verhandlungs- und Abschlussfreiheit nicht einzuschränken.

BGB § 631 Der Teil B tritt an die Stelle der einschlägigen Bestimmungen des BGB über den Werkvertrag. Die Rechtsprechung orientiert sich an diesem Teil der VOB, wodurch er einen „gesetzesähnlichen" Charakter erhält (Definition der sogenannten Verkehrssitte), falls der Werkvertrag nicht die ins Einzelne gehenden Festlegungen im Sinne des Teils B der VOB beinhalten sollte. In Fällen, in denen die Bestimmungen der VOB Teil B nicht ausreichend sind oder in denen der Auftraggeber abweichende Vertragsregelungen wünscht bzw. solche nach den Umständen erforderlich sind, können „Besondere Vertragsbedingungen" und/oder „Zusätzliche Vertragsbedingungen" vereinbart werden. Um Widersprüche zu vermeiden, legt die VOB/B **VOB/B § 1 (2)** in § 1 Nr. 2 eine Rangordnung der Vereinbarungen fest, demzufolge bei Widersprüchen im Vertrag nacheinander gelten:

1. die Leistungsbeschreibung,

2. die Besonderen Vertragsbedingungen,

3. etwaige Zusätzliche Vertragsbedingungen,

4. etwaige Zusätzliche Technische Vertragsbedingungen,

5. die Allgemeinen Technischen Vertragsbedingungen für Bauleistungen (VOB/Teil C),

6. die Allgemeinen Vertragsbedingungen für die Ausführung von Bauleistungen (VOB/Teil B).

Die von den Festlegungen der VOB/Teil B abweichenden Formulierungen, die in den Besonderen und Zusätzlichen Vertragsbedingungen niedergelegt werden, sollten jeweils Hinweise auf die entsprechende, aber anderslautende Bestimmung der VOB/Teil B enthalten. Sie müssen stets bereits in den Vergabe- und Vertragsunterlagen enthalten sein, um den Teilnehmern am Wettbewerb die daraus resultierenden eventuellen Kosten und/oder risikobeeinflussenden Faktoren deutlich zu machen.

VOB/A § 9 Die Zusätzlichen Vertragsbedingungen ergänzen die Allgemeinen Vertragsbedingungen, VOB/B. Die Besonderen Vertragsbedingungen regeln Erfordernisse des Einzelfalles.

1.5.2 Verdingungsordnung für Leistungen (VOL)

Die Verdingungsordnung für Leistungen – VOL – gilt für Lieferungen und Leistungen, die nicht unter die Vergabe- und Vertragsordnung für Bauleistungen – VOB – fallen. Auch hier gilt: Leistungen der Architekten und Ingenieure als geistige Leistungen fallen nicht unter die VOL. Die VOL ist wie die VOB für die Durchführung des Vergabe- und Vertragswesens und die Auftragsabwicklung bestimmt, jedoch umfasst sie keine technischen Bestimmungen im Sinne der VOB/Teil C. Bezüglich der rechtlichen Bedeutung gilt das Gleiche wie bei der VOB.

Die VOL besteht aus zwei Teilen:

VOL Teil A: Allgemeine Bestimmungen für die Vergabe von Leistungen.

VOL Teil B: Allgemeine Vertragsbedingungen für die Ausführung von Leistungen.

Ergänzend zu den Bestimmungen der VOL gelten vielfältige Bedingungen der öffentlichen Auftraggeber (Bund, Post, Bahn, Bundeswehr).

Im Februar 2017 wurde die neue Unterschwellenvergabeordnung (UVgO) für die Vergabe von Liefer- und Dienstleistungen im Bundesanzeiger bekannt gemacht (Fundstelle: Bundesanzeiger BAnz AT 07.02.2017 B1). Das neue Regelwerk ersetzt auf Bundesebene die bisher geltende Vergabe- und Vertragsordnung für Leistungen (VOL/A Abschnitt 1), muss jedoch in den einzelnen Bundesländern noch durch Anpassung der haushaltsrechtlichen Vorschriften eingeführt werden.

1.5.3 Vergabe- und Vertragsregelungen der öffentlichen Auftraggeber

Die öffentlichen Auftraggeber regeln die Vergabe mit besonderen Vorschriften, die vorstehend zum Teil angesprochen, im Übrigen aber in diesem Buch nicht behandelt werden können. Von besonderer Bedeutung sind jene Regelungen, welche sich aus der politischen und wirtschaftlichen Entwicklung Europas ergeben. Wer als Auftragnehmer mit einem öffentlichen Auftraggeber eine Vertragsbeziehung eingeht, unterliegt den jeweils geltenden Vorschriften.

1.6 Öffentlich-rechtliche Vorschriften

1.6.1 Bauordnungen

Für die Abwicklung von Bauten sind neben den allgemeinen zivilrechtlichen und strafrechtlichen Regelungen auch die öffentlich-rechtlichen Vor-

schriften relevant. Die entsprechenden Gesetze des Bundes (z. B. Bauge-
setzbuch BauGB, Baunutzungsverordnung BauNVO) und der Länder
(Bauordnungen) regeln die im öffentlich-rechtlichen Interesse liegenden
Einzelheiten der Bauplanung und Baudurchführung sowie der Verant-
wortlichkeit der an der Planung und am Bauen Beteiligten.

1.6.2 Erlasse, Verordnungen

Ergänzend sind die Erlasse und Verordnungen der Bundes- und Länder-
ministerien zu berücksichtigen. Sie werden jeweils im Bundes- bzw. Staats-
anzeiger veröffentlicht und sind für die Auslegung rechtlicher Vorschriften
von Bedeutung.

1.6.3 Ortsrecht

Die Gemeinden sind berechtigt, die ihre Interessensphäre beeinflussenden
öffentlich-rechtlichen Belange in Satzungen (Ortsrecht) niederzulegen.
Diese von den Gemeindeparlamenten zu beschließenden Satzungen sind
ebenfalls für die Planung und Abwicklung von Bauten im Interesse öffent-
lich-rechtlicher Belange verbindlich. Den rechtlichen Rahmen bilden die
Landes- und Bundesgesetze.

1.7 Geschäftsbedingungen

1.7.1 AGB-Gesetz

Das AGBG ist seit dem 01.01.02 außer Kraft. Die Regelungen des AGBG
wurden im BGB in §§ 305–310 BGB eingebunden.

1.7.2 Geschäftsbedingungen der Auftragnehmer

Häufig legen AN eigene Geschäftsbedingungen dem Angebot und der
Vertragsabwicklung zugrunde. Falls diese im Vertrag nicht ausgeschlossen
oder durch andere Bestimmungen ersetzt werden, treten sie an die Stelle
der Bestimmungen der VOB bzw. VOL oder des BGB. Zu beachten sind die
Einschränkungen der §§ 305 ff. BGB.

1.7.3 Geschäftsbedingungen der Auftraggeber

Häufig formulieren AG bzw. die von diesen beauftragten Architekten oder
Ingenieure besondere Geschäftsbedingungen, die in der Regel nach dem
Willen des AG vorrangig gelten sollen. Öffentliche Auftraggeber, die Bundeswehr, die Bahn, die Post sowie große AG der gewerblichen Wirtschaft
und des Handels haben eigene Vertragsbedingungen für die Abwicklung

von Bauten entwickelt, die allen mit ihnen abzuschließenden Bau- und Lieferwerkverträgen zugrunde zu legen sind.

Auch hier sind die Regelungen der §§ 305 ff. BGB zu beachten. Bei AG, die derartige eigene Geschäftsbedingungen nicht haben, ist es für Großprojekte angebracht, dass der mit der Bauabwicklung beauftragte Architekt oder Ingenieur – gegebenenfalls nach Beratung mit seinem AG und mit einem Juristen – entsprechende Bedingungen für das jeweils abzuwickelnde Bauvorhaben projektbezogen formuliert und sämtlichen Verdingungsvorgängen und allen Werkverträgen mit den AN (die zwischen AG und AN geschlossen werden) zugrunde legt.

1.7.4 Änderungen der Rechtslage

Die Beurteilung rechtlicher Fragen ist Veränderungen ausgesetzt, die sich beispielsweise aus der Lebenserfahrung, dem gesellschaftlichen Wandel, dem technischen Fortschritt und der veränderten Umwelt ergeben. Darum ist es auch für Architekten und Ingenieure unabdingbar, sich regelmäßig über diese evtl. geänderten Rechtsauffassungen zu unterrichten. Die Lektüre der Fachpublikationen vermittelt in der Regel auch die neuere Rechtsprechung in einschlägigen Fragen. Nur wenn der Architekt oder Ingenieur zugleich stets in rechtlichen Fragen auf dem Laufenden ist, kann er der Beratungsverpflichtung seinen Bauherren gegenüber nachkommen.

1.7.5 Beratungspflicht des Architekten und des Ingenieurs

Soweit es seine Aufgabe erfordert, ist der Architekt oder Ingenieur berechtigt und verpflichtet, seinen Bauherren auch in rechtlichen Belangen zu beraten und dessen Rechte zu wahren. Die besondere Bedeutung der Beratungspflicht bei Ausschreibung, Vergabe und Abrechnung von Bauleistungen ergibt sich schon daraus, dass häufig dem Bauherrn wirtschaftliche Nachteile dann entstehen können, wenn beispielsweise vom Architekt oder Ingenieur vorbereitete Verträge wesentliche Mängel enthalten, wenn Fristen versäumt werden oder wenn notwendiger Schriftverkehr unterbleibt.

2 Technische Grundlagen

2.1 Die allgemein anerkannten Regeln der Technik

Der Begriff allgemein anerkannte Regeln der Technik stammt aus dem Sprachgebrauch der Juristen und ist ausdrücklich erwähnt im Tatbestand der Baugefährdung des Strafgesetzbuches. Während es früher „die allgemein anerkannten Regeln der Baukunst" hieß, hat sich später die Bezeichnung „die allgemein anerkannten Regeln der Technik" durchgesetzt. Sie findet sich als Hinweis auch in der VOB/B. StGB § 319

VOB/B § 4
Nr. 2 Abs. 1

Die allgemein anerkannten Regeln der Technik werden im BGB nicht ausdrücklich erwähnt, sie werden aber durch den § 633 BGB, bei der Bestimmung von Sach- und Rechtsmängeln, von der ständigen Rechtsprechung mit hineingelesen. BGB § 633

Diese allgemein anerkannten Regeln der Technik gelten im Hinblick auf die technische Seite der Vertragserfüllung als Verkehrssitte. Sie stellen die Summe der im Bauwesen gemachten wissenschaftlichen und technischen Erfahrungen derjenigen Personen dar, welche die Bautätigkeit ausüben. Wissenschaftliche oder sonstige Ausführungen in Fachzeitschriften, Fachbüchern, Prospekten und dgl. genügen allein nicht, sie müssen vielmehr in der Praxis erprobt, als richtig anerkannt und bewährt sein. BGB § 242

2.2 Allgemeine Technische Vertragsbedingungen für Bauleistungen (ATV)

Die Allgemeinen Technischen Vertragsbedingungen für Bauleistungen (ATV) sind als Teil C Bestandteil der Vergabe- und Vertragsordnung für Bauleistungen (VOB). Es handelt sich um DIN-Normen, die im Sinne der allgemein anerkannten Regeln der Technik gelten. VOB/B § 1

Die ATV können durch Zusätzliche Technische Vertragsbedingungen ergänzt werden, die als Bestandteil der Vergabe- und Vertragsunterlagen zu formulieren sind.

Die für alle ATV geltenden gleichartigen Regelungen sind in den Allgemeinen Regelungen für Bauarbeiten jeder Art, DIN 18299, zusammengefasst. Sie werden durch die jeweiligen leistungsspezifischen ATV ergänzt, welche im Falle eines Widerspruchs zur DIN 18299 diesen vorgehen. DIN 18299

Die grundsätzliche Gliederung des Inhalts der ATV lautet:

0. Hinweise für das Aufstellen der Leistungsbeschreibung:

Die Hinweise bieten einen Katalog von Kriterien, die bei der Formulierung der Leistungsbeschreibung nach Lage des Einzelfalles besonders anzuge- VOB/A § 7

© Springer Fachmedien Wiesbaden GmbH, ein Teil von Springer Nature 2020
W. Rösel et al., *AVA-Handbuch*, https://doi.org/10.1007/978-3-658-29522-6_2

ben sind. Diese Hinweise werden nicht Vertragsbestandteil. Sie stellen einen für die Kalkulation der Angebotspreise wesentlichen Einflussfaktor dar. Es sollen alle für die beschriebenen Arbeiten maßgebenden Objekt-, Produktions-, Umwelt-, Material-, Maß-, Preis-, Abrechnungs- und Risiko-bedingungen u. dergl. definiert werden. Diese Informationen sind auch unter Beachtung von VOB/A § 7 zu formulieren.

1. Geltungsbereich:

   Hier wird u. a. festgelegt, für welche Arbeiten die betreffende DIN gilt bzw. nicht gilt. Es sind Hinweise auf andere, ebenfalls für die Arbeiten geltenden Bestimmungen aufgeführt.

2. Stoffe, Bauteile:

   Hier findet man in der Regel Angaben und DIN-Normen zu den ge-bräuchlichsten genormten Stoffen und Bauteilen.

3. Ausführung:

   Hier wird u. a. definiert, welche sonstigen Bestimmungen (DIN) für die Ausführung gelten, wie mit dem Baustoff und den Bauteilen umzuge-hen ist, wie die Verarbeitung zu erfolgen hat und welche besonderen Bedingungen zu beachten sind.

4. Nebenleistungen, Besondere Leistungen:

   In dem Unterabschnitt 4.1. wird bestimmt, welche Leistungen als Ne-benleistungen Bestandteil einer Hauptleistung sind und deshalb auch ohne Erwähnung in der Leistungsbeschreibung zur vertraglichen Leis-tung gehören, also mit dem vereinbarten Preis abgegolten sind. Dies gilt in Zusammenhang mit Teil VOB/B.

   VOB/B § 2
   VOB/A § 7

   Der Unterabschnitt 4.2. führt solche Leistungen auf, die als Besondere Leistungen nicht Nebenleistungen gemäß Abschnitt 4.1 sind. Diese Be-sonderen Leistungen sind nicht Bestandteil einer Hauptleistung und deshalb nicht mit dem Preis für die Hauptleistung abgegolten. Sie be-dingen einen eigenen Ansatz in der Leistungsbeschreibung und eine ei-gene Vergütung.

5. Abrechnung:

   Der Abschnitt regelt, wie das Aufmaß zu nehmen ist, wobei häufig ver-schiedene Möglichkeiten angeboten werden. Bereits bei der Aufstellung der Mengenverrechnung und bei der Formulierung der Leistungsbe-schreibungen für die Ausschreibung ist nach den ATV-Festlegungen zu verfahren.

2.3 DIN-Normen

Die Vorläufer der heutigen DIN-Normen sind die früheren Werknormen. 1917 entstand der Normalienausschuss für den deutschen Maschinenbau, aus dem der Deutsche Normenausschuss (DNA) hervorging. Heute arbeitet der Fachnormenausschuss Bauwesen (FN Bau) im DIN, Deutsches Institut für Normung e. V., an der Entwicklung und Anpassung der Normen an den Stand der Technik. Die Normblätter tragen das Ausgabedatum der endgültigen Norm. Sie gelten jeweils in der zum Zeitpunkt der Ausführung der Arbeiten gültigen Fassung. Veränderungen im Deutschen Normenwerk werden laufend in den „DIN-Mitteilungen" angezeigt.

2.4 Sonstige technische Bestimmungen

Als technische Bestimmungen zählen auch die speziellen Festlegungen von Fachverbänden wie:

AGI – Arbeitsgemeinschaft Industriebau e. V.
DAfStb –Deutscher Ausschuss für Stahlbeton
ETB – Arbeitsgruppe für einheitliche technische Bestimmungen
VDE – Verband der Elektrotechnik, Elektronik, Informationstechnik
RAL – Deutsches Institut für Gütesicherung und Kennzeichnung e. V.

Die für Erzeugnisgruppen, nicht für Firmen geschaffenen Gütezeichen bieten für die vorgeschriebene Güte eines Erzeugnisses Gewähr. Die technischen Gütebedingungen, von Fachleuten gemeinsam erarbeitet, sind die Grundlage für die Güteüberwachung. Sie gelten als Ergänzung der DIN-Normen. Dazu kommen die handwerklichen Vorschriften, wie z. B. die Richtlinien des Zentralverbandes des Deutschen Dachdeckerhandwerks.

Eine weitere Gruppe bilden spezielle Vorschriften, die in der Regel nicht für alle Bauten bzw. Auftraggeber gelten. Dazu zählen z. B. im Bereich der Bahn AG die Anweisungen für Abdichtungen von Ingenieurbauwerken – AIB.

2.5 Erlasse, Verordnungen

Die Bundes- und Landesbehörden veröffentlichen in ihren Verkündigungsblättern Erlasse bzw. Verordnungen, die besagen, wie im Rahmen gesetzlicher Bestimmungen die Durchführung allgemein gehaltener Vorschriften vorzunehmen ist. Auch die Einführung neuer Verfahren, z. B. die Bauabwicklung mit elektronischer Datenverarbeitung, wird auf diesem Weg geregelt.

2.6 Zulassung neuer Baustoffe, Bauteile, Bauarten

Gemäß den Bestimmungen über die allgemeine baupolizeiliche Zulassung neuer Baustoffe und Bauarten (vom 31. Dezember 1937) werden auf Antrag und nach positiver Prüfung einzelne neue Baustoffe, neue Bauteile sowie neue Bauarten allgemein zugelassen.

Den einzelnen Bauaufsichtsbehörden bleibt es dennoch unbenommen, im Einzelfall weitere Auflagen zu machen oder die Verwendung einer allgemein zugelassenen Bauart auszuschließen. Über die allgemeine bauaufsichtliche Zulassung neuer Baustoffe und Bauarten für die Landesgebiete entscheiden die obersten Bauaufsichtsbehörden nach den Festlegungen der Bauordnungen.

Technische Baubestimmungen

www.dibt.de   Die Landesbauordnungen schreiben vor, dass die von den obersten Bauaufsichtbehörden der Länder durch öffentliche Bekanntmachung technischen eingeführten Regeln zu beachten sind. Das Deutsche Institut für Bautechnik (DIBt) hat die Aufgabe, die technischen Regeln für Bauprodukte und Bauarten festzulegen.

Im Zuge der Novellierung der Musterbauordnung im Jahr 2016 wurden die technischen Regeln für die Planung, Bemessung und Ausführung von Bauwerken und für Bauprodukte in einem Dokument, der sogenannten Muster-Verwaltungsvorschrift Technische Baubestimmungen (MVV TB), zusammengeführt.

Die Muster-Verwaltungsvorschrift Technische Baubestimmungen umfasst die Teile A bis D.

Die Teile A und B der Muster-Verwaltungsvorschrift enthalten Vorschriften für die Planung, Bemessung und Ausführung von Bauwerken.

Der Teil C enthält die Regelungen für die Verwendung von Bauprodukten, die nicht die CE-Kennzeichnung nach Bauproduktenverordnung (Verordnung (EU) Nr. 305/2011) tragen. Ebenso sind in diesem Teil Festlegungen zu Bauprodukten und Bauarten enthalten, für die ein allgemeines bauaufsichtliches Prüfzeugnis vorgesehen ist.

Der Teil D informiert über Bauprodukte, für die kein bauaufsichtlicher Verwendbarkeitsnachweis erforderlich ist und regelt freiwillige Herstellerangaben in Bezug auf wesentliche Merkmale harmonisierter Bauprodukte, die nicht von der CE-Kennzeichnung der zugrundeliegenden technischen Spezifikation erfasst sind.

2.7 Änderungen technischer Grundlagen

Sofern der Gesetzgeber neue Gesetze erlässt, welche eine bestimmte und auf die Bautechnik sich auswirkende Zielsetzung beinhalten, werden diese in der Regel von Durchführungsverordnungen und evtl. Änderungen im Normenwerk ergänzt.

Dazu dieses Beispiel:

Wärmeschutz

a) Gesetze:

   – Gesetz zur Einsparung von Energie in Gebäuden (Energieeinsparungsgesetz – EnEG)
   „EnEG 2013" gilt seit dem 13. Juli 2013

b) Verordnungen:

   – Verordnung über einen energiesparenden Wärmeschutz und energiesparende Anlagentechnik bei Gebäuden (Energieeinsparverordnung – EnEV)
   „EnEV 2016", gilt seit dem 1. Januar 2016

c) Normen:

   DIN 4108-2:2013-02-00
   Wärmeschutz und Energie-Einsparung in Gebäuden
   Teil 2: Mindestanforderungen an den Wärmeschutz

   DIN 4108-3:2018-10-00
   Wärmeschutz und Energie-Einsparung in Gebäuden
   Teil 3: Klimabedingter Feuchteschutz; Anforderungen, Berechnungsverfahren und Hinweise für Planung und Ausführung

   DIN V 4108-4:2017-03-00
   Wärmeschutz und Energie-Einsparung in Gebäuden
   Teil 4: Wärme- und feuchteschutztechnische Bemessungswerte

   DIN V 4108-6:2003-06-00
   Wärmeschutz und Energie-Einsparung in Gebäuden
   Teil 6: Berechnung des Jahresheizwärme- und des Jahresheizenergiebedarfs

   DIN V 4108-6 Berichtigung 1, Ausgabe:2004-03-00

   DIN 4108-7:2011-01-00
   Wärmeschutz und Energie-Einsparung in Gebäuden, Anforderungen, Planungs- und Ausführungsempfehlungen sowie Beispiele
   Teil 7: Luftdichtheit von Gebäuden, Anforderungen, Planungs- und Ausführungsempfehlungen sowie -beispiele

DIN V 4108-10:2015-12-00
Wärmeschutz und Energie-Einsparung in Gebäuden
Teil 10: Anwendungsbezogene Anforderungen an Wärmedämmstoffe –
werkmäßig hergestellte Wärmedämmstoffe

DIN V 4108-11:2018-11-00
Wärmeschutz und Energie-Einsparung in Gebäuden
Teil 11: Mindestanforderungen an die Dauerhaftigkeit von Klebever-
bindungen mit Klebebändern und Klebemassen zur Herstellung von
luftdichten Schichten

3 Angebotsverfahren

Ein Vertrag kommt durch Annahme eines Angebots zustande, d. h. zunächst hat der Bieter bzw. haben mehrere Bieter je ein Angebot zu unterbreiten. Damit es vorlegt werden kann, ist zuvor genau zu definieren, was der Gegenstand des Angebotes sein soll. Die dafür notwendigen Informationen über die geforderte Leistung sind vom Auslober (dem späteren sog. Auftraggeber) in den Vergabe- und Vertragsunterlagen an den Bieter zu geben. Man bezeichnet dieses Verfahren zur Erlangung von Angeboten als Ausschreibung.

BGB § 145 ff.

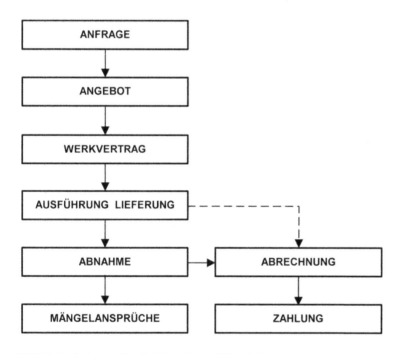

Bild 3-1   Schema für die Vergabe und Abwicklung

3.1 Vergabearten

Die Vergabe- und Vertragsordnung für Bauleistungen sieht in den Allgemeinen Bestimmungen für die Vergabe von Bauleistungen (Allgemeine Vergabebestimmungen, VOB/A, DIN 1960) grundsätzlich folgende drei Arten der Vergabe vor:

VOB/A § 3

© Springer Fachmedien Wiesbaden GmbH, ein Teil von Springer Nature 2020
W. Rösel et al., *AVA-Handbuch*, https://doi.org/10.1007/978-3-658-29522-6_3

1. Öffentliche Ausschreibung,

   d. h. Aufforderung zur Abgabe eines Angebotes an eine unbeschränkte Zahl von Unternehmern;

2. Beschränkte Ausschreibung,

   d. h. Aufforderung zur Abgabe eines Angebots an eine beschränkte Anzahl ausgewählter Unternehmer, evtl. nach öffentlichem Teilnahmewettbewerb.

3. Freihändige Vergabe,

   d. h. Vergabe ohne ein förmliches Verfahren auf der Grundlage eines Angebots. Diese Vergabeart wird dort angewendet, wo eine Wettbewerbssituation nicht gegeben ist (Beispiel konkurrenzloses, spezielles Produkt, das allein verwendet werden kann).

Einzelheiten zu diesen drei Vergabearten sind in VOB/A § 3 geregelt. Diese Festlegungen sind für die Vergabe von Bauleistungen der öffentlichen Hand vorgeschrieben. Bei privaten Bauvorhaben können sie angewandt werden. Dies sollte jedoch nur in begründeten Ausnahmefällen geschehen, da die Einbeziehung im Rahmen der weiteren Verhandlungen erhebliche Einschränkungen und Nachteile für den Auftraggeber mit sich bringt. Für öffentliche Bauaufträge ab einem Vergabewert von 5.548.000,– Euro (netto) gelten   neben   den   Basis-Paragraphen   der   VOB/A   zusätzliche „a-Paragraphen" aufgrund der EG-Baukoordinierungsrichtlinie. Diese und weitere besondere Bestimmungen für die Ausschreibung und für die Vergabe öffentlicher Bauaufträge behandelt dieses Buch nicht. Im jeweiligen Einzelfall gelten die dafür anzuwendenden Bestimmungen, z. B. das Gesetz gegen Wettbewerbsbeschränkungen, die Vergabeordnung, Vergabehandbücher, Dienstanweisungen u. dgl.

3.2 Wettbewerbsteilnehmer

VOB/A § 8   Welche Unternehmer an einem Wettbewerb teilnehmen können, bleibt im privaten Bereich der Auswahl des Auslobers vorbehalten. Für die Baumaßnahmen der öffentlichen Hand gelten jedoch ausschließlich die Festlegungen der Vergabe- und Vertragsordnung sowohl für den Kreis der Wettbewerbsteilnehmer als auch für die Art der Bekanntmachung der Ausschreibungen.

Bei privaten Bauten sollten die für die Auswahl der Unternehmer bei Projekten der öffentlichen Hand anzulegenden Maßstäbe auch angewandt werden. Nach erfolgter Festlegung der für die Ausführung der einzelnen Leistungen in Betracht kommenden Unternehmer fragt man zweckmäßig schriftlich bei diesen an, ob sie bereit sind, ein Angebot zu unterbreiten. Bereits bei dieser ersten Anfrage ist es wichtig, einige Aussagen über Art und Umfang der auszuschreibenden Arbeiten sowie den vorgesehenen Zeitraum der Ausführung zu machen. Man vermeidet dadurch weitgehend, trotz späterer Aufforderung, ein Angebot nicht zu erhalten.

Ein Beispiel für eine Voranfrage zur Ausschreibung findet man in Bild 3-2.

Adresse -

Datum: TT.MM.JJJJ

Betr.: **Angebot über:**   Fenster- und Verglasungsarbeiten
                                       (DIN 18335/18361)
       Bauherr: Eheleute Schulz, Kastanienweg 3a,
                                        90513 Fürth
       Baustelle: Vestnerstr. 105, 90513 Zirndorf/Fürth

Falls Sie bis spätestens TT.MM.JJJJ schriftlich mitteilen, dass Sie bereit sind, ein für den Bauherrn kostenloses und unverbindliches Angebot zu unterbreiten, werden Ihnen die Ausschreibungsunterlagen in doppelter Ausfertigung zugesandt, bzw. übermittelt.

Vorgesehene Abgabe des Angebots: TT.MM.JJJJ
Umfang wesentlicher Leistungen: 21 Stck. Fenster (über 4 qm)
                                                 12 Stck. Fenster (unter 4 qm)
                     Doppelverglasung (Verbundscheiben)
                     Fensterkonstruktion Holz/Aluminium (alternativ)

Vorgesehene Ausführungsfristen
an der Baustelle TT.MM.JJJJ–TT.MM.JJJJ

Bild 3-2 Beispiel für eine Voranfrage zur Ausschreibung (vorgedruckter Formbrief). Antwort des Unternehmens nur bei Interesse erforderlich.

3.3 Das richtige Vergabeverfahren

Die Anwendung des richtigen Vergabeverfahrens kann für die der Annahme des Angebots (Vertrag) folgende Bauabwicklung bedeutsam sein. Es ist deshalb so zu vergeben, dass eine einheitliche Ausführung und eine zweifelsfreie umfassende Haftung für Mängelansprüche erreicht werden. Umfangreiche Bauleistungen können in Lose (Teilabschnitte einer Leistung) gegliedert vergeben werden, bzw. nach Fachlosen, die jeweils alle technisch zusammenhängenden Arbeiten eines bestimmten Gewerbezweigs umfassen. Hier ist zu beachten, dass ein Auftragnehmer dann die Ausführung einer nach dem Zustandekommen des Werkvertrages zusätzlich geforderten Leistung verweigern kann, wenn sein Betrieb auf derartige Leistungen nicht eingerichtet ist. Werden solche Leistungen dennoch –

VOB/A § 5

VOB/B § 1 (4)

auch bereits in den Vergabe- und Vertragsunterlagen – verlangt, so ist der Bieter gezwungen, einen anderen Unternehmer als Nachunternehmer einzuschalten, wodurch in der Regel wegen der erforderlichen Geschäftskostenzuschläge des Hauptunternehmers höhere Angebotspreise kalkuliert werden müssen. Im Interesse der umfassenden Mängelansprüche ist jedoch anzuraten, die technologisch zusammenhängenden Leistungen, welche zur Herbeiführung eines bestimmten Erfolgs erforderlich sind, in eine Hand zu vergeben.

Beispiel: Herstellung einer wasserdichten Wanne im Erdreich.

VOB/A § 13

VOB/B § 4 (8)

Die Abdichtungsarbeiten gegen drückendes Wasser (DIN 18336) werden im Regelfall von Spezialunternehmen ausgeführt. Wegen der fachtechnischen Bedingungen der Ausführung, der Ansprüche an den Untergrund, wegen des sachgemäßen Schutzes der vollendeten Abdichtung und der sich aus diesen Zusammenhängen ergebenden Koordinationsaufgaben für die Abwicklung der Arbeiten sollte der Hauptunternehmer neben den Erd-, Stahlbeton- und Wasserhaltungsarbeiten auch mit der Ausführung der Abdichtungsarbeiten gegen drückendes Wasser beauftragt werden. Er wird diese Arbeiten nicht mit seinem eigenen Betrieb ausführen, sondern sie an ein erfahrenes Fachunternehmen in eigenem Namen und für eigene Rechnung (Nachunternehmer) weitervergeben. Der Auslober kann verlangen, dass im Angebot die als Nachunternehmer vorgesehenen (Fach-) Unternehmen bezeichnet werden.

VOB/A § 4

Die Vergabe- und Vertragsordnung verlangt, dass der Bieter die Preise, die er für seine Leistung fordert, in dem Angebot anzugeben hat. Wie dies im Einzelnen zu geschehen hat, ist in den Vergabe- und Vertragsunterlagen vom Auslober vorzuschreiben.

3.4 Einzel-/Generalvergabe

Vor Erstellung der Vergabe- und Vertragsunterlagen sollte man festlegen, ob die Bauleistungen einzeln ausgeschrieben und an einzelne Unternehmer vergeben werden sollen oder ob als Auftragnehmer für alle oder mehrere Gewerke ein oder mehrere Generalunternehmer vorzusehen sind. Die Entscheidung für die eine oder andere Art der Vergabe kann evtl. auch erst dann getroffen werden, wenn beispielsweise wegen des Wettbewerbs parallel sowohl einzelne Bauleistungen als auch die Gesamtleistung ausgeschrieben wurden und die Angebote vorliegen.

Die Vergabe von Bauleistungen verschiedener Art und größeren Umfangs an einen Generalunternehmer kann besonders dann für den Auftraggeber wirtschaftliche, rechtliche und organisatorische Vorteile bieten, wenn die geforderten Bauleistungen ganz oder teilweise auf firmeneigenen Verfahren beruhen.

4 Vergabe- und Vertragsunterlagen

Ausschreiben einer gewünschten Leistung und/oder Lieferung bedeutet, den oder die Bieter über die technischen, qualitativen, quantitativen und rechtlichen Bedingungen zu informieren. Diese Informationen müssen umfassend und eindeutig sein.

In den Vergabe- und Vertragsunterlagen wird die Basis für das später einzugehende Vertragsverhältnis begründet. Was hier nicht geregelt ist, kann später zu Konflikten führen. Die sorgfältige Analyse der für den Einzelfall maßgebenden technischen und rechtlichen Umstände muss ihren Niederschlag in den Vertragsbedingungen und im Leistungsverzeichnis finden.

Die Vergabe- und Vertragsunterlagen sind generell in folgende Teile zu gliedern, wobei sie bei Widersprüchen im Vertrag in dieser Reihenfolge **nacheinander** gelten:

Bezeichnung	Inhalt	
a) die Leistungsbeschreibung	technisch	VOB/B § 1
b) die Besonderen Vertragsbedingungen	rechtlich	
c) etwaige Zusätzliche Vertragsbedingungen	rechtlich	
d) etwaige Zusätzliche Technische Vertragsbedingungen	technisch	
e) die Allgemeinen Technischen Vertragsbedingungen für Bauleistungen (ATV = VOB/C)	technisch	
f) die Allgemeinen Vertragsbedingungen für die Ausführung von Bauleistungen (VOB/B)	rechtlich	

Ergänzend gelten die Bestimmungen des BGB über den Werkvertrag. Der Hinweis darauf erübrigt sich, da dies nach geltendem Recht selbstverständlich ist. Im Interesse einer klaren und wirtschaftlichen Angebots-Preisbildung sind die Vergabe- und Vertragsunterlagen so abzufassen, dass unkalkulierbare Risiken ausgeschlossen bleiben. Es sind dazu die in den ATV enthaltenen Hinweise für die Leistungsbeschreibung zu beachten.

BGB § 631

© Springer Fachmedien Wiesbaden GmbH, ein Teil von Springer Nature 2020
W. Rösel et al., *AVA-Handbuch*, https://doi.org/10.1007/978-3-658-29522-6_4

4.1 Leistungsbeschreibung, Standardleistungsbuch-Bau – StLB-Bau

4.1.1 Leistungsbeschreibung

Man unterscheidet zwei Arten von Leistungsbeschreibungen:

1. Leistungsbeschreibung mit Leistungsverzeichnis
2. Leistungsbeschreibung mit Leistungsprogramm.

Diesen ist jeweils eine allgemeine Beschreibung der Baumaßnahme voranzustellen.

Im Leistungsverzeichnis werden die anzubietenden Leistungen im Einzelnen beschrieben und die auszuführenden Mengen je Leistungseinheit (Position) definiert. Maßgebend für die Formulierungen in den Leistungsbeschreibungen sind die in den ATV enthaltenen Festlegungen. Allgemein gültige technische Aussagen, die für mehrere Positionen zutreffen, können den Einzelbeschreibungen als sog. Vorbemerkungen vorangestellt werden. Dieses Vorgehen erspart Wiederholungen und verkürzt die Texte der Leistungsbeschreibung. Um diese Vorbemerkungen jedoch besonders hinsichtlich der Vergütung eindeutig zu fassen, sollten sie auf diese Einleitung abgestimmt sein, die jeweils den ersten Satz bildet:

„Nebenleistungen ergeben sich aus den Bestimmungen des Vertrages. Hierzu gehören u. a. auch, soweit sie nachstehend aufgeführt sind:"

Und dazu als Beispiel für eine Bestimmung zu DIN 18 330 Mauerarbeiten:

„Bei Sichtmauerwerk im Rauminnern sind die Fugen 15 mm tief auszukratzen."

Dies besagt:

a) Das Auskratzen der Fugen hat bei allen Sichtmauerwerksflächen im Inneren von Räumen zu erfolgen.

b) Einer weiteren Erwähnung in den entsprechenden Positionen des Leistungsverzeichnisses, in denen das Sichtmauerwerk technisch und qualitativ beschrieben ist, bedarf es nicht.

c) Es handelt sich um eine Nebenleistung, die mit dem Preis für die einschlägige Position abgegolten ist. Also ist bei der Kalkulation des Einheitspreises (EP) die Leistung „Auskratzen der Fugen" einzurechnen.

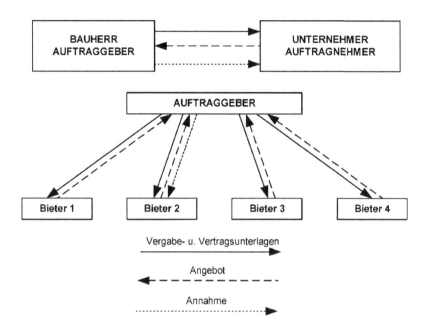

Bild 4-1   Angebot und Auftrag

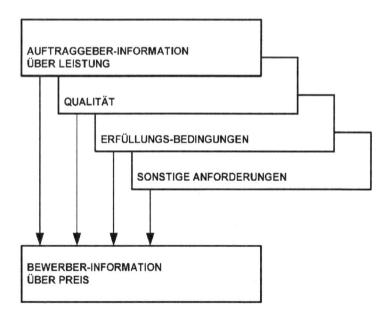

Bild 4-2   Informationsschema bei der Ausschreibung

Sofern es sich bei einer in den Vorbemerkungen enthaltenen Aussage nicht um eine Nebenleistung, sondern um eine Ausführungsanweisung handelt, ergibt sich keine Auswirkung auf den Preis. Beispiel dafür: „Alle 11,5 cm dicken Sichtmauerwerkwände sind als Läuferverband um ¼ Stein versetzt, vertikal steigend auszuführen."

Generell sollen Leistungsbeschreibungen untergliedert sein, so dass sich überschaubare Abschnitte eines Leistungsverzeichnisses ergeben.

Beispiel A: Rohbauarbeiten

Titel 1	Baustelleneinrichtung (a)	
Titel 2	Erdarbeiten	DIN 18 300
Titel 3	Verbauarbeiten	DIN 18 303
Titel 4	Wasserhaltungsarbeiten	DIN 18 305
Titel 5	Entwässerungskanalarbeiten	DIN 18 306
Titel 6	Mauerarbeiten	DIN 18 330
Titel 7	Stahlbetonarbeiten (b)	DIN 18 331
Titel 8	Betonstahlarbeiten (b)	DIN 18 331
Titel 9	Stahlbauarbeiten (c)	DIN 18 335
Titel 10	Abdichtungsarbeiten	DIN 18 336
Titel 11	Verschiedene Arbeiten (d)	–
Titel 12	Stundenlohnarbeiten (e)	–

Erläuterungen zu dieser Gliederung:

a) Nur bei größeren Bauten ist es sinnvoll, die Baustelleneinrichtung als eigenen Teil (Titel) des LV zu behandeln. Bei kleineren Bauten, wie Ein- und Zweifamilienhäusern, entfällt dieser Titel; die Kosten der Baustelleneinrichtung werden in die EP eingerechnet.

b) Die Trennung der Stahlbeton- und Betonstahl-Arbeiten ist nicht erforderlich, wird aber bei großen Stahlbeton-Massivbauten häufig angewandt, um die Kostenrelation dieser Arbeiten besser überschauen zu können.

c) Stahlbauarbeiten sollten nur dann nicht als eigene Leistung unter Stahlbaufirmen ausgeschrieben werden, wenn es sich im Vergleich zu den Stahlbetonarbeiten um relativ geringfügige Arbeiten handelt. In der Regel muss ein normales Bauunternehmen für die Durchführung dieser Stahlbauarbeiten einen anderen Unternehmer als Nach- bzw. Subunternehmer einsetzen.

d) Unter verschiedene Arbeiten sollen alle die Arbeiten erfasst werden, die den anderen Titeln nicht zugeordnet werden können.

e) Stundenlohnarbeiten ergeben sich erfahrungsgemäß bei jedem Bauvor-   **VOB/B § 15**
haben. Man versteht darunter Arbeiten, die im Rahmen der Leistungs-   **VOB/B § 2 (10)**
beschreibung einzelner Positionen nicht erfassbar waren oder nicht
ausgeschrieben wurden, und die im Zuge der allgemeinen Ausführung
der Arbeiten erforderlich werden. In diesem Titel sind neben den Stundenlohnsätzen auch die im Zusammenhang damit zu verrechnenden
Material- und Gerätepreise auszuschreiben. Falls sich dennoch im Lauf
der Vertragserfüllung die Notwendigkeit ergeben sollte, nicht angebotene Leistungen im Bereich der Stundenlohnarbeiten auszuführen, gilt
für die dann erforderliche Preisbildung die Festlegung VOB/B § 15, § 2
(10), sofern nichts anderes vorgesehen wird.

Beispiel B: Schlosserarbeiten

Titel 1   Brandschutztüren

Titel 2   Stahltürzargen für Holztüren

Titel 3   Geländer, Handläufe, Umwehrungen

Titel 4   Gitterroste, Abdeckungen

Titel 5   Kellerfenster

Titel 6   Stundenlohnarbeiten

Erläuterung:

Hier kann die Gliederung der DIN 18360 Metallbauarbeiten (Ziffer 3.2 und
3.3) sinngemäß zugrunde gelegt werden.

Die kleinste Einheit einer Leistungsbeschreibung bezeichnet man als Position. Hier erfolgt die Definition der geforderten Leistungen nach Art,

Qualität, Menge und Dimension. Dafür hat der Bieter seinen Preis anzubieten.

Zulage zu einer Position ist ein qualitativer und quantitativer Zusatz zu
einer bereits an anderer Stelle beschriebenen Leistung. Der dafür anzubie-
tende Preis wird einzeln berechnet, die Leistung beim Aufmaß der Grund-
position zunächst übermessen.

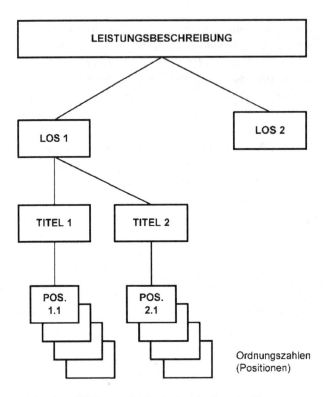

Bild 4-3   Gliederung in der Leistungsbeschreibung

Behält man sich außerdem eine andere Art oder Qualität der Leistung als die zuvor beschriebene vor, so wird diese in einer Alternativ-Position definiert. Es ist dafür nur der Einzelpreis (EP) anzubieten oder die voraussichtliche Menge auszuschreiben. Im Fall der Ausführung der Alternativ-Position tritt der hier angebotene Preis an die Stelle des Preises der Erstposition.

Will man für eine Leistung, welche vielleicht erforderlich werden kann, den Preis erfragen, so verwendet man die Eventualposition (Bedarfsposition). Sie wird ohne Mengenangabe nur mit dem Einheitspreis ausgewiesen oder mit der voraussichtlichen Menge ausgeschrieben.

Alle Grundpositionen, Zulagen-, Alternativ- und Eventualpositionen sind durch Ordnungszahlen zu kennzeichnen.

4.1.2 Standardleistungsbuch-Bau – StLB-Bau Dynamische Baudaten

Die Formulierung der Beschreibung der einzelnen Leistungen sollte nach dem Standardleistungsbuch-Bau – StLB-Bau erfolgen. Es werden dadurch weitschweifige, ungenaue Texte vermieden, und es werden die Aussagen von Baufachleuten richtig verstanden.

Das StLB-Bau wird vom Gemeinsamen Ausschuss Elektronik im Bauwesen (GAEB) aufgestellt, dem Vertreter der öffentlichen und privaten Auftraggeber, der Architekten, der Ingenieure und der Bauwirtschaft angehören, in Verbindung mit dem Deutschen Verdingungsausschuss für Bauleistungen (DVA) und vom Deutschen Institut für Normung e. V. (DIN) herausgegeben.

Die nach Leistungsbereichen gegliederten StLB enthalten Standardbeschreibungen, das sind vorgegebene Texte für Allgemeine Bestimmungen zur Leistungsbeschreibung und für Zusätzliche Technische Vorschriften, sowie Standardleistungsbeschreibungen, das sind vorgegebene Texte zur Beschreibung von Leistungen oder Teilleistungen; sie enthalten die Angaben über Bauart, Bauteil, Baustoff und Dimension für den Herstellungsvorgang und die Qualität einer Leistung

Das Prinzip des StLB-Bau beruht auf der Anwendung von hierarchisch gegliederten Textbausteinen, die zu Standardleistungsbeschreibungen zusammengefügt werden. Die Anwendung des StLB kann sowohl manuell als auch mit elektronischen Datenverarbeitungsanlagen erfolgen. Die Textbausteine des StLB-Bau lassen, soweit nötig, Ergänzungen zu. Besondere Beschreibungen, die im StLB nicht enthalten sind, können frei formuliert werden. Über Aufbau und Anwendung des StLB unterrichten die Schriften des GAEB.

Ordnungszahl	Leistungsdefinition nach			
	Art	Qualität	Menge	Dimension
3.10	Mauerwerk der Außenwand	Hohlblocksteine aus Leichtbeton, DIN 18151, 3K Hbl 2–0,7 20DF–300 MG II Mauerwerksdicke 30 cm	250	m³
3.11	Türsturz als **Zulage** zu Pos. 3.10	Stahlbeton B 25 0,30 × 0,25 m einschl. Schalung und Bewehrung	15	m
3.12	Alternativ zu Pos. 3.10 Mauerwerk der Außenwand	Kalksandsteine DIN 106 KS12–1,6–15 DF MG II Mauerwerksdicke 30 cm	1/EP*	m³
3.13	Eventualpos.: Mauerwerk der Außenwand als Sichtmauerwerk	Kalksandsteine DIN 106 KS Vm L 12–1,2–2 DF	1/EP*	m²

*Anmerkung: Nach Vergabehandbüchern sind Alternativ- und Eventualpositionen mit der voraussichtlichen Menge auszuschreiben

Tabelle 4-1 Auszug aus Leistungsverzeichnis (Leistungsdefinition)

Das StLB-Bau ist als eine der Grundlagen für die integrierte Datenverarbeitung im Bauwesen, welche die Auftraggeber- und die Auftragnehmerseite umfasst, vorgesehen, u. a. mit dem Ziel, Erfahrungswerte zu speichern und bei zukünftigen Bauvorhaben nutzbar zu machen. Mittlerweile hat das StLB-Bau mit den „Dynamischen Baudaten" fusioniert. Seitdem wird das StLB-Bau nur noch in elektronischer Form aktualisiert und gepflegt.

Bei der Leistungsbeschreibung mit Leistungsprogramm erstreckt sich der Wettbewerb auch auf die technisch, wirtschaftlich und gestalterisch beste sowie funktionale Lösung der Bauaufgabe (funktionale Leistungsbeschreibung). Diese Art der Ausschreibung ist nur in besonderen Fällen anzuwenden, da sie vom Wettbewerber einen sehr hohen Aufwand zur Angebotsbearbeitung verlangt.

Die Erstellung eines Leistungsprogramms erfordert auf Seiten des Ausschreibenden den hochqualifizierten Fachmann, wenn nicht Unsicherheiten in der Preisbildung sowie in der Qualität zu nicht vergleichbaren Angeboten führen sollen.

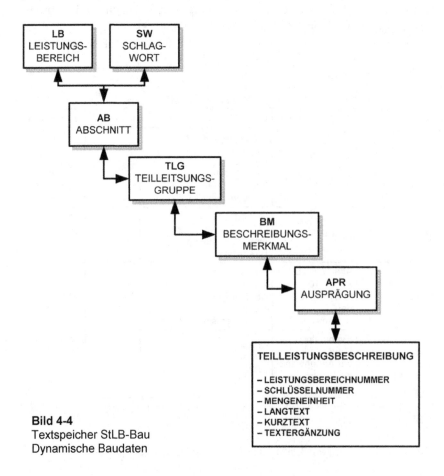

Bild 4-4
Textspeicher StLB-Bau
Dynamische Baudaten

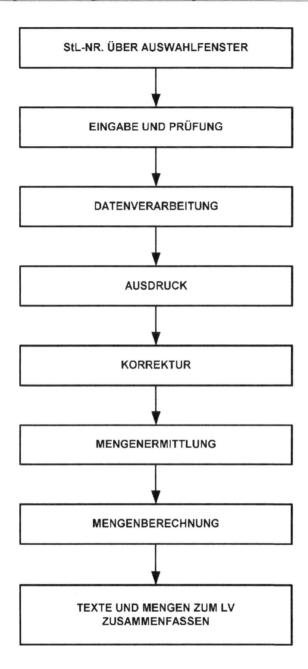

Bild 4-5   LV-Bearbeitung mit Standardleistungsbuch-Bau

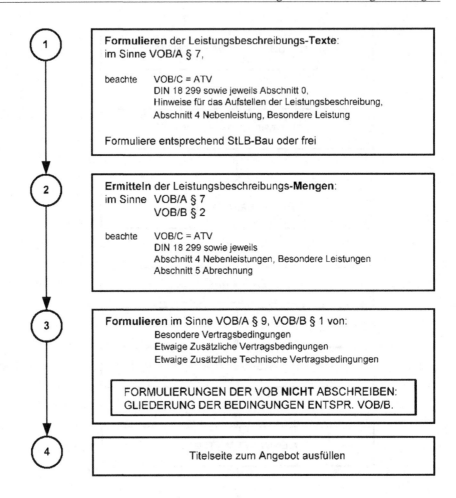

Bild 4-6   Arbeitsweise beim Erstellen einer Ausschreibung

4.2 Vertragsbedingungen

VOB/A § 8a   Die Formulierung von Besonderen und Zusätzlichen Vertragsbedingungen, abweichend oder ergänzend zur VOB/B, erfordert eine intensive
Kenntnis der VOB/B, BGB, und die Kenntnis der aktuellen Rechtsprechung, insbesondere des Bundesgerichtshofs.

Darum ist zu empfehlen, rechtlich relevante Vertragsbedingungen nicht
ohne Mitwirkung eines in diesen Dingen sachverständigen Juristen aufzustellen. Dies gilt in besonderem Maß für die Zusätzlichen Vertragsbedingungen, welche von Auftraggebern, die ständig Bauleistungen vergeben, in
Ergänzung der Allgemeinen Vertragsbedingungen benutzt werden. Sofern
Regelungen rechtlichen Inhalts nur in Einzelfällen erforderlich sind, sollen
diese in den Besonderen Vertragsbedingungen niedergelegt werden.

In den Zusätzlichen Vertragsbedingungen oder in den Besonderen Vertragsbedingungen können, soweit erforderlich, beispielsweise folgende Punkte geregelt werden:

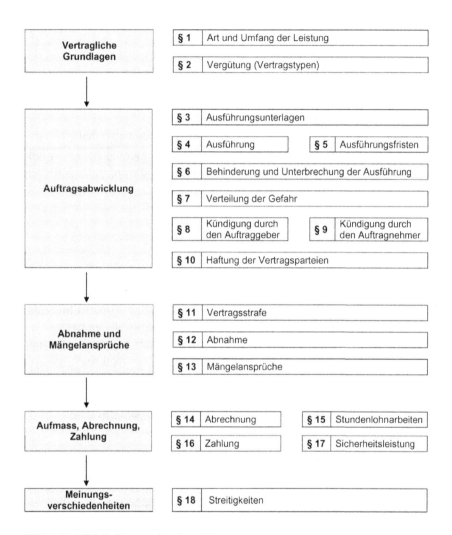

Bild 4-7 VOB/B Paragrafenübersicht

a) Vergütung   VOB/B § 2

Zum Beispiel:

1. ob die vereinbarten Einheits- oder Pauschalpreise über die gesamte Bauzeit als Festpreise garantiert werden,

2. ob Gleitklauseln vereinbart werden,

3. ob die Leistungen und Lieferungen, wenn sie vom Auftraggeber beigestellt werden, auch das Abladen sowie den Transport zur Einbaustelle
   beinhalten,

4. ob eine Vergütung bei Schlechtwetterlage erfolgt

usw.

VOB/B § 3 **b) Ausführungsunterlagen**

Zum Beispiel:

1. was unter rechtzeitiger Übergabe der für die Ausführung notwendigen
   Unterlagen zu verstehen ist,

2. welche Unterlagen der Auftragnehmer selbst zu beschaffen hat,

3. in welcher Anzahl der Auftraggeber dem Auftragnehmer die notwendigen Lichtpausen und die sonstigen für die Ausführung erforderlichen
   Unterlagen unentgeltlich zur Verfügung stellt

usw.

VOB/B § 4 **c) Ausführung**

Zum Beispiel:

1. ob und in welchem Umfang der Auftragnehmer Bautagesberichte zu
   führen hat und welcher Inhalt verlangt wird,

2. ob der Auftragnehmer den Bauleiter als fachkundige Aufsicht im Sinne
   der jeweiligen Landesbauordnung für sein Gewerk zu stellen hat,

3. wie zu verfahren ist, wenn der Auftragnehmer Bedenken irgendwelcher
   Art gegen die vorgesehene Art der Ausführung, bauseits gelieferte
   Werkstoffe oder die Vorarbeiten anderer Unternehmer hat,

4. ob beliebige Nachunternehmer eingesetzt werden dürfen oder ob dies
   von der Zustimmung des Auftraggebers abhängig gemacht wird

usw.

VOB/B § 5 **d) Ausführungsfristen**

Zum Beispiel:

1. ob vom Auftragnehmer auf Verlangen des Auftraggebers vor Arbeitsbe-
   ginn ein Bauzeitenplan der Einzelleistungen aufzustellen und dem Auftraggeber zur Genehmigung vorzulegen ist,

2. ob die in den Vergabe- und Vertragsunterlagen genannten bzw. bei der
   Auftragsverhandlung vereinbarten Fristen Vertragsbestandteil werden

usw.

VOB/B § 6 **e) Behinderung und Unterbrechung der Ausführung**

Zum Beispiel:

was unter Witterungseinflüssen während der Ausführungszeit, mit denen
bei Abgabe des Angebots normalerweise gerechnet werden muss, zu ver-

stehen ist (z. B. das sog. Normalwetter, das vom zuständigen Wetteramt festgestellte letzte 25jährige Mittel).

f) Verteilung der Gefahr   VOB/B § 7

Zum Beispiel:

ob diese VOB-Regelung Vertragsbestandteil werden soll,

g) Kündigung durch den Auftraggeber   VOB/B § 8

Zum Beispiel:

1. ob sich der Auftraggeber die außerordentliche Kündigung des Vertrags auch aus Gründen vorbehält, die in der VOB nicht aufgeführt sind,

2. ob der Auftraggeber Schadensersatz wegen Nichterfüllung verlangen will, sofern die Kündigung auf einem vom Auftragnehmer zu vertretenden Umstand beruht

usw.

h) Kündigung durch den Auftragnehmer   VOB/B § 9

Zum Beispiel:

ob für die Kündigungsmöglichkeit weitere Bedingungen vorzuschreiben sind.

i) Haftung der Vertragsparteien   VOB/B § 10

Zum Beispiel:

1. ob sich der Auftragnehmer zu verpflichten hat, den Auftraggeber von allen Ansprüchen Dritter freizustellen, die durch das Verhalten des Auftragnehmers oder seiner Erfüllungs- oder Verrichtungshilfen ausgelöst und gegen den Auftraggeber geltend gemacht werden,

2. ob der Auftragnehmer den Ausschluss des § 4 Nr. 5, 6b AHB mit ausreichend hoher Versicherungssumme im Rahmen seiner gesetzlichen Haftpflicht mitzuversichern hat,

3. ob der Auftraggeber den Abschluss einer Bauleistungsversicherung beabsichtigt und wie die Prämienaufteilung zu regeln ist

usw.

j) Vertragsstrafe   VOB/B § 11

Zum Beispiel:

1. ob und in welcher Höhe eine Vertragsstrafe vorgesehen ist, wie sie berechnet werden soll und in welcher Höhe sie begrenzt wird,

2. ob sich der Auftraggeber vorbehält, eine Vertragsstrafe bis zur Fälligkeit der Abschlusszahlung geltend zu machen, auch wenn diese bei der Abnahme nicht vorbehalten wurde

usw.

VOB/B § 12   **k) Abnahme**

Zum Beispiel:

1. ob stets eine förmliche Abnahme stattfinden soll,

2. wie zu verfahren ist, wenn der Auftraggeber die Abnahme wegen wesentlicher Mängel verweigert,

3. ob Sachverständige bei der Abnahme herangezogen werden

usw.

VOB/B § 13   **l) Mängelansprüche**

Zum Beispiel:

1. ob die Verjährungsfrist wegen Mängeln an Bauwerken fünf Jahre nach der Abnahme betragen soll,

2. ob besondere Regelungen für den Beginn der Verjährungsfrist bei genehmigungspflichtigen, technischen Anlagen vereinbart werden: z. B. frühestens mit dem Tag der Genehmigung und Zulassung zum Betrieb,

4. ob Besonderheiten der Betriebszustände von Anlagen mehrere Abnahmen erfordern (z. B. Klimaanlage bei Winter- und Sommerbetrieb),

5. ob Leistungsmessungen gefordert werden und wer die Kosten dafür trägt,

6. wie eventuell in besonderen Fällen die Mängelbeseitigung vorzunehmen ist

usw.

VOB/B § 14   **m) Abrechnung**

Zum Beispiel:

1. ob ein Leistungsvertrag, ein Stundenlohnvertrag oder ein Selbstkostenerstattungsvertrag vorgesehen ist,

2. in wie vielen Ausfertigungen die Rechnung zu stellen sind,

3. ob die Abrechnung manuell oder mit EDV zu erfolgen hat,

4. ob besondere Fristen für die Abrechnung zu berücksichtigen sind,

5. ob Sonderregelungen zu den Aufmaßvorschriften der ATV getroffen werden,

6. ob eine Pauschalsumme gebildet werden soll und wie der Zahlungsplan zu regeln ist,

7. wann frühestens beim Auftraggeber die Schlussrechnung eingereicht werden kann (z. B. erst nach der förmlichen Abnahme)

usw.

n) Stundenlohnarbeiten   VOB/B § 15

Zum Beispiel:

1. ob bei Stundenlohnarbeiten in jedem Fall Aufsichtspersonen gefordert und gesondert vergütet werden oder in die Preise einzurechnen sind,

2. ob Fristen für die Abrechnung der Stundenlohnarbeiten gesetzt werden,

3. ob für die Abrechnung der Stundenlohnarbeiten besondere Formulare zu verwenden sind oder besondere Form gewahrt werden soll,

4. welche Lohnnebenkosten (Auslösungen, Trennungs-, Wege-, Unterkunftsgelder, Reisekosten, Wochenendheimfahrten u. dgl.) in die anzubietenden Stundenlohnsätze einzurechnen sind

usw.

o) Zahlung   VOB/B § 16

Zum Beispiel:

1. unter welchen Bedingungen Vorauszahlungen geleistet werden (z. B. nur gegen ausreichende Sicherheit durch unbefristete, selbstschuldnerische Bankbürgschaft unter Verzicht auf die Einrede der Anfechtung und Vorausklage),

2. bis zu welcher Höhe Abschlagszahlungen auf erbrachte und vom Auftraggeber anerkannte Leistungen gewährt werden,

3. ob die in VOB/B, § 16 vorgesehenen Zahlungsfristen eingehalten werden können oder welche besonderen Regelungen hier zu treffen sind,

4. ob Rückzahlungsklauseln z. B. bis zum Ende der abschließenden Prüfung durch eine Revisionsinstanz des Auftraggebers vorbehalten bleiben,

5. ob die in der VOB/B, § 16 vorgesehene Frist für die Schlusszahlung nach Prüfung und Feststellung der vom Auftragnehmer vorgelegten Schlussrechnung eingehalten werden kann, bzw. welche besonderen Fristen hier festgelegt werden

usw.

p) Sicherheitsleistung   VOB/B § 17

Zum Beispiel:

1. in welcher Höhe eine Sicherheitsleistung für die Dauer der Frist für die Mängelansprüche eingehalten wird,

2. unter welchen Bedingungen die Sicherheitsleistung dennoch ausgezahlt werden kann (z. B. gegen Bürgschaft),

3. ob sich der Auftraggeber vorbehält, einen vom Auftragnehmer vorgeschlagenen Bürgen evtl. abzulehnen

usw.

VOB/B § 18   **q) Streitigkeiten**

Zum Beispiel:

1. ob eine Schiedsgerichtsvereinbarung getroffen werden soll (z. B. nach der Schiedsgerichtsordnung für das Bauwesen),

2. ob alle eventuellen Streitfragen im ordentlichen Rechtsweg entschieden werden sollen.

Die Vielzahl der hier aufgeführten Punkte belegt die Bedeutung der Zusätzlichen Vertragsbedingungen bzw. der Besonderen Vertragsbedingungen. Bei jedem Bauvorhaben ist stets eine Reihe projektspezifischer Regelungen zu bedenken, die in den Vergabe- und Vertragsunterlagen definiert werden müssen.

Unter rechtlichen Aspekten ist zu beachten, dass Zusätzliche Vertragsbedingungen nach den Vorschriften der §§ 305 BGB zu beurteilen sind, wenn sie für eine Vielzahl von Verträgen vorformulierte Vertragsbedingungen darstellen, die der Auftraggeber den Auftragnehmern bei Abschluss des Vertrages stellt. Allgemeine Geschäftsbedingungen liegen jedoch dann nicht vor, wenn diese Vertragungsbedingungen zwischen den Vertragsparteien im Einzelnen ausgehandelt sind.

4.3 Die Zusätzlichen Technischen Vertrags- bedingungen

VOB/A § 8a   Sie gelten als Ergänzung der ATV und sind den Anforderungen des Einzelfalls entsprechend zu formulieren. Sie können sich z. B. auf gültige DIN-Normen beziehen, falls diese nicht den Erfordernissen genügen (dazu zählen besonders Forderungen an die Genauigkeit von Abmessungen, wenn sie sonst nach DIN zulässigen Bautoleranzen zu groß sind, wie es beim Montagebau zutreffen kann).

4.4 Umsatz-(Mehrwert-)Steuer

Die in den Angeboten vom Bieter anzugebenden Preise sind ohne die auf sie entfallende Umsatz-(Mehrwert-)Steuer einzusetzen und rechnerisch bis zum Angebotsendbetrag zu verarbeiten. Auf diesen ist dann als ein prozentualer Anteil entsprechend den jeweiligen gesetzlichen Bestimmungen als Umsatz-(Mehrwert-)Steuer aufzuschlagen. Die Summe aus Netto-Angebotsendbetrag zuzüglich Umsatz-(Mehrwert-)Steuer ergibt die Brutto-Angebotssumme.

5 Angebot und Vertrag

5.1 Fristen

Im Zuge eines der möglichen Angebotsverfahren werden die Angebote von den Wettbewerbsteilnehmern bearbeitet. Dafür steht diesen eine für alle einheitliche Zeitspanne, die Angebotsfrist, zur Verfügung. Sie soll ausreichend bemessen sein und selbst bei kleinen Bauleistungen 10 Kalendertage nicht unterschreiten. Für Angebote an die öffentliche Hand gelten besondere Regelungen.

VOB/A § 2,
§ 5, § 10

Das Zurückziehen bereits vorgelegter Angebote kann bis zum Ablauf der Angebotsfrist erfolgen.

5.2 Eröffnungstermin, Öffnung der Angebote

Vor allem bei Bauten der öffentlichen Hand findet nach Beendigung der Angebotsfrist ein Eröffnungstermin (Submission) statt, bei der die Angebotsendpreise in Gegenwart der evtl. anwesenden Bieter verlesen werden, nachdem die Angebote den bis dahin ungeöffneten Umschlägen entnommen wurden. Dieses formale Verfahren wird im privaten Bereich seltener angewandt. Man legt häufig Wert darauf, die Angebotsergebnisse geheim zu halten (Vorteil bei evtl. Preisverhandlungen).

VOB/A § 14

5.3 Prüfung mit Wertung der Angebote

Die eingegangenen Angebote sind in mannigfacher Hinsicht zu prüfen. Es ist ratsam, die Ergebnisse der Prüfungen schriftlich niederzulegen. Man sollte ein Protokoll der Angebotsprüfung erstellen, das sich auf folgende Punkte erstrecken kann:

VOB/A § 16c,
§ 16d

Formal: Vollständigkeit aller geforderten Angaben und Unterlagen, Muster, Nebenangebot, Begleitbrief ...

Rechtlich: Rechtsverbindliche Unterschrift(en), Einschränkungen hinsichtlich der Vertragsbedingungen ...

Technisch: Alternativen zur ausgeschriebenen Leistung, Vorbehalte gegenüber der ausgeschriebenen Leistung ...

Preislich: Angemessenheit der Preise, rechnerische Richtigkeit ...

Die vorgelegten Angebote müssen in ihrem Inhalt den formalen Festlegungen der Allgemeinen Vergabebestimmungen entsprechen. Für besondere Mitteilungen wie Änderungsvorschläge oder Nebenangebote müssen besondere und deutlich gekennzeichnete Anlagen verwendet werden. Ange-

VOB/A § 13
VOB /A § 16

© Springer Fachmedien Wiesbaden GmbH, ein Teil von Springer Nature 2020
W. Rösel et al., *AVA-Handbuch*, https://doi.org/10.1007/978-3-658-29522-6_5

bote, die den formalen Bestimmungen nicht entsprechen, brauchen nicht geprüft zu werden. Die rechnerische Prüfung stellt fest, ob die rechnerischen Operationen richtig sind. Fehler sind kenntlich zu machen.

Ende der Zuschlagsfrist:
TT.MM.JJJJ

ANGEBOT	über **FASSADEN-VERKLEIDUNGEN**

**VERWALTUNGSGEBÄUDE
IN FRANKFURT/Main**

Bauherr:	Carolus GmbH & Co. KG Schmitterstr. 102 60489 Frankfurt/M.
Baustelle:	Kurzius-Anlage 8-12 60933 Frankfurt/M.
Planung:	Ing.-Büro C. Möbius Reichenbachstr. 17 60489 Frankfurt/M. Tel.: 069/70007
Bauüberwachung:	Bau-Real GmbH & Co. KG Pfungstädter Str. 81 64297 Darmstadt Tel.: 06151/57475
Angebotsabgabe:	am TT.MM.JJJJ in Darmstadt, Pfungstädter Str. 81 in verschlossenem Umschlag. verspätet eingehende Angebote können nicht berücksichtigt werden.
Angebotssumme:	netto...................... EUR .... EUR ... MWST............... EUR .... EUR .... EUR .... EUR (v. Bieter einzusetzen) (geprüfte Summe)

┌─────────────────────────────┐
│   │
│ (Stempel des Bieters)   │
│   │
└─────────────────────────────┘

Bild 5-1   Titelseite eines Angebotes

Projekt:	AH-2007-01	Seniorenstift "Am alten Markt"				
LV:	0.012	Rohbauarbeiten				Währung: EUR
		*** Preisspiegel: Alle Positionsarten ***				

	B-Nr.: 1 Rosenthal ..	B-Nr.: 2 Einsturz ..	B-Nr.: 3 Neuner Her..	LV-Preis	Mittelpreis
1.1.10. **Außenwand MD 30cm HLzB SFK 12 RDK 1,6** 28,142 m3 *** Grundposition 1.0, bezuschlagt					
Einheitspreis	186,50	188,13	175,60	196,03	183,41
Gesamtbetrag	5.248,48	5.294,35	4.941,74	5.516,68	5.161,52
Prozent/Rang	106,2/ 2	107,1/ 3	100,0/ 1	111,6	104,5
1.1.20. **Außenwand MD 30cm HLzC SFK 12 RDK 1,4** 9,206 m3 *** Wahlposition 1.1					
Einheitspreis	231,80	240,11	240,50	232,47	237,47
Gesamtbetrag	(2.133,95)	(2.210,45)	(2.214,04)	(2.140,12)	(2.186,15)
Prozent/Rang	100,0/ 1	103,6/ 2	103,8/ 3	100,3	102,5
1.1.30. **Zuschlag für Naturbimsmauerwerk HBL 6/II** *** Z.-Pos., Bedarfsposition ohne GB					
Zuschlagssatz	3,50	3,15	4,00	3,40	0,00
Zuschlagssumme	5.248,48	5.294,35	4.941,74	5.516,68	0,00
Gesamtbetrag	(183,70)	(166,77)	(197,67)	(187,57)	(0,00)
Prozent/Rang	110,2/ 2	100,0/ 1	118,5/ 3	112,5	
1.1.40. **Schlitz herstellen Mauerwerk B 5-10cm T 5-10cm** 1,219 m					
Einheitspreis	10,02	11,33	12,80	10,41	11,38
Gesamtbetrag	12,21	13,81	15,60	12,69	13,87
Prozent/Rang	100,0/ 1	113,1/ 2	127,8/ 3	103,9	113,6
1.1.50. **Kernbohrung Wand Durchmesser 250-300mm T 25-30cm** 1,000St					
Einheitspreis	81,22	79,44	82,34	80,83	81,00
Gesamtbetrag	81,22	79,44	82,34	80,83	81,00
Prozent/Rang	102,2/ 2	100,0/ 1	103,7/ 3	101,8	102,0
1.1.60. **Schlitz schließen MG II a Mauerziegel B 5-10cm T 5-10cm** 1,534m					
Einheitspreis	16,22	14,55	13,78	15,49	14,85
Gesamtbetrag	24,88	22,32	21,14	23,76	22,78
Prozent/Rang	117,7/ 3	105,6/ 2	100,0/ 1	112,4	107,8
1.1. **Mauerarbeiten**					
Summe	5.366,79	5.409,92	5.060,82	5.633,96	0,00
Prozent/Rang	106,1/ 2	106,9/ 3	100,0/ 1	111,3	
1.2.10. **Ortbeton Einzelfundament Stahlbeton C16/20** 20,000 m3 *** Grundposition 2.0					
Einheitspreis	123,89	128,38	120,49	123,12	124,25
Gesamtbetrag	2.477,80	2.567,60	2.409,80	2.462,40	2.485,07
Prozent/Rang	102,8/ 2	106,6/ 3	100,0/ 1	102,2	103,1
1.2.20. **Ortbeton Einzelfundament Stahlbeton C20/25** 20,000 m3 *** Wahlposition 2.1					
Einheitspreis	131,66	138,50	128,40	130,98	132,85
Gesamtbetrag	(2.633,20)	(2.770,00)	(2.568,00)	(2.619,60)	(2.657,07)
Prozent/Rang	102,5/ 2	107,9/ 3	100,0/ 1	102,0	103,5

Bild 5-2   Angebotsvergleich (Preisspiegel) Seite 1

Projekt:	AH-2007-01	Seniorenstift "Am alten Markt"				
LV:	0.012	Rohbauarbeiten				Währung: EUR
		*** Preisspiegel: Alle Positionsarten ***				

		B-Nr.: 1 Rosenthal ..	B-Nr.: 2 Einsturz ..	B-Nr.: 3 Neuner Her..	LV-Preis	Mittelpreis
1.2.30.		**Ortbeton Einzelfundament Stahlbeton C25/30**		20,000	m3	
		*** Wahlposition 2.2				
Einheitspreis		138,23	145,60	133,56	137,53	139,13
Gesamtbetrag		(2.764,60)	(2.912,00)	(2.671,20)	(2.750,60)	(2.782,60)
Prozent/Rang		103,5/ 2	109,0/ 3	100,0/ 1	103,0	104,2
1.2.		**Beton- und Stahlbetonarbeiten**				
Summe		2.477,80	2.567,60	2.409,80	2.462,40	0,00
Prozent/Rang		102,8/ 2	106,6/ 3	100,0/ 1	102,2	
1.		**Rohbauarbeiten**				
Summe		7.844,59	7.977,52	7.470,62	8.096,36	0,00
Prozent/Rang		105,0/ 2	106,8/ 3	100,0/ 1	108,4	
LV		**Rohbauarbeiten**				
Summe		7.844,59	7.977,52	7.470,62	8.096,36	0,00
MwSt. in %		19,00	19,00	19,00	19,00	0,00
MwSt.-Betrag		1.490,47	1.515,73	1.419,42	1.538,31	0,00
Bruttosumme		9.335,06	9.493,25	8.890,04	9.634,67	0,00
Prozent/Rang		105,0/ 2	106,8/ 3	100,0/ 1	108,4	

Legende:

MS-Sans-Serif, 8Pt =	Billigster Bieter
Courier New, 8Pt=	Teuerster Bieter
MS-Sans-Serif, fett =	**Gruppenstufen-Summen**
MS-Sans-Serif, kursiv =	*Nicht einberechnete Werte*

Bild 5-2   Angebotsvergleich (Preisspiegel) Seite 2

Es empfiehlt sich, die Einheits- und Gesamtpreise aller Bieter vergleichend in einem Preisspiegel gegenüberzustellen. Dies kann manuell oder über EDV geschehen. Die Preise für gleiche Leistungen sind bezüglich ihrer Relation untereinander zu kennzeichnen (beim manuellen Verfahren jeweils der höchste und niedrigste Preis). Aus einem derartigen Preisspiegel kann man sehr schnell ein Urteil über die Angemessenheit der Preise gewinnen.

5.4 Aufklärung des Angebotsinhalts

VOB/A § 15   Nach den Allgemeinen Vergabebedingungen sind die Verhandlungen mit den Bietern über Änderung der Preise unstatthaft, in dem privaten Baubereich jedoch durchaus üblich mit dem Ziel, einen möglichst günstigen Preis zu erreichen.

Über die Verhandlungen werden zweckmäßig während ihrer Dauer handschriftliche Protokolle gefertigt, die am Schluss der Gespräche verlesen und von den Parteien sofort unterschrieben werden. Die Protokolle können im Auftragsfall zum Vertragsbestandteil gemacht werden.

a) Technische Vorgespräche:

Diese haben lediglich die Aufgabe, alle aus den Angebotsunterlagen erkennbaren Fragen bezüglich der technischen und wirtschaftlichen Leistungsfähigkeit, hinsichtlich etwaiger Änderungsvorschläge, Vorbehalte gegenüber der geplanten Art der Durchführung, der evtl. Unangemessenheit einzelner Angebotspreise und dgl., jedoch nicht die evtl. Änderung der Preise zu behandeln. Es wird auf diese Weise weitgehend sichergestellt, dass – und das gilt besonders bei Leistungsbeschreibungen mit Leistungsprogrammen – die Vergleichbarkeit bzw. Gleichwertigkeit der Angebote in technischer und rechtlicher Hinsicht gegeben ist.

b) Vergabegespräch:

In diesem geht es um die Angebotspreise. Dabei können auch Zahlungsplanvereinbarungen, Skonti, Nachlässe, Bürgschaften, Zahlungsziele und dgl. behandelt werden. Ein während der Verhandlung geführtes Protokoll kann mit der Annahme des Angebots (Zuschlag) abschließen.

5.5 Wertung der Angebote

Angebote, die von der Wertung auszuschließen sind, werden in den Allgemeinen Vergabebestimmungen näher umrissen.

VOB/A § 16d

Bei der Wertung der Angebote kommt es vor allem darauf an, dass diejenigen Bieter ausgewählt werden, die für die Erfüllung der einzugehenden vertraglichen Verpflichtungen die notwendige Sicherheit bieten. Dazu gehört, dass sie die erforderliche Fachkunde, Leistungsfähigkeit und Zuverlässigkeit besitzen und über ausreichende technische und wirtschaftliche Mittel verfügen. Der niedrigste Angebotspreis allein ist nicht entscheidend.

Die Ausschreibung kann aufgehoben werden, wenn kein den Bedingungen entsprechendes Angebot eingegangen ist, sich wesentliche Änderungen der Grundlagen oder sonstige schwerwiegende Gründe ergeben haben.

VOB/A § 17

5.6 Vertrag

BGB § 145 ff.   Der Vertrag kommt durch Annahme eines (des) Angebots zustande, d. h. der
VOB/A § 18   Auftraggeber erklärt einem der (dem) Bieter, dass er sein Angebot annimmt.
                 Einer besonderen schriftlichen Beurkundung bedarf es dazu nicht.

                 Aus formalen und organisatorischen Gründen ist die Schriftform jedoch
                 sinnvoll.

VOB/A § 20   In der Regel wird der Architekt die Vertragsurkunde vorbereiten. Davon
                 sind mindestens 3 Ausfertigungen notwendig, von denen je eine die beiden
                 Vertragsparteien (Bauherr = Auftraggeber sowie Bauunternehmer = Auf-
                 tragnehmer) und eine der Architekt für seine Akten erhalten, nachdem

---

Muster für ein Auftragsschreiben:

Auftrags-Nr.:003/..   Datum: TT.MM.JJJJ

Bauherr: Herr Karl Müller und Ehefrau Olga
             Gutenbergstr. 40, 34131 Kassel

Projekt: Einfamilienwohnhaus, Wiesweg 9, 34109 Kassel

Im Namen und für Rechnung des Bauherrn wird dem Unternehmer:
             Fa. Schmid und Meyer GmbH, Niederlassung Kassel,
             Dreifensterstr. 121, 34135 Kassel,
der Auftrag erteilt für die Ausführung der

                          ROHBAUARBEITEN

zum Preis von: 125 319,20 EUR
19 % Mwst: 23 810,65 EUR
Auftragssumme: 149 129,85 EUR
In Worten: einhundertneunundvierzigtausendundeinhundertneunundzwanzig

Grundlagen des Vertrages in dieser Reihenfolge:
1. Protokoll der Verhandlung vom: TT.MM.JJJJ
2. Angebot vom: TT.MM.JJJJ nach Nachtrag vom: TT.MM.JJJJ
Termine: Beginn der Arbeiten auf der Baustelle: TT.MM.JJJJ
              Fertigstellung der Arbeiten a. d. Baustelle   TT.MM.JJJJ
Dauer der Mängelansprüche ab förmlicher Abnahme: 5 Jahre
Der Bauherr: Der Architekt:

....

Auftragsschreiben erhalten: **Zahlungen des AG sind mit**
Datum: ....   **befreiender Wirkung zu leisten**
                                         auf Konto:
....
(Unterschrift und Firmen-   ....
stempel)   **BLZ** ....

diese alle Exemplare des Schriftstücks unterschrieben haben. Der Inhalt der Urkunde soll sich auf Wichtiges beschränken, da alle Regelungen bereits in den Vergabe- und Vertragsunterlagen bzw. in den Protokollen der Verhandlungen erschöpfend niedergelegt sind.

In der Baupraxis wird bei privaten Auftragnehmern heute in zunehmendem Maße nicht mehr der traditionelle Einheitsvertrag sondern ein Pauschalpreisvertrag, ein Garantierter Maximalpreis-Vertrag oder ein anderer Vertragstyp vereinbart. Bei der öffentlichen Hand spielen auch PPP-Verträge eine Rolle.

5.7 Nachträge

Häufig kommt es vor, dass im Vertrag nicht enthaltene Leistungen auf Verlangen auszuführen sind. Derartige Arbeiten sind auf der Grundlage der bestehenden vertraglichen Vereinbarungen vor der Ausführung anzubieten; die Annahme des Angebotes durch den AG sollte jedoch vom AN grundsätzlich abgewartet werden, bevor die Leistung begonnen wird. Man vermeidet damit sonst in der Regel unvermeidbare Querelen bei der Abrechnung. {VOB/B § 2 (6)} {VOB/B § 2 (5)}

Leistungen, die der AN ohne Auftrag oder unter eigenmächtiger Abweichung vom Vertrag ausführt, werden nicht vergütet. {VOB/B § 2 (8)}

Der AN hat aber die Möglichkeit, Leistungen, die ohne Auftrag ausgeführt werden, dem AG in Rechnung zu stellen, sofern die Voraussetzungen der Geschäftsführung ohne Auftrag vorliegen. {BGB § 677}

Für die Ausfertigung einer weiteren Urkunde zum Hauptvertrag gelten die beschriebenen Grundsätze. Bei Nachträgen beachte man, dass zusätzliche Arbeiten den Ablauf der Ausführung und die Fristen beeinflussen können; Änderungen der im Hauptvertrag vereinbarten Termine sind darum ggf. zu definieren.

5.8 Auftragsbestätigung

Einer Auftragsbestätigung durch den AN bedarf es nicht. Lediglich der Erhalt der Vertragsurkunde ist auf den Rücksendeexemplaren für den AG und den Architekten zu bescheinigen. Auftragsbestätigungen wiederholen – völlig überflüssig – die vorher getroffenen und schriftlich fixierten Festlegungen. Da sie jedoch abweichende Regelungen enthalten können (z. B. in Hinweisen auf AN-eigene Bedingungen), stellen sie evtl. ein neues Angebot dar, das der AG stillschweigend annimmt und das dann an die Stelle vorheriger Vereinbarungen tritt, wenn es zu einer Annahme kommt. Es ist darum anzuraten, Auftragsbestätigungen ohne besondere Prüfung kurzer- {BGB § 150} hand dem AN wieder zuzusenden mit dem ausdrücklichen Hinweis, dass es ihrer nicht bedarf.

5.9 Änderungen von Leistungen

Es ist nicht ungewöhnlich, dass nach Auftragserteilung vor oder während der Ausführung der vertragsgegenständlichen Leistungen unvorhergesehene Änderungen eintreten, welche den bestehenden Vertragsregelungen nicht entsprechen. Um Unklarheiten zu begegnen, sind unverzüglich die notwendigen Vertragsveränderungen bzw. -ergänzungen vorzunehmen. Dazu ein Beispielfall:

Ereignis: Man trifft bei Aushub einer Baugrube vereinzelt auf nicht tragfähigen Baugrund.

VOB/B § 1 (4)
§ 2 (6)   Maßnahme: Es wird Bodenaustausch erforderlich.

Wirkung auf

Vertrag: Mehrarbeit erforderlich, die nach Art und Umfang im bestehenden Vertrag nicht vorgesehen ist.

AN: Angebot über neue Leistungen nach mutmaßlichem Umfang. Hinweise auf sonstige Folgen, wie Fristen, Bauablauf usw.

AN und AG: Vereinbarung über Leistung und Preise, Fristen usw.

AG: Zusatzauftrag gemäß Vereinbarung.

AN: Ausführung der zusätzlichen Leistung.

Bei diesem Vorgehen ist weitgehend sichergestellt, dass Unstimmigkeiten in der weiteren Vertragsabwicklung unterbleiben.

6 Auftragsabwicklung

Die Abwicklung des Auftrags richtet sich nach den vertraglichen Bestimmungen. Diese sind im Vertrag bzw. in den Vergabeunterlagen und im Angebot definiert. Generell gelten die Allgemeinen Vertragsbedingungen für die Ausführung von Bauleistungen, DIN 1961, sofern diese vereinbart sind einschl. evtl. Besonderer und/oder etwaiger Zusätzlicher Vertragsbedingungen bzw. etwaiger Zusätzlicher Technischer Vertragsbedingungen.

VOB/B
VOB/A § 8
VOB/B § 1

6.1 Ausführungsunterlagen

Sofern nichts anderes vereinbart, sind die Ausführungsunterlagen dem Auftragnehmer unentgeltlich und vor allem rechtzeitig zu übergeben. Darüber hinaus müssen diese Ausführungsunterlagen formal und inhaltlich richtig, eindeutig und vollständig sein, um den Unternehmer in die Lage zu versetzen, die angebotene Leistung vertragsgerecht zu erbringen.

VOB/B § 3

Für ein übliches Ein-/Zweifamilienhaus werden bei handwerklicher Bauweise folgende über die Leistungsbeschreibungen hinausgehenden Ausführungsunterlagen benötigt:

Rohbau:	Lageplan
	Höhenplan
	Baustellenordnungsplan
	Architekten-Werkpläne
	Rohbauzeichnungen (Schalpläne) u. Bewehrungspläne
	Zeichnungen konstruktiver Details
	Bodengutachten
Haustechnik:	(Heizung, Lüftung, Sanitär, Elektro)
	Installationspläne
	Strangschemata
	Schalt- u. Verdrahtungspläne
Ausbau:	Architekten-Werkpläne
	Detail-Zeichnungen
Außenanlagen:	Leitungsstraßenplan
	Freiflächengestaltungsplan
	Einfriedungsplan
	Pflanzplan

© Springer Fachmedien Wiesbaden GmbH, ein Teil von Springer Nature 2020
W. Rösel et al., *AVA-Handbuch*, https://doi.org/10.1007/978-3-658-29522-6_6

Je nach Art und Ausstattung des Bauwerks werden vielfältige zeichnerische Darstellungen erforderlich. Bei Großbauten ergeben sich besondere Anforderungen an die Planung, insbesondere hinsichtlich der Einarbeitung technischer Einzelheiten in die Bau-Ausführungsunterlagen.

6.2 Ausführung und Ausführungsfristen

VOB/B § 4
VOB/B § 5

Die Pflichten von Auftraggeber und Auftragnehmer bei der Ausführung sind in den Allgemeinen Vertragsbedingungen hinlänglich beschrieben.

Der Auftragnehmer hat die ihm übertragenen Leistungen eigenverantwortlich und vertragsgerecht auszuführen, insbesondere in Übereinstimmung mit den allgemein anerkannten Regeln der Technik. Die Überwachung der Ausführung der Arbeiten auf der Baustelle obliegt im Regelfall dem damit beauftragten Architekten in dem Umfang der jeweiligen Bestimmungen des Architektenvertrages.

Entsprechendes gilt für Ingenieure.

Mangelhafte Leistungen, die schon während der Ausführung als solche erkannt werden, hat der Auftragnehmer auf eigene Kosten durch mangelfreie zu ersetzen (Näheres regelt VOB/B § 4, 7).

Die fristgerechte Erbringung der vertragsgegenständlichen Leistungen ist als ein Teil des Erfolges anzusehen, der im Sinne des Werkvertrages durch „Herstellung oder Veränderung einer Sache", hier die Herstellung des Bauwerks, herbeizuführen ist. Die Ausführungsfristen sind jedoch in den Vergabe- und Vertragsunterlagen genau zu definieren, damit eine Vorgabe für die zeitliche Vertragserfüllung gegeben ist.

Die Festlegung der Baufristen bedarf sorgfältiger Überlegungen, an denen im Einzelfall weitere an der Planung Tätige sowie die Unternehmer zu beteiligen sind. Bei großen Bauten oder Projekten mit großem Zeitrisiko erfolgt die Bauzeitplanung mit Hilfe der Netzwerktechnik unter Anwendung elektronischer Datenverarbeitung (EDV). Diese Verfahren erfassen neben den Realisierungsprozessen auch die Planungs-, Genehmigungs-, und Entscheidungsvorgänge. Dadurch werden genaue Zeitfestlegungen, die in die Vertragsgrundlagen eingehen, begründet. Zu kurz bemessene Fristen bedingen häufig wegen des ungewöhnlich großen Personal- und Geräte-Einsatzes bei der Ausführung höhere Kosten, zu lange Fristen zögern die Fertigstellung unnötig hinaus. Für die Berechnung der Ausführungsfristen und ihre kalendermäßige Festlegung sind die Betriebskalender hilfreich, die alle normalen Arbeitstage, wie im Baugewerbe und in der Industrie üblich, nummeriert enthalten und die unterschiedlichen regionalen Feiertage in den deutschen Bundesländern, in der Schweiz und in Österreich berücksichtigen.

Dem AG obliegt die Regelung des Zusammenwirkens der verschiedenen Unternehmer auch hinsichtlich der Ausführungsfristen; er hat also auch den zeitlichen Ablauf der Bauabwicklung zu bestimmen. | VOB/B § 4 (1)

Wenn die Ausführung dennoch nicht innerhalb des vorgegebenen Zeitplans erfolgt, so ist die dafür maßgebende Ursache festzustellen. Sie kann auf der Seite des Auftraggebers vorliegen, wie z. B.

a) nicht rechtzeitige Übergabe der Ausführungsunterlagen, | VOB/B § 3 (1)

b) fehlende Angaben über Grenzen des Geländes, fehlende Höhenfestpunkte, | VOB/B § 3 (2)

c) nicht mangelfreie bzw. nicht eindeutige Ausführungsunterlagen, | VOB/B § 3 (3)

d) fehlende Regelungen hinsichtlich der allgemeinen Ordnung auf der Baustelle, fehlende Koordination der am Bau beteiligten Unternehmer, | VOB/B § 4 (1)

e) fehlende öffentlich-rechtliche Genehmigungen und Erlaubnisse, | VOB/B § 4 (1) Nr. 1

f) fehlende, unvollständige, nicht eindeutige Anordnungen über die Ausführung der Arbeiten, | VOB/B § 4 (1) Nr. 3

g) fehlende Lager- und Arbeitsplätze, fehlende Baustellenerschließung und | VOB/B § 4 (4)

h) unvollständige oder säumige Zahlungen. | VOB/B § 16

Liegt die Ursache der nicht fristgerechten Ausführung beim Auftragnehmer, so kann sie z. B. in Folgendem bestehen:

a) der Betrieb des Auftragnehmers ist auf die Ausführung evtl. zusätzlich geforderter Leistungen nicht eingerichtet, | VOB/B § 1 (4)

b) die vom Auftragnehmer nach dem Vertrag zu beschaffenden Ausführungsunterlagen werden dem Auftraggeber nicht rechtzeitig vorgelegt, | VOB/B § 3 (5) VOB/B § 4 (2) Nr. 1

c) fehlende Initiative bei der Ausführung seiner vertraglichen Leistungen auf der Baustelle,

d) er kommt seinen gesetzlichen, behördlichen und berufsgenossenschaftlichen Verpflichtungen gegenüber seinen Arbeitnehmern nicht nach, | VOB/B § 4 (2) Nr. 2

e) die gelieferten Stoffe oder Bauteile entsprechen nicht dem Vertrag und werden zurückgewiesen, | VOB/B § 4 (6)

f) die erbrachten Leistungen sind mangelhaft oder vertragswidrig und müssen neu erbracht werden, | VOB/B § 4 (7)

g) der Auftragnehmer unterlässt es, die Arbeiten angemessen zu fördern, er richtet sich nicht nach den vertraglichen Fristen und | VOB/B § 5 (1)

VOB/B § 5 (3)   h) die vom Auftragnehmer eingesetzten Arbeitskräfte, Geräte, Gerüste, Stoffe oder Bauteile sind unzureichend.

6.3 Mahnung wegen Baufristen

Wenn die Ursache der nicht fristgerechten Vertragserfüllung vom Auftragnehmer zu vertreten ist und dies erkannt wird, ist er vom Auftraggeber bzw. vom Architekten zu mahnen. Dies soll aus Gründen der Beweisführungsmöglichkeit stets schriftlich geschehen, wobei Fristen für den Beginn, die Weiterführung oder die Beendigung der Arbeiten zu setzen sind.

VOB/B § 5 (4)   Besonders wichtig ist es, nach erfolgloser vorangegangener Mahnung schließlich eine Nachfrist zu setzen, die angemessen sein muss. Die Frage der Angemessenheit ist in jedem Einzelfall spezifisch zu beurteilen. Eine Kündigung des Vertrages kann wirksam dann nicht sein, wenn die gesetzte Nachfrist nicht angemessen war.

VOB/B § 5 (4)   Als letzte Mahnung vor einer evtl. beabsichtigten Kündigung des Vertra-
VOB/B § 8 (3)   ges ist diese Formulierung eines Briefes möglich: „Sie haben die verschie-
Nr. 1   denen schriftlichen Mahnungen, die vertragsgegenständlichen Arbeiten zu beginnen (… wegen unzureichender Ausrüstung Abhilfe zu schaffen, … die Arbeiten zu fördern, … die Arbeiten zu vollenden,) nicht befolgt.

Es wird Ihnen hiermit eine angemessene, letzte Nachfrist zum … (Tag, Uhrzeit) gesetzt.

Sollten Sie wider Erwarten auch diesen Termin nicht einhalten, werden Sie hiermit bereits vorsorglich unter Verzug gesetzt. Der Auftraggeber behält sich vor, Sie für alle aus der Nichteinhaltung der Nachfrist entstehenden Schäden haftbar zu machen (… Ihnen den Auftrag zu entziehen und die restlichen Arbeiten von einem anderen Unternehmer ausführen zu lassen. Alle daraus entstehenden Mehrkosten gehen zu Ihren Lasten)."

Dieser Brief ist durch Boten gegen Empfangsquittung oder durch die Post per Einwurf – Einschreiben oder Einschreiben/Rückschein zuzustellen. Einschreiben allein ohne Rückschein ist nicht zu empfehlen, da der Absender keine Empfangsbestätigung erhält. Die Übersendung per Telefax ist ebenfalls nicht ausreichend.

Ein sinngemäß gleiches Verfahren kann ein AN im Falle der notwendigen Mahnung seines AG anwenden.

6.4 Behinderung und Unterbrechung

Die Allgemeinen Vertragsbedingungen behandeln diesen Bereich ausführlich. Hier sei nur besonders darauf hingewiesen, dass häufig Behinderungen und/oder Unterbrechungen der Ausführung durch

a) fehlende, unvollständige, unrichtige und nicht rechtzeitig übergebene Ausführungsunterlagen,

b) nicht mangelfreies Vorarbeiten anderer Unternehmer entstehen. Darum kommt der Koordination und der Bauüberwachung durch den Auftraggeber große Bedeutung zu.

Normale Witterungseinflüsse sind keine Behinderung, dagegen jedoch der auslösende Umstand der so genannten höheren Gewalt. Diese ist nach Meyers Konversations-Lexikon so definiert:

VOB/B § 6

„Von außen her einwirkendes, außergewöhnliches, nicht vorhersehbares, durch äußerste zumutbare Sorgfalt nicht abwendbares Ereignis".

Unter normaler Witterung ist das letzte 25jährige Mittel zu verstehen. Wenn also zu einer Jahreszeit mit Frost zu rechnen ist, so hat der Unternehmer die Art der Ausführung und den Ablauf der Arbeiten so einzurichten, dass die vorgesehenen Termine dennoch gehalten werden können. Einen Überblick der Frost- und Eistage, Schneeverhältnisse, Niederschläge und Windverhältnisse geben die Klimazonenkarten Deutschlands. Bei extremer Lage der Baustelle sind von den zuständigen Wetterämtern Auskünfte einzuholen.

6.5 Kündigung

Die Kündigung des Vertrages ist sowohl dem Auftraggeber als auch dem Auftragnehmer möglich. Einzelheiten ergeben sich aus den vertraglichen Bestimmungen.

VOB/B § 8
VOB/B § 9
BGB § 648a
(5)

6.6 Vertragsstrafe/Prämie

Für die Vertragsstrafen und Prämien gelten, sofern sie vereinbart sind, die gesetzlichen Bestimmungen bzw. höchstrichterliche Rechtsprechung und die vertraglichen Vereinbarungen, z. B. über die Höhe, die Berechnung und dgl.

VOB/B § 11
BGB
§§ 336–345

Wichtig ist, die evtl. verwirkte Vertragsstrafe bei der Abnahme vorzubehalten, da sie sonst nicht verlangt werden kann. In den Vergabe- und Vertragsunterlagen, spätestens jedoch in der Niederschrift über die Abnahme ist dies zu vermerken. Der Auftraggeber behält sich eine eventuell verwirkte Vertragsstrafe vor.

BGB § 341

6.7 Abnahme

BGB § 640
BGB § 641
BGB § 644
VOB/B § 7
VOB/B § 12 (3)

Die Abnahme beendet die Herstellung der Arbeiten. Sie begründet gleichzeitig die Pflicht des Auftraggebers zur Entrichtung der Vergütung. Der Unternehmer trägt die Gefahr bis zur Abnahme. Mit der Abnahme geht die Gefahr auf den Auftraggeber über. Die Abnahme kann (s. § 640 BGB i. d. F. 2002) nur wegen wesentlicher Mängel verweigert werden.

VOB/B § 12

Man unterscheidet verschiedene Arten der Abnahme:

a) Förmliche Abnahme mit Ausfertigung eines Abnahmeprotokolls,

b) Abnahme auf Verlangen des Auftragnehmers (ausführliche Abnahme),

c) stillschweigende Abnahme,

d) fiktive Abnahme.

Die Einzelheiten regeln die Allgemeinen Vertragsbedingungen.

BGB § 635
VOB/B § 13
BGB § 634

Bei der Abnahme festgestellte unwesentliche Mängel sind vom Auftragnehmer unter Fristsetzung zu beseitigen. Falls die Mängel nicht beseitigt werden können oder ihre Behebung vom Auftragnehmer verweigert wird (indem er z. B. gesetzte Fristen ungenutzt verstreichen lässt), kann Minderung, Wandelung oder Schadensersatz geltend gemacht werden, z. B. wird die Vergütung entsprechend des geringeren Wertes reduziert. Mit dem Zeitpunkt der Abnahme beginnt die Verjährungsfrist für die Mängelansprüche des Auftragnehmers.

Aus allgemein rechtlichen, haftungsrechtlichen und versicherungsrechtlichen Gründen hat der Bauherr die Abnahme des Werkes (der Leistungen) als Besteller selbst vorzunehmen. Er kann sich dabei in fachlicher Hinsicht von seinem Architekten beraten lassen.

6.8 Firmenzusammenbruch

VOB/B § 8 (2)

Wenn ein Auftragnehmer seine Zahlungen einstellt, Vergleich beantragt oder das Insolvenzverfahren anmeldet, kann der Auftraggeber den Vertrag kündigen und Schadensersatz wegen Nichterfüllung des Restes verlangen.

Sofern besondere Gründe nicht entgegenstehen, sollte der Vertrag sofort gekündigt werden, wenn Gewissheit darüber besteht, dass der Auftragnehmer wegen wirtschaftlicher Gründe die Arbeiten nicht fortführen kann und Vergleich bzw. Insolvenz beantragt hat. Diese Kündigung muss schriftlich (Einschreiben/Rückschein) erfolgen. Es ist ratsam, einen Rechtsanwalt mit der Wahrnehmung der Interessen des Auftraggebers zu betrauen, damit Rechtsnachteile vermieden werden.

VOB/B § 12

Als nächstes ist dann der Zustand der Baustelle genau festzustellen; die geleisteten Arbeiten sind aufzumessen. Dabei empfiehlt es sich, von einem öffentlich bestellten Sachverständigen den in Zeichnungen, Fotos, Beschreibungen und sonstigen Informationsträgern festgestellten Zustand bestätigen zu lassen. Die Maßnahme kommt einer Abnahme gleich, an der eine oder beide Parteien teilnehmen können. Vorher darf mit der Fortsetzung der Arbeiten durch einen anderen Unternehmer nicht begonnen oder die Baustelleneinrichtung nicht verändert werden.

Im Kündigungsschreiben ist der Auftragnehmer bzw. der Insolvenzverwalter unter Setzung einer angemessenen Frist aufzufordern, alle noch nicht bezahlten und nicht fest eingebauten Stoffe und Bauteile sowie die Baustelleneinrichtung zu entfernen. Besonders ist darauf zu achten, dass die Vorkehrungen zu den Mängelansprüchen der gebotenen Sicherheit auf der Baustelle nicht beeinträchtigt werden (z. B. Bauzaun, Absperrungen und dgl.).

Falls der gekündigte Auftragnehmer eine prüfbare Schlussrechnung selbst nach Aufforderung unter Fristsetzung nicht einreicht, so kann der Auftraggeber diese selbst (durch seinen Architekten) auf Kosten des Auftragnehmers aufstellen. **VOB/B 14 (4)**

Als Schaden, der dem Auftraggeber infolge der Kündigung entsteht, können evtl. geltend gemacht werden: **BGB § 634 Nr. 4 VOB/B § 8 (3)**

a) höhere Kosten durch Ausführung der noch nicht geleisteten Arbeiten durch einen neu beauftragten Unternehmer, der höhere Preise fordert,

b) Beseitigung von Mängeln an der ausgeführten Leistung, sofern eine entsprechende Aufforderung mit Fristsetzung erfolgt ist,

c) zusätzlicher Aufwand des Architekten und anderer Planungsbeteiligter beim Beauftragen einer neuen Firma, Einweisen in die Baustelle usw.,

d) neue Ausfertigungen der Ausführungsunterlagen, wie Zeichnungen, Berechnungen, Beschreibungen,

e) Kosten eines Rechtsanwalts,

f) Kosten eines Sachverständigen,

g) Kosten für Erstellung der prüfbaren Schlussrechnung,

h) verwirkte Vertragsstrafe,

i) Kosten infolge Bauverzögerung.

Alle Forderungen sind zu belegen (Aufmaße, Rechnungen).

Dieser Schaden kann im Wege der Aufrechnung von einem Werklohnanspruch des Auftragnehmers abgezogen werden.

6.9 Zahlungsunfähigkeit des Auftraggebers

Wenn der Auftraggeber zahlungsunfähig ist und keine Zahlungen leistet, kann der Auftragnehmer den Vertrag kündigen. Der Gesetzgeber hat mit **VOB/B § 9 BGB § 648a** der Neuregelung des § 650f BGB für den Auftragnehmer ein wirksames Instrument geschaffen, sich gegen die Zahlungsunfähigkeit eines Auftraggebers abzusichern. Der Auftragnehmer darf jederzeit, am besten bereits kurz nach Abschluss des Vertrages, vom Auftraggeber Sicherheitsleistungen z. B. in Form einer Bankbürgschaft für seine zu erbringenden Werkleistungen verlangen. Die Höhe dieser Sicherheit kann bis zur vollen Höhe des zu erwartenden Werklohns reichen. Dies ist im Einzelfall zu entscheiden. Dieses Recht des Auftragnehmers gemäß § 650f BGB ist nicht abdingbar. Es kann weder durch zusätzliche Vertragsbedingungen noch durch individuelle vertragliche Regelungen zwischen den Parteien ausgeschlossen werden.

6.10 Streitigkeiten

Trotz erschöpfender vertraglicher Regelungen sind Streitigkeiten bei der Bauabwicklung nicht ausgeschlossen. Der ordentliche Rechtsweg unter Anrufung eines Gerichts ist nur dann anzuraten, wenn das Prozessrisiko kalkulierbar ist. Bauprozesse sind nicht nur teuer, sie sind häufig auch von Sachverständigengutachten abhängig, dauern lange und führen in vielen Fällen – weil dort die Schuld nicht nur auf einer Seite liegt – zu Vergleichen. Der rechtzeitig konsultierte Rechtsanwalt kann die Prozessaussichten beurteilen.

ZPO Bauprozesse sind Zivilprozesse, bei denen Kläger und Beklagte durch ihre Rechtsanwälte vor Gericht vertreten werden, um die Beweismittel formgerecht zu formulieren und in der Verhandlung vorzutragen. Die Verhandlungen finden vor den ordentlichen Gerichten statt. Bei Streitwerten bis 5.000 EUR ist das Amtsgericht, bei höheren Streitwerten ist das Landgericht als erste Instanz zuständig.

VOB/B § 18 Um Auseinandersetzungen vor ordentlichen Gerichten zu vermeiden, können Schiedsgutachten zur Aufklärung gewisser Sachverhalte bei Stoffen und Bauteilen von den Parteien bei einer staatlichen oder staatlich anerkannten Materialprüfstelle in Auftrag gegeben werden.

Darüber hinaus kann man bei Vertragsabschluss ein Schiedsgericht vereinbaren, das rechtliche Entscheidungen anstelle eines ordentlichen Gerichts fällt. Schiedsgerichte, die schon bei einem Fachverband bestehen können oder von den Parteien zu bestimmen sind, werden gewöhnlich mit erfahrenen Baufachleuten und (Bau-) Juristen besetzt. Ihr Urteilsspruch ist in gleicher Weise vollstreckbar wie ein staatliches Urteil. Einzelheiten regelt z. B. die Schiedsgerichtsordnung für das Bauwesen.

VOB/B § 9 Streitigkeiten berechtigen den Auftragnehmer in der Regel nicht, die Arbeiten einzustellen, es sei denn, dass er den Vertrag kündigt, sofern die dafür nötigen Voraussetzungen vorliegen.

7 Aufmaß, Abrechnung, Zahlung

7.1 Aufmaß

Nicht erst nach Beendigung aller Arbeiten, sondern im Zuge des Baufortschritts sind die Aufmaße der ausgeführten Leistungen festzustellen, dies gilt besonders dann, wenn Bauteile von den Zeichnungen abweichen, auf diesen nicht dargestellt oder nach ihrer Fertigstellung nicht mehr zugänglich sind (Fundamente). Die Aufmaße sind aus den Zeichnungen zu entnehmen, und falls solche Maßangaben nicht vorhanden sind, in die Zeichnungen zusätzlich einzutragen. In den Abrechnungszeichnungen, welche die Grundlage für die Abrechnung darstellen, müssen exakt die Maße stehen bzw. gegebenenfalls neu angegeben werden, die in die Aufmaßurkunden einzutragen sind (also das Ergebnis einer ausgerechneten Maßkette bzw. ein Differenzmaß). Wenn diese Identität in den Abrechnungsunterlagen nicht gegeben ist, wird die Prüfung der Abrechnung sehr erschwert oder gar ausgeschlossen.

ATV/ Abschn. 5

VOB/B § 14

Die Aufmaße sind vom Auftragnehmer und Auftraggeber gemeinsam vorzunehmen und in doppelt auszufertigende Messurkunden einzutragen, die von den Parteien zu unterzeichnen sind und von denen jede Seite eine Ausfertigung erhält. Die Messurkunden können für manuelle Rechenoperationen abgefasst oder als Beleg zur Eingabevorbereitung für elektronische Datenverarbeitung auf den vorgeschriebenen Formularen aufgestellt werden. Die Abrechnungsbestimmungen der ATV (Abschnitt 5) der jeweils gültigen DIN-Ausgabe und die sonstigen in den Vergabe- und Vertragsunterlagen getroffenen Festlegungen sind zu beachten sowie außerdem die jeweiligen Bestimmungen über Nebenleistungen.

7.2 Abrechnung

Die Ermittlung der für die Erfüllung des Vertrages vereinbarten Vergütung erfolgt durch die Abrechnung. Basis für die Abrechnung sind der Vertrag und die (durch Aufmaß) festgestellte Leistung. Es geht zumeist um folgende Abrechnungskonditionen:

VOB/B § 14
BGB § 631

a 1) Einheitspreisvertrag und Festpreise:
       Menge x EP = Gesamtpreis je Position
       Summe aller Positionen = Gesamt-Vergütung.

VOB/A § 4

a 2) Einheitspreisvertrag mit Gleitklausel für EP:
       Menge x EP = Gesamtpreis je Position + Zuschlag
       Summe aller Positionen+ Zuschläge = Gesamt-Vergütung.

b 1) Pauschal-Festpreisvertrag:
       kein Aufmaß, keine Abrechnung,
       Gesamtvergütung vertraglich genau definiert.

© Springer Fachmedien Wiesbaden GmbH, ein Teil von Springer Nature 2020
W. Rösel et al., *AVA-Handbuch*, https://doi.org/10.1007/978-3-658-29522-6_7

b 2) Pauschal-Festpreisvertrag mit Preisklausel:
kein Aufmaß, keine Abrechnung,
Pauschalpreis + Zuschläge = Gesamt-Vergütung.

	Benennung der Arbeit	Abst. −	+	Abmessungen			Abzug	Meßgeh.	Reiner Meßgeh.
1	POS. 3.21								
	Mauerwerk HbL 4,			5,11					
	30 cm dick, cbm			3,11					
				7,135					
				3,385					
				1,06					
				19,80	2,58	0,30		15,325	
	Fenster	−		0,76	0,51	0,30	0,116		
	"	−		2,76	1,33	0,30	1,101		
	Tür	−		1,01	2,08	0,30	0,630		13,614
2	POS. 3.22, Zulage								
	Türsturz 0,30 x 0,25, m								1,49
	Stahlbeton								
3	POS. 3,22								
	Mauerwerk HLZ,			2,51	2,58			6,47	
	11,5 cm dick, qm	−		0,885	2,01		1,78		4,69
4	POS. 7,1								
	Horizont.Sperrschicht, qm								
	Länge wie Pos. 3.21			19,80					
	Tür	−		1,01					
				18,79	0,30			5,63	
	unter Bruchstein-MW		+	3,61	0,50			1,80	7,43
5	POS. 3.35								
	Schornstein, stgm			2,58					
				0,15					2,73
6	POS. 3,36								
	Reinigungstür, Stck								1
7	POS. 3,37								
	Schornsteinkopf, Stck								1
8	POS. 3,42								
	Bruchsteinmauerwerk			3,61	2,58	0,50		4,657	
	50 cm dick, cbm	−		0,76	0,76	0,50	0,288		
		−		0,90	0,20	1,47	0,264		4,105
9	POS. 3,45								
	Ausfugen Pos.3.42, qm			3,61	2,58			9,31	
	Fenster	−		0,76	0,76		0,57		
						Übertrag:		9,31	

Bild 7-1 Messurkunde für manuelle Bearbeitung

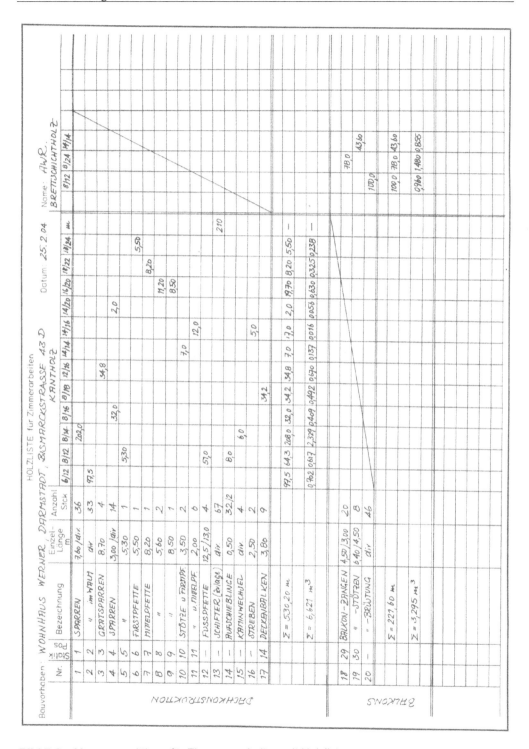

Bild 7-2 Mengenermittlung für Zimmererarbeiten mit Holzliste

SCHMIDT & MEYER
HOCH- U. TIEFBAU

Dreifensterstr. 121

3500 KASSEL

Baustelle: _DA – Oberth. 14_ Konto-Nr.: _61–242_

Niederlassung: _DA_

Auftraggeber: _Müller_

Stundenlohnarbeiten-Bescheinigung Nr. _14_

den _25. 5. 04_

Ausgeführte Arbeiten		Polier	Gesamtstundenanfall bei					
			Vor-arbeiter	Fach-arbeiter	Bau-helfer	Hilfs-arbeiter		
Tür im 1.OG auf Vorreidung um Frau Müller geändert. Neue Öffnung gestemmt, Leibung gemauert, Sturz eingezogen, alte Türöffnung zugemauert, Schutt heraus-geschafft und abtransportiert.	Schulze		4					
	Albrecht			8				
	Ferraro				4			
	Adamo				4			
	Baretti					5		
Aufsicht								
Insgesamt			4	8	8	5		
hiervon Mehrarbeitsstunden: Ü = Überstd. S = Sonntagsarbeit N = Nachtstd. F = Feiertagsstd.	Zuschlagsart							
	Stundenzahl		4	8	8	5		

a) Leistungs- und Erschwerniszulagen   b) anteilige Lohnnebenkosten (Art und Betrag)

b) Ferrolösung   3 x 18.-

c) Einbaumaterial   d) Vorhaltematerial, Rüstungen, Betriebsstoffe   e) Geräteeinsatz

c) 115 Stck HLZ, NF
70 ltr Mörtel MG II
e) Kompressor 1,5 Std.
2 Fahrten 5t-LKW zum Bauhof (2 x 19 km)

Aufgestellt

Bauführer / Polier: _Usten_

Als Forderung anerkannt

für den Auftraggeber: _Nageli_

Bild 7-3 Tagelohnzettel

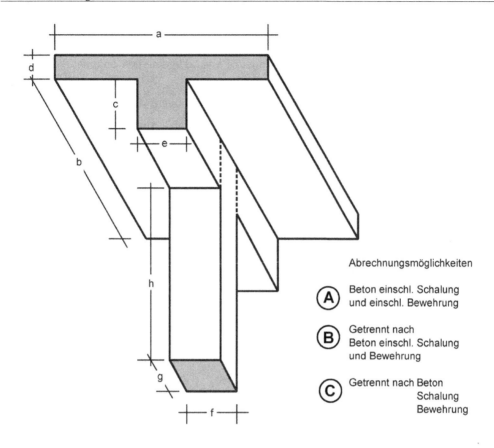

Abrechnungsmöglichkeiten

(A) Beton einschl. Schalung und einschl. Bewehrung

(B) Getrennt nach Beton einschl. Schalung und Bewehrung

(C) Getrennt nach Beton Schalung Bewehrung

	Bauteil	Maßart	Dim.	Ansatz	DIN 18331
BETON	Decke	Flächenmaß	m²	a x b	5.1
		Raummaß	m³	a x b x d	5.1
	Balken	Raummaß	m³	c x e x b	5.1
		Längenmaß	m	b	5.1
	Stütze	Raummaß	m³	f x g x (h + c)	5.1
		Längenmaß	m	h + c + d	5.1
		Anzahl	St.	1	–
SCHALUNG	Decke	Flächenmaß	m²	(a x b) - (b x e)	5.2
	Balken	Flächenmaß	m²	(2c + e) x b	5.2
	Stütze	Flächenmaß	m²	(2f + 2g) x (h + c)	5.2
STAHL	Alle Bauteile	Gewicht	t	nach Stahllisten (G x m)	5.3

Bild 7-4 Verschiedene Möglichkeiten der Abrechnung nach DIN 18 331:2019-09 (Beispiel Stahlbetonarbeiten) sowie DIN 18 299:2019-09

VOB/B § 14   Es ist Sache des Auftragnehmers, die Forderung dem Grunde und der Höhe nach zu formulieren und fristgerecht seine Rechnungen zu stellen. Die Prüfbarkeit der Rechnungen ist im Allgemeinen anzunehmen, wenn folgende Konditionen erfüllt sind:

– Reihenfolge und Bezeichnung der Positionen wie im Angebot

– Vollständige Belege (Aufmaß-Urkunden, Abrechnungs-Zeichnungen, Lieferscheine und dgl.)

Abschlagsrechnung

Nachweis:

Pos.	Leistung	Menge	Dim.	EP	Ges.-Preis
3.1	Mutterbodenabtrag	120	m^2	4,80	576,00 EUR
3.2	Aushub Baugrube	700	m^3	9,10	6 370,00 EUR
	usw.				

Gesamt:	102 760,50 EUR
Sicherheitseinbehalt 10 %	10 276,05 EUR
Summe:	92 484,45 EUR
Erhaltene Abschlagzahlungen 1–3	60 000,00 EUR
Rest	32 484,45 EUR
4. Abschlagzahlung	32 000,00 EUR
19 % Mwst	6 080,00 EUR
Rechnungsbetrag	38 080,00 EUR

Bankverbindung:
Deutsche Bank Kassel: Nr. 471 10815 BLZ 520 700 12

Schlussrechnung:	
Zunächst Nachweis wie oben	
Netto-Summe	349 551,50 EUR
Erhaltene Abschlagzahlungen netto	290 000,00 EUR
Rest	59 551,50 EUR
19 % Mwst.	11 314,79 EUR
Restforderung	**70 866,29 EUR**

Bild 7-5   Formulierungsbeispiel für Rechnung

Für Abschlagszahlung können überschlägige Ermittlungen zugelassen VOB/B § 16 (1)
werden. Stundenlohnarbeiten sollten in jedem Fall gesondert – möglichst VOB/B § 15
schriftlich – in Auftrag gegeben und aufgrund arbeitstäglich vom Auftraggeber bzw. seinem Architekten anerkannter Belege (Tagelohnzettel, Rapp-
orte) für festgelegte Zeiträume, z. B. monatlich zusammengefasst, abgerechnet werden.

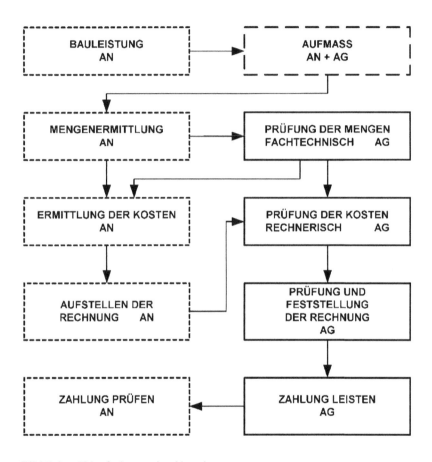

Bild 7-6   Ablaufschema der Abrechnung

Stundenlohnarbeiten entstehen je nach Verursachung als

Regie-Arbeit, d. h. Arbeit, die nicht im LV enthalten ist oder nicht als Leistung beschreibbar und kalkulierbar war, oder als

Beihilfe, d. h. Leistung, die als hilfsweise Unterstützung für andere Unternehmer erbracht wird (Beispiel: Einmörteln von Verankerungen technischer Anlagenteile).

Je weniger Tagelohnkosten in der Gesamtherstellungssumme enthalten sind, umso höher ist die Qualität der Ausschreibung anzusehen.

Die Rechnungen sollen in mindestens 3-facher Ausfertigung vom Auftragnehmer vorgelegt werden:

- das Original mit Prüfeintragungen erhält der Auftraggeber,

- die 1. Kopie mit Prüfeintragungen behält der Architekt,

- die 2. Kopie mit Prüfeintragungen erhält der Auftragnehmer nach Abstimmung mit dem Auftraggeber zurück, damit dieser die bei der Rechnungsprüfung vorgenommenen Korrekturen feststellen kann.

Die Prüfung der Auftragnehmer-Rechnungen erfolgt im Normalfall durch den Architekten. Sie erstreckt sich auf die fachtechnische und rechnerische Behandlung. Dann erfolgt die Feststellung der Rechnung, d. h. es wird bescheinigt, dass die Abrechnung nicht nur fachtechnisch und rechnerisch in Ordnung ist, sondern dass sie sich auch in Übereinstimmung mit den vertraglichen Bedingungen befindet. Zur eindeutigen Kennzeichnung der Prüfungsvorgänge sollten folgende Texte in Stempeln verwendet werden:

IN ALLEN TEILEN FACHTECHNISCH UND RECHNERISCH GEPRÜFT UND MIT DEN AUS DER MASSENBERECHUNG (ABRECHNUNGSZEICHNUNG) EINSICHTLICHEN ÄNDERUNGEN FÜR RICHTIG BEFUNDEN:	IN ALLEN TEILEN SACHLICH GEPRÜFT UND MIT DEN AUS DER RECHNUNG ERSICHTLICHEN ÄNDERUNGEN FÜR RICHTIG GEFUNDEN: ENDBETRAG: EUR ....
Ort und Datum Unterschrift	Ort und Datum Unterschrift

Bild 7-7 Stempel (links unterschreibt Sachbearbeiter, rechts unterschreibt Architekt)

VOB/B § 14
VOB/B § 16

Bei der abschließenden Bearbeitung der **Schlussrechnung** sind einige besondere Punkte zu beachten. Dazu zählen vor allem Forderungen, die der Auftraggeber gegen den Auftragnehmer geltend macht, wie z. B. vom Auftragnehmer verursachte Beschädigung (Glasbruch), anteilige Prämie für die Bauleistungsversicherung, verwirkte Konventionalstrafe, Minderung wegen mangelhafter Qualität und dergleichen.

Schließlich ist der Sicherheitseinbehalt in der vertraglich vereinbarten Höhe abzusetzen, sofern dieser nicht mit einer Bankbürgschaft abgelöst wurde.

Es empfiehlt sich, die Abrechnung mit einer **Schlusserklärung** abzuschließen, um sicherzustellen, dass später keine nachträglichen Forderungen erhoben werden, wenn die VOB/B vollständig Vertragsbestandteil geworden ist (vergl. VOB/B § 16 (3), Nr. 2).

Bei Anwendung der elektronischen Datenverarbeitung bei der Bauabrechnung ergeben sich für Auftragnehmer und Auftraggeber erhebliche Vorteile durch Beschleunigung der Abrechnung und Kostensicherheit. Maßgebend sind die Regelungen für die elektronische Bauabrechnung REB, die vom Bundesministerium für Verkehr und digitale Infrastruktur (BMVI) herausgegeben werden und in Verbindung mit dem Gemeinsamen Ausschuss Elektronik im Bauwesen (GAEB) aufgestellt wurden. Für die Programmanwendungen gelten die Anwendungsvorschriften der EDV-Anlagen und -Programme. Der Architekt haftet für die Richtigkeit der Abrechnung. Für Schäden, die dem Auftraggeber aus Fehlern in der Abrechnung erwachsen, hat er einzustehen.

7.3 Zahlung

Falls über die Zahlungsweise in den Vergabe- und Vertragsunterlagen nichts Besonderes angegeben und bei der Vergabeverhandlung keine Vereinbarungen darüber getroffen wurden, gilt – sofern vereinbart – die VOB.

VOB/B § 16

Vorauszahlungen auf Leistungen, Baustoffe oder Bauteile, die noch nicht erbracht bzw. eingebaut sind, sollen durch Bankbürgschaften abgesichert werden. Diese müssen unbefristet und unter dem Verzicht der Einrede der Vorausklage ausgestellt sein. Da durch diese Zahlungsweise dem Auftragnehmer ein Zins- bzw. Liquiditätsvorteil erwächst, kann bei der Vergabeverhandlung ein wertentsprechender Nachlass vereinbart werden.

VOB/B § 16
VOB/B § 17
BGB § 771

Abschlagszahlungen sind für nachgewiesene vertragsgemäße Arbeiten zu leisten. Es kommt jedoch darauf an, dass diese **prüfbar** nachgewiesen werden. Falls Zahlungen auf noch nicht fest eingebaute Stoffe oder Bauteile geleistet werden sollen, sind diese zuvor zu übereignen, oder es ist Bankbürgschaft entsprechenden Wertes vom Auftragnehmer vorzulegen.

VOB/B § 16

Die für Vorauszahlungen und Abschlagszahlungen hinterlegten, unbefristeten Bankbürgschaften sind dem Auftragnehmer zurückzugeben, wenn der entsprechende Leistungswert unter Berücksichtigung der Abschlagszahlungen erreicht ist.

Zahlungspläne sind bei pauschalierten Vergütungen üblich. Im Falle eines Stahlbetonfertigteilbauwerks kann z. B. vereinbart werden:

- 30 % bei Auftragserteilung (gegen Bankbürgschaft)

- 30 % bei Montagebeginn (gegen Bankbürgschaft)

- 30 % bei Montageende

- 10 % nach Abnahme und Schlussrechnung unter Berücksichtigung evtl. vorzunehmender Abzüge.

Die Bankbürgschaften sind zurückzugeben, wenn die erbrachte Leistung auf der Baustelle ihrem Wert entspricht.

Schlusszahlungen sind als solche zu kennzeichnen. Sie stellen die letzte Zahlung dar, nachdem die auf die Vergütung entfallenden bereits geleisteten Zahlungen, Abzüge u. dgl. abgesetzt sind.

VOB/B § 16 (1), Nr. 1 **Umsatz-(Mehrwert-)Steuer** wird nach dem Umsatzsteuergesetz bei bewirkter Leistung, auch bei Teilleistungen fällig. Darum ist der entsprechende Steuerbetrag bei allen Abschlags- und Schlusszahlungen zu leisten. Bei Änderung der Höhe des Umsatz-(Mehrwert-) Steuersatzes sind die bis zum Änderungszeitpunkt bewirkten Leistungen nach altem, die danach bewirkten Leistungen nach dem neuen Steuersatz zu versteuern (Näheres regeln Gesetze und Durchführungsverordnungen).

VOB/B § 16 (1), Nr. 3 Die Fälligkeit der Zahlungen ist in der VOB/B so geregelt:

VOB/B § 16 (3), Nr. 1 – Abschlagszahlungen binnen 21 Tagen nach Zugang der Aufstellung.

– Schlusszahlungen spätestens 30 Tage nach Zugang.

Eventuell sind abweichende Zahlungsfristen in den Vergabe- und Vertragsunterlagen zu regeln, falls diese Dauern für den Prüfungs- und Zahlungsvorgang nicht ausreichen.

Beispiel:
Zahlungsanweisung Nr. 06/G35/125

Auf Grund der geprüften und festgestellten Rechnung vom 10.8.2010 ist gem. Vertrag

an   Fa. Schmidt & Meyer GmbH, Dreifenster Str. 121, 34135 Kassel,

für   Rohbauarbeiten

am   17.8.2010

die Summe von   25 000,00 EUR

                 19,00 % Mwst.   4 750,00 EUR

                                    29 750,00 EUR

in Worten: neunundzwanzigtausendsiebenhundertfünfzig

als   4. Abschlagszahlung/Schlusszahlung

auszuzahlen.

auf Konto Nr. 40100507 bei Deutsche Bank Kassel, BLZ 520 700 12

Kassel, den 10.8.2010

....

(Unterschrift)

Zahlungen, die ohne Anweisung geleistet werden, können nicht ordnungsgemäß gebucht werden.

Bild 7-8   Beispiel einer Zahlungsanweisung

Vom Architekt sind für die vom Auftraggeber zu leistenden Zahlungen entsprechende Zahlungsanweisungen auszufertigen.

Für die sonstigen in Zusammenhang mit Zahlungen auftretenden Fragen gelten die vertraglichen bzw. gesetzlichen Bestimmungen. Im Falle vertraglich vereinbarter Rückzahlungsklauseln können z. B. nach Überprüfung der gesamten Vertragsabwicklung, besonders der Abrechnung, durch Revisionsinstanzen des Auftraggebers später bis zu einem Spätest-Zeitpunkt zu viel bezahlte Beträge zuzüglich Zinsen vom Auftragnehmer zurückgefordert werden.

7.4 Freistellungsbescheinigung

Freistellungsbescheinigungen sind vom Auftragnehmer im Zuge der Auftragserteilung für Bauleistungen beim Auftraggeber vorzulegen. Sie besagen, dass der Auftragnehmer seinen Pflichten zur Zahlung der Umsatzsteuer (Mehrwertsteuer) nachgekommen ist. Wird eine Freistellungsbescheinigung nicht vorgelegt oder ist die vorgelegte nicht gültig, so hat der Auftraggeber 15 % der festgestellten Summe an das für den Auftragnehmer zuständige Finanzamt abzuführen und nur 85 % an den Auftragnehmer zu überweisen.

Zur Sicherung von Steueransprüchen gilt seit 1. Januar 2002 das Gesetz zur Eindämmung illegaler Betätigung im Baugewerbe vom 30. August 2001. Wegen der Eigenart dieser Materie wird auf die von den Finanzämtern dazu herausgegebenen Merkblätter verwiesen. Infolge der Komplexität und des Umfangs des Sachverhalts kann die Steuerabzugsregelung bei Bauleistungen hier nicht im Einzelnen behandelt werden.

Da Auftraggeber die Überprüfung der von den Auftragnehmern vorzulegenden Freistellungsbescheinigungen häufig den Architekten übertragen, oder diese die Überprüfung von sich aus übernehmen, wird auf die vorgeschriebenen Verfahrensweisen nachdrücklich hingewiesen. So genügt es beispielsweise nicht, die von einem Auftragnehmer vorgelegte und mit einer Gültigkeitsfrist versehene Freistellungsbescheinigung zum Steuerabzug bei Bauleistungen ohne weiteres zu akzeptieren. Vielmehr ist es erforderlich, um eine Haftung des Auftraggebers für den Steuerabzug zu vermeiden, die Richtigkeit der Freistellungsbescheinigung bei der BUNDESZENTRALE FüR STEUERN zu überprüfen. Das erfolgt auf dem Weg einer elektronischen Abfrage (https://www.bzst.de). Ansonsten geben auch die ausstellenden Finanzämter auf Anfrage über die Gültigkeit der Freistellungsbescheinigung Auskunft.

7.5 Sicherheitsleistung

Die Sicherheitsleistung dient dazu, den Auftraggeber mit einem Geldbetrag in vereinbarter Höhe während der Ausführung und während der Verjährungsfrist für Mängelansprüche vor Schaden zu bewahren.

VOB/B § 16   Bei **Abschlagszahlungen** können, wenn entsprechend wirksam vereinbart,
VOB/B § 17   10 % des Wertes der nachgewiesenen, erbrachten Leistung ohne Umsatz-
VOB/B § 4 (7) steueranteil als Sicherheitsleistung bis zur Schlussabrechnung einbehalten werden, bzw. 90 % werden ausbezahlt. Mit dem Einbehalt können Gegenforderungen des Auftraggebers verrechnet werden, z. B. wegen nicht vom Auftragnehmer während der Ausführung beseitigter Mängel, die der Auftraggeber auf Kosten des Auftragnehmers von einem Dritten beheben lässt.

VOB/B § 17   Bei **Schlusszahlungen** können von der Gesamt-Abrechnungssumme (ohne den Umsatzsteueranteil), wenn entsprechend wirksam vereinbart, 3 % bis 5 % einbehalten werden.

BGB   Der **Sicherheitseinbehalt** ist der prozentuale Anteil der Netto-Abrech-
§ 232–240   nungssumme, der vom Auftraggeber aufgrund vertraglicher Vereinbarungen einbehalten werden kann, um bei evtl. späteren Mängeln, die im Laufe der Verjährungsfrist auftreten, gegebenenfalls die Mängelbeseitigung durch andere Unternehmer vornehmen zu lassen und den Sicherheitseinbehalt dafür zu verwenden. Die Sicherheit kann in Geld geleistet werden, indem der Betrag einbehalten wird oder gegen Stellung einer Bürgschaft.

BGB § 771   Eine andere häufige Form ist die Vorlage einer schriftlichen Bürgschaftser-
VOB/B § 17   klärung eines Kreditinstituts oder Kreditversicherers, die unbefristet (wegen evtl. Unterbrechung der Verjährung) und unter Verzicht auf die Einrede der Vorausklage ausgestellt sein muss. Spätestens nach Ablauf der Verjährungsfrist für Mängelansprüche ist der Geldbetrag an den AN auszuzahlen bzw. die Bürgschaft zurückzugeben. In den Vergabe- und Vertragsunterlagen ist zu regeln, ob eine in Geld geleistete Sicherheit auf ein Sperrkonto im Sinne der Allgemeinen Vertragsbedingungen einzuzahlen ist.

7.6 Lohn-/Materialpreis-Erhöhungen

Ob der Auftragnehmer während oder nach der Ausführung Mehrkosten geltend machen kann, die aus Lohn- und/oder Materialpreis-Erhöhungen herrühren, hängt von den vertraglichen Vereinbarungen ab. Das muss in den Vergabe- und Vertragsunterlagen geregelt werden, damit der Bieter das sich daraus ergebende preisliche Risiko bei seiner Kalkulation einschätzen kann.

VOB/B § 15   Sofern nichts anderes vereinbart ist, gelten alle Angebotspreise als **Fest-**
VOB/B § 2   **preise**, d. h. es können weder wegen nach Angebotsabgabe eingetretenen Erhöhungen von Löhnen und Materialpreisen, noch aus anderen Gründen

höhere Kosten geltend gemacht werden. (Einschränkungen können nach VOB/B § 2 gelten!)

Ändern sich jedoch die Löhne bzw. Preise unvorhersehbar in einem sol- **BGB § 242**
chen Maß, dass der „Wegfall der Geschäftsgrundlage" in Betracht kommt,
so kann der Auftragnehmer dennoch die Anpassung der Preise verlangen.
Notfalls muss er wegen seiner Ansprüche klagen.

In der Regel wird sich ein Unternehmer nicht auf eine Festpreisbindung **VOB/B § 15**
einlassen, sondern sich die Anpassung der Preise bei geänderter Kostensi-
tuation vorbehalten und darum eine **Gleitklausel** vereinbaren wollen.
Dieser Wunsch wird angesichts ständiger, zumeist in jährlichem Abstand
erfolgender tariflicher Lohnerhöhungen besonders bei längerfristigen Bau-
abwicklungen verständlich. Bei Bauarbeiten, die voraussichtlich nicht vor
dem Ablauf von neun Monaten nach Angebotsabgabe abgeschlossen sein
werden, hat sich folgende Vereinbarung als akzeptabel erwiesen:

„Alle Materialpreise sind Festpreise. Erhöhen sich jedoch die Baustellen-
Lohnkosten aufgrund tariflicher Lohnvereinbarungen der Tarifpartner
nach dem Ablauf von neun Monaten nach Abgabe des Angebots, so können die unter Verwendung der Baustellen-Lohnkosten nachgewiesenen
Lohnmehraufwendungen zuzüglich der lohngebundenen Zuschläge (die
vom Bieter in diesem Angebot in den Zusätzlichen Vertragsbedingungen
als v.H.-Satz des tariflichen Bruttolohnes ohne freiwillige Zuwendungen
des Arbeitgebers, wie etwa Prämien und dergleichen anzubieten sind)
abgerechnet werden."

Eine derartige Formulierung kann den Unternehmer von unnützen Risiko-
zuschlägen bei seiner Preiskalkulation entbinden und damit dem Auftraggeber einen reellen Preis für die geforderte Leistung bieten. Die Eingren-
zung auf die Baustellenlöhne soll die Überprüfungsmöglichkeit sicherstellen.

Bei Aufträgen der öffentlichen Hand gelten für nachträgliche Preiserhöhungen besondere Festlegungen, auf die hier nicht näher eingegangen
wird.

8 Haftung und Mängelansprüche

8.1 Haftung

Haften heißt, für den Schaden eines anderen verantwortlich zu sein mit der Folge, dass dem Geschädigten Ersatz zu leisten ist.

Die Haftung der Vertragsparteien untereinander regelt sich nach gesetzlichen Bestimmungen wie

- Haftung für Vorsatz und Fahrlässigkeit,   BGB § 276

- Haftung für gesetzliche Vertreter und Erfüllungsgehilfen.   BGB § 278

Wird ein Dritter geschädigt, so gelten ebenfalls die gesetzlichen Bestimmungen, sofern nichts anderes vereinbart ist.

Besonderen Hinweises bedarf die Bestimmung VOB/B § 10(2), 2. die den vom Auftragnehmer allein zu tragenden Schaden einschränkt (Regelung in den Vertragsbedingungen evtl. erforderlich). Der Auftragnehmer sollte dem Auftraggeber vor dem Zustandekommen des Vertrages den Nachweis über seine Betriebshaftpflichtversicherung durch Vorlage der Versicherungsurkunde (Police) führen.   VOB/B § 10

Der Auftragnehmer haftet dafür, dass seine Leistung zur Zeit der Abnahme als Werk i. S. BGB frei von Sachmängeln und Rechtsmängeln ist. Ist dies nicht der Fall, kann der Auftraggeber Nacherfüllung verlangen, sowie unter den im BGB geregelten Bedingungen den Mangel selbst beseitigen und Ersatz der erforderlichen Aufwendungen verlangen, oder von dem Vertrag zurücktreten, oder die Vergütung mindern, oder Schadenersatz oder den Ersatz vergeblicher Aufwendungen verlangen.   BGB §§ 633, 634, 634a, 635, 636, 637, 638 VOB/B § 13

Zur Bewertung des jeweiligen Falles und zur Entscheidung über die zu treffenden Maßnahmen wird im Rahmen dieser Schrift auf die evtl. nötige Rechtsberatung verwiesen.

Der Auftragnehmer ist dafür verantwortlich, dass seine Leistungen den allgemein anerkannten Regeln der Technik entsprechen. Dieser Bestimmung unterliegen auch die Leistungen der Architekten und der Ingenieure. Dies trifft nur evtl. dann nicht zu, wenn die Planenden bzw. die ausführenden Auftragnehmer vorher schriftlich darauf hinweisen, dass eine vom Auftraggeber ausdrücklich verlangte Ausführung den allgemein anerkannten Regeln der Technik nicht entspricht, sie ihre Haftung dafür ablehnen und dann vom Auftraggeber ausdrücklich schriftlich aus der Haftung dafür entlassen werden – sofern eine Baugefährdung nicht eintritt.   VOB/B § 4(2) VOB/B § 13(1)   StGB § 319

Wer jedoch bei Planung, Leitung oder Ausführung eines Baues oder des Abbruchs eines Bauwerks gegen die allgemein anerkannten Regeln der Technik verstößt und dadurch den Tatbestand der Baugefährdung herbei-   StGB § 319

© Springer Fachmedien Wiesbaden GmbH, ein Teil von Springer Nature 2020
W. Rösel et al., *AVA-Handbuch*, https://doi.org/10.1007/978-3-658-29522-6_8

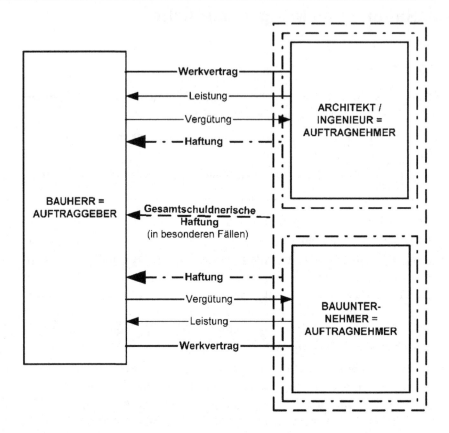

Bild 8-1   Haftung Bauherr/Architekt/Bauunternehmer

führt, riskiert Freiheits- oder Geldstrafe, auch dann, wenn Fahrlässigkeit vorliegt.

8.2 Mängelhaftung

Die Mängelhaftung verpflichtet den Unternehmer beim Werkvertrag, dem Besteller das Werk frei von Sach- und Rechtsmängeln zum Zeitpunkt der Abnahme zu verschaffen. Die Dauer der Mängelhaftung beginnt mit der Abnahme und endet mit Ablauf der Verjährungsfrist.

8.3 Mängelansprüche

BGB § 633

VOB/B § 13 (1)

Die vom Unternehmer geschuldete Leistung ist frei von Sachmängeln, wenn sie die **vereinbarte Beschaffenheit** hat und den **anerkannten Regeln der Technik** entspricht.

Die vereinbarte Beschaffenheit kann sich aus der Leistungsbeschreibung ergeben. Sollte die Beschaffenheit nicht vereinbart sein, so ist die Leistung zur Zeit der Abnahme frei von Sachmängeln,

a) wenn sie sich für die nach dem Vertrag vorausgesetzte, sonst

b) für die gewöhnliche Verwendung eignet und eine Beschaffenheit aufweist, die bei Werken gleicher Art üblich ist und die der Auftraggeber nach der Art der Leistung erwarten kann.

Auch die Maßgabe, die Beschaffenheit nach Proben zu definieren, ist gem. VOB zu beachten. Von großer Bedeutung ist die Regelung in VOB/B § 13 (3), welche den Unternehmer verpflichtet, für solche Mängel einzustehen, welche aus der Leistungsbeschreibung, Anordnungen des Auftraggebers, aus von diesem gelieferten oder vorgeschriebenen Stoffen oder Bauteilen oder der Beschaffenheit der Vorleistung eines anderen Unternehmers herrühren, sofern er nicht die ihm nach VOB/B § 4 (3) obliegende Mitteilung gemacht hat.

VOB/B § 13 (3)

VOB/B § 4 (3)

Aus vorstehenden Regelungen folgt beispielsweise für Architekten und Ingenieure ein hoher Anspruch an die Formulierung von Leistungsbeschreibungen, insbesondere im Falle besonderer Anforderungen des Auftraggebers an die Beschaffenheit von Bauleistungen, welche über das zu erwartende, übliche Maß hinausgehen. Dies ist in der Regel dann gegeben, wenn besondere ästhetische Zielsetzungen erfüllt werden sollen.

8.4 Mängelbeseitigung

8.4.1 Mängelbeseitigung durch Nacherfüllung

Wenn ein Mangel in der Weise vorliegt, dass der Vertragsgegenstand gem. VOB/B § 13 (1), (2) oder (3) nicht frei von Sachmängeln ist, kann der Auftraggeber innerhalb der Verjährungsfrist die Mängelbeseitigung durch Nacherfüllung verlangen, wobei eine angemessene Frist zu setzen ist.

BGB § 633
BGB § 634

Die Aufforderung zur Mängelbeseitigung durch Nacherfüllung nach der Abnahme der Leistung kann, innerhalb der Verjährungsfrist, so formuliert werden:

VOB/B § 13   „An den von Ihnen ausgeführten Leistungen/Lieferungen wurden fol-
              gende Mängel festgestellt: (nur Beschreibung des äußeren Erscheinungs-
              bildes   des   Mangels
              ....
              ....

              Gemäß den vertraglichen Vereinbarungen teile ich Ihnen mit:

BGB § 633   1. Für die Beseitigung dieser Mängel setze ich Ihnen eine angemessene
                  Frist zum ....
                  .... Uhr.

BGB § 635   2. Die Erledigung dieser Arbeiten ist mir unverzüglich schriftlich mitzu-
                  teilen, damit die Abnahme dieser Mängelbeseitigung vorgenommen
                  werden kann.

VOB/B § 13   3. Die Verjährung ist ab heute gehemmt, bzw. beginnt neu.
(5), Nr. 1

BGB § 634 ff 4. Sollten Sie wider Erwarten die Beseitigung der Mängel zum gesetzten
                  Termin nicht vornehmen, bin ich berechtigt, einen anderen Unter-
                  nehmer auf Ihre Kosten die Mängel beseitigen zu lassen.

              5. Die Kosten für meine im Zusammenhang mit der Mängelbeseitigung
                  entstehenden Aufwendungen gehen ebenfalls zu Ihren Lasten."

8.4.2 Mängelbeseitigung durch Selbstvornahme

BGB § 637   Wie zuvor bereits unter Ziffer 4 und 5 des Briefbeispiels der Aufforderung
VOB/B § 13   zur Mängelbeseitigung angedroht, hat der Auftraggeber das Recht, die
(5), Nr. 2   Mängelbeseitigung auf Kosten des Unternehmers durchführen zu lassen.

8.5 Minderung

BGB § 638   Die im BGB geregelten Möglichkeiten zur Minderung des vereinbarten
VOB/B § 13   Preises werden in der VOB/B eingeschränkt auf diese Fälle, in denen die
(6)   Mängelbeseitigung

              –   für den Auftraggeber unzumutbar ist;

              –   unmöglich ist;

              –   einen unverhältnismäßigen Aufwand erfordert und der Auftragneh-
                  mer deswegen die Beseitigung verweigert.

8.6 Verjährungsfrist

Die regelmäßige Verjährungsfrist beträgt **drei** Jahre, wenn keine spezielleren Vorschriften eingreifen. Die Verjährungsfristen sind sehr unterschiedlich geregelt.

BGB § 195

Bei Mängelansprüchen bei Bauleistungen gelten folgende Bestimmungen:

Vergl. 6, 7

a) Die Verjährung beginnt mit der Abnahme der gesamten Leistung, nur für in sich abgeschlossene Teile der Leistung beginnt sie mit der Teilabnahme (an dem auf den der Abnahme folgenden Tag).

BGB § 187
BGB § 634a (2)

b1) Die Verjährungsfrist beträgt nach BGB bei Arbeiten an einem Bauwerk **fünf** Jahre oder

BGB § 634 a

b2) die Verjährungsfrist beträgt nach VOB

VOB/B § 13 (4)

– für ein Bauwerk **vier** Jahre, wenn nichts anderes vereinbart wurde. Es empfiehlt sich, eine verlängerte Verjährungsfrist von 5 Jahren zu vereinbaren.

– für andere Bauwerke, deren Erfolg in der Herstellung, Wartung oder Veränderung einer Sache besteht und für die vom Feuer berührten Teile von Feuerungsanlagen **zwei** Jahre,

– für feuerberührte und abgasdämmende Teile von industriellen Feuerungsanlagen **ein** Jahr und

– für Teile von maschinellen und elektrotechnischen/elektronischen Anlagen ohne Wartungsvertrag **zwei** Jahre, auch wenn für weitere Leistungen eine andere Verjährungsfrist vereinbart ist, sofern keine hiervon abweichende Verjährungsfrist im Vertrag vereinbart ist.

Die Verjährungsfrist endet mit dem Ablauf des Tages, der dem Abnahmetag kalendermäßig entspricht.

Vergl. 4.2
BGB § 188

Welche der möglichen, auch längeren Verjährungsfristen, gelten sollen, ist im Vertrag zu regeln.

BGB § 202

Der Anspruch des Auftraggebers auf Beseitigung der gerügten Mängel verjährt beim VOB/B-Vertrag **zwei** Jahre nach Zugang der ersten schriftlichen Aufforderung, nicht jedoch vor Ablauf der vereinbarten evtl. längeren Fristen.

VOB/B
§ 13 (5), Nr. 1

Nach Abnahme der Mängelbeseitigung beginnt beim VOB-Vertrag für diese Leistung eine Verjährungsfrist von **zwei Jahren neu**, die jedoch nicht vor Ablauf der vereinbarten evtl. längeren Frist endet.

Hemmung der Verjährung heißt, dass der Zeitraum, währenddessen die Verjährung gehemmt ist, in die Verjährungsfrist nicht eingerechnet wird.

BGB § 209

Neubeginn der Verjährung bedeutet, dass die bis zur Unterbrechung verstrichene Verjährungszeit nicht gilt und die Verjährungsfrist erst wieder nach Beendigung der Unterbrechung vollständig neu zu laufen beginnt.

BGB § 212

Beispiele:

A. Tritt bei einer fünfjährigen Verjährungsfrist gemäß BGB nach 40 Monaten ein Neubeginn ein, dann beginnt eine fünfjährige Verjährungsfrist
neu.

B. Tritt bei einer vierjährigen Verjährungsfrist nach VOB/B nach 5 Monaten ein Mangel auf, welcher zwei Monate nach Aufforderung beseitigt
wird und daraufhin die Abnahme der Mängelbeseitigung erfolgt, so gilt
auch für die Mangelbeseitigungsleistung die vierjährige Verjährungsfrist ab erster Abnahme weiter, weil die vereinbarte, längere Frist durch
die neu einsetzende Verjährungsfrist von zwei Jahren ab Mängelbesei-
tigungs-Abnahme nicht überschritten wird.

BGB § 212   Die Verjährung kann im Fall der fünfjährigen BGB-Verjährungsfrist durch
bloße Mahnung des Schuldners nicht gehemmt werden oder neu beginnen,
sondern nur durch Anerkenntnis oder durch gerichtliche oder behördliche
Vollstreckungshandlungen.

**Sobald sich in diesen Fällen Schwierigkeiten abzeichnen, ist unverzüg-
lich ein Rechtsanwalt einzuschalten, um Form und Fristen zu wahren!**

Sofern VOB/B als Vertragsgrundlage vereinbart ist, beginnt durch die
schriftliche Mängelrüge, die nur einmal erhoben werden kann, die Verjährungsfrist neu zu laufen.

8.7 Gesamtschuldnerische Haftung

BGB § 421   Bei der Gesamtschuld schulden mehrere Auftragnehmer eine Leistung in
der Weise, dass jeder die ganze Leistung zu erbringen verpflichtet ist, die
der Auftraggeber jedoch nur einmal fordern kann.

Beispiel: Wenn drei Firmen eine Arbeitsgemeinschaft zur Erbringung einer
Bauleistung bilden und eine Firma während der Vertragserfüllung durch
Insolvenz ausscheidet, so sind die beiden in der Arbeitsgemeinschaft ver-
bleibenden Firmen verpflichtet, die geforderten Leistungen insgesamt zu
erbringen und auch für die Mängel einzustehen, die an der Leistung des
früheren Arbeitsgemeinschaftspartners auftreten.

Nach ständiger BGH-Rechtsprechung sind Architekt und Bauunternehmer
immer dann als Gesamtschuldner anzusehen, wenn sie beide wegen eines
Mangels am Bauwerk wegen Schlechterfüllung haften. Dies gilt auch dann,
wenn der Architekt auf Schadensersatz in Geld in Anspruch genommen,
vom Bauunternehmer jedoch zunächst nur Nachbesserung verlangt wird.
(Gegebenenfalls besondere Regelung im Architektenvertrag bezüglich
Haftungsbeschränkungen des Architekten und der Verjährungsfristen
erforderlich.) Der Architekt kann jedoch in diesem Fall die Leistung ver-

weigern, bis die dem Unternehmer gesetzte Frist zur Mangelbeseitigung verstrichen ist, § 650t BGB.

8.8 Haftung des Architekten und des Ingenieurs

Nach der gesetzlichen Regelung gilt für die Haftung des Architekten wie des Ingenieurs eine Verjährungsfrist von 5 Jahren nach Abnahme seiner vertraglichen Leistungen. Für Bauunternehmer gelten jedoch – sofern nichts anderes vereinbart – häufig kürzere Verjährungszeiten, wie gemäß VOB 4 Jahre nach Abnahme.

BGB § 634 a

VOB/B § 13 (4)

Sofern der Architekt oder Ingenieur und der Bauunternehmer wegen eines Mangels am Bauwerk als Gesamtschuldner haften, kann der Fall eintreten, dass der Architekt oder Ingenieur noch haftet, während die Haftung des Bauunternehmers gegenüber dem Bauherrn bereits abgelaufen ist. Trotzdem kann auch in diesem Fall der Architekt oder Ingenieur aus dem Gesamtschuldverhältnis noch auf den Unternehmer zurückgreifen. Dieser Anspruch verjährt aber ab Kenntnis in drei Jahren.

8.9 Haftung wegen positiver Vertragsverletzung

§ 280 BGB ersetzt den ungeschriebenen Tatbestand der positiven Vertragsverletzung. Diese Ansprüche aus § 280 BGB unterliegen der regelmäßigen Verjährungsfrist von 3 Jahren gemäß § 195 BGB.

BGB § 280

BGB § 195

Beispiel für einen entfernteren Mangelfolgeschaden:

Ein Ingenieur hat eine Heizung fehlerhaft geplant mit der Folge, dass Heizungswasser austritt (Bauwerkschaden), welches Möbel unbrauchbar macht (unmittelbarer Mangelfolgeschaden), der wie ein Bauschaden behandelt wird.

Beispiel für eine Nebenpflichtverletzung: (entfernter Mangelfolgeschaden)

Ein Architekt hat einen Dachaufbau fehlerhaft geplant. Wegen der bauphysikalischen Unzulänglichkeiten entstehen Bauwerksschäden. Ein Gerichtsverfahren (zu dem der Architekt seinem Auftraggeber geraten hatte) gegen den ausführenden Unternehmer erweist in letzter Instanz die Schuld des Architekten. Der Architekt haftet auf Schadenersatz der durch den Prozess entstandenen Kosten, weil er seinem Auftraggeber zu einem aussichtslosen Prozess geraten hatte (entfernter Mangelfolgeschaden) und auch noch für den Bauschaden selber. (Planungsfehler)

9 Versicherungen[1]

Versicherungen sollen den Versicherten vor den Schadensfolgen von Risiken schützen, die er während des Planens und/oder des Ausführens eines Bauwerks zu tragen hat. Man unterscheidet allgemein zwischen sog. Sachversicherungen und Haftpflichtversicherungen. Die sog. Sachversicherungen schützen vor Risiken, die auf die versicherte Sache einwirken (Gefahrendeckung). Hierzu zählen die Bauleistungsversicherung und die Gebäudeversicherung, in der das sog. Feuerrohbaurisiko regelmäßig mitversichert ist. Die Haftpflichtversicherung schützt den Versicherungsnehmer vor der Inanspruchnahme durch einen geschädigten Dritten aufgrund gesetzlicher Bestimmungen privatrechtlichen Inhalts (Haftung gegenüber einer anderen Person). Zu den Haftpflichtversicherungen gehören die Haftpflichtversicherung der Architekten und Ingenieure, die Betriebshaftpflichtversicherung der Baufirmen, die Bauträgerhaftpflichtversicherung und die Bauherrenhaftpflichtversicherung.

Den Haftpflichtversicherungen liegen die „Allgemeinen Bedingungen für die Haftpflichtversicherung" (AHB) zugrunde. Sie liegen grundsätzlich – gegebenenfalls mit besonderen Bedingungen und Risikobeschreibungen in besonderen Fällen oder mit besonderen Einschränkungen oder mit besonderen Einschlüssen – den Haftpflichtversicherungen zugrunde. Alle Versicherungsbedingungen sind sorgfältig vom Versicherten zu lesen, um auch über Einzelheiten ausreichend unterrichtet zu sein. Alle Regelungen sind im Versicherungsvertrag zu treffen. In den folgenden Darlegungen wird ein Überblick vermittelt; Einzelheiten sind den jeweiligen Versicherungsbedingungen zu entnehmen.   **AHB**

Wegen der sich gelegentlich ändernden Verhältnisse im Versicherungswesen sind diese Ausführungen als allgemeine Hinweise zu verstehen; maßgebend sind die aktuellen Bedingungen, die Rechtsprechung und der vorformulierte Versicherungsvertrag. Alle hier folgenden Angaben zu Deckungssummen, Prämien und Selbstbehalten sind unverbindlich.

9.1 Versicherungen des Bauherrn

Der Bauherr hat während der Bauausführung und nach Fertigstellung eine Reihe von Risiken zu tragen, gegen die er sich versichern kann oder muss.

---

[1] An diesem Kapitel hat Herr Rainer-Karl Bock-Wehr von HDI, Firmen und Privat Versicherung AG, Köln, beratend mitgewirkt.

© Springer Fachmedien Wiesbaden GmbH, ein Teil von Springer Nature 2020
W. Rösel et al., *AVA-Handbuch*, https://doi.org/10.1007/978-3-658-29522-6_9

9.1.1 Bauleistungsversicherung

Der Bauherr wird in der Regel eine Bauleistungsversicherung, vor 1974 auch Bauwesenversicherung genannt, für ein bestimmtes Bauwerk abschließen, jedoch ist auch ein Generalvertrag für mehrere Bauten sowie die Mitversicherung von bestehenden Altbauten möglich.

ABN 2011 **Grundlage:** Allgemeine Bedingungen für die Bauleistungsversicherung durch Auftraggeber (ABN)

ABN Abschnitt A § 2 Versicherte Gefahren: Unvorhergesehen eingetretene Schäden an Bauleistungen, Baustoffen und Bauteilen für den Roh- und Ausbau oder für den Umbau einschließlich wesentlicher Einrichtungen (Ausschlüsse!) und die Außenanlagen (Ausschlüsse!), Diebstahl eingebauter Materialien und Bauteile (sofern vereinbart) und weitere gegebenenfalls besonders einzuschließende Risiken

ABN Abschnitt B § 2 bis zur Bezugsfertigkeit oder dem Ablauf von 6 Werktagen seit Beginn der Benutzung oder mit dem Tage der behördlichen Gebrauchsabnahme, wobei der früheste dieser Zeitpunkte maßgebend ist. Beim Einschluss des Altbaurisikos ist der Ganz- oder Teileinsturz dieses Altbaus mitversichert.

ABN Abschnitt A § 5 Versicherungswert/Versicherungssumme/Unterversicherung: Gesamte Herstellkosten sollen in der Versicherungssumme vereinbart sein (Neubau); Altbauten: vereinbarte Umbaukosten.

ABN Abschnitt A §§ 1, 2 Wichtige Ausschlüsse: Diebstahl nicht mit dem Gebäude verbundener Materialien, Mängel der versicherten Lieferungen und Leistungen, Schäden durch normale Witterungseinflüsse, Schäden durch Kriegsereignisse, innere Unruhen o. Ä., mangelhafte Baustoffe oder Bauteile, die durch die Prüfstelle beanstandet oder noch nicht geprüft wurden, Bearbeitungsschäden an Glas- und Kunststofffassaden.

Prämien: Abhängig von der Höhe der Baukosten nach Angebot des Versicherers (z. B. 0,075 bis 0,25 %). Sie kann anteilig auf die Unternehmer umgelegt werden (Regelung in den Vergabe- und Vertragsunterlagen erforderlich).

Man kann entweder die sog. Grunddeckung oder zusätzlich eine sogenannte Erweiterte Deckung mit den zugehörigen Klauseln vereinbaren.

Selbstbehalt: 250,00 EUR, gilt bei mehreren Schäden jeweils einzeln. Bei Altbauten gelten besondere Regelungen. Bei großen Bauvorhaben wird in der Regel eine höhere Selbstbeteiligung gewählt, um die Prämie zu reduzieren.

1. Beispiel eines Schadens: Einbrecher stehlen aus einem abgeschlossenen, kurz vor der Bezugsfertigkeit stehenden Gebäude fertig eingebaute Heizkörper. Dabei tritt aus dem Rohrleitungssystem eine große Menge Wasser

aus, das den Teppichbodenbelag unbrauchbar macht und den Estrich auf-
wölbt, so dass er herausgerissen und ersetzt werden muss.

2. Beispiel eines Schadens: Bei Unterfangarbeiten an einem Nachbargiebel
wird ordnungsgemäß gearbeitet und abgesteift. Bei einem starken Wol-
kenbruch wird die Absteifung trotzdem fortgeschwemmt, der Nachbargiebel stürzt teilweise ein. Hierbei treten erhebliche Schäden am Nachbarge-
bäude ein, Deckensenkungen usw.; der gesamte Giebel muss neu aufge-
mauert werden. Versichert ist die Abfangung sofern sie Bestandteil der
Versicherungssumme ist. Der Nachbargiebel ist als ein Drittschaden nicht
versichert (Thema Haftpflichtversicherung).

9.1.2 Bauherren-Haftpflichtversicherung

Grundlage: Allgemeine Bedingungen für die Haftpflichtversicherungen   AHB (AHB)

Versicherte Risiken: Personenschäden, Schädigung des Nachbarn, Schadenersatz unter der Voraussetzung, dass Planung, Bauausführung und
Bauüberwachung an Fachleute vergeben wurden, bis zur Bauabnahme.

Deckungssummen: Standard-Deckungssumme: 5.000.000,– EUR für Per-
sonen- und Sachschäden.

Höhere Deckungssummen können vereinbart werden. Leistung des Versicherers pro Jahr wird auf das Doppelte der Versicherungssumme begrenzt.

Wichtige Ausschlüsse: Schäden am eigenen Bauwerk, an geliehenen oder   AHB § 7
gemieteten Sachen. Schäden, die Verwandte des Versicherungsnehmers
betreffen, sowie die Ausschlüsse der AHB.

Prämie: Abhängig von der Höhe der Baukosten nach Angebot des Versicherers (z. B. 0,012 bis 0,030 % je nach Bausumme).

Die Bauherren-Haftpflichtversicherung sollte auch bei Baueigenleistungen
abgeschlossen werden (Sondervertrag). Prämie dafür 0,12 % bei Eigenleis-
tungen über 25.000,– EUR hinaus. Regelmäßig sind in der Privathaftpflichtversicherung Baumaßnahmen bis 50.000,– EUR oder 1 % der Deckungssumme prämienfrei mitversichert. Keine Selbstbeteiligung im Schadensfall.

Beispiel eines Schadens: Der stolze Bauherr führt Bekannte sonntags
durch seinen Neubau. Einer stürzt in eine ungesicherte Bodenöffnung und
zieht sich dabei erhebliche Verletzungen zu. Der Bauherr muss für diesen
Personenschaden aufkommen.

9.1.3 Gebäude-Feuerversicherung

Versicherer: Versicherungsunternehmen (bis 31.12.1993 Monopol der
Brandkassen).

Die Gebäudeversicherung wird meistens als gebündelte Versicherung abgeschlossen, und zwar für Feuer, Sturm, Hagel und Leitungswasser, wobei die Sturm- und Leitungswasser-Versicherung erst mit Beendigung des Baues in Kraft tritt.

VGB **Grundlage:** Gesetzliche Bestimmungen und Allgemeine Wohngebäude-Versicherungsbedingungen (VGB 88) und eventuelle Haftungserweiterungen. Für andere Gebäudearten als Wohngebäude gelten besondere Bedingungen.

Versicherte Risiken: Schäden durch Brand, Löscharbeiten, Blitzschlag, Explosion oder durch Anprall von Luftfahrzeugen oder Luftfahrzeugteilen, in Zusammenhang damit erforderliche Aufräumungs- oder Abbrucharbeiten sowie Mieteinnahmeverluste oder Ausfall der eigenen Nutzung von Wohnräumen bis zu höchstens 12 Monaten ab dem Eintritt des Versicherungsfalles.

Versicherungssumme: a) Zeitwert des Gebäudes nach besonderer Berechnung. b) Neuwert des Gebäudes nach besonderer Berechnung. c) Gemeiner Wert

VGB § 9 **Wichtige Ausschlüsse:** Beispielsweise Schäden durch Krieg, Erdbeben, Sturm, Hagel, Hochwasser, und Kern-(Atom-)energie, gemäß VGB § 9.

Prämie: wird nach der Versicherungssumme (ortsüblicher Neubauwert) ermittelt.

1. Beispiel eines Schadens: Blitzschlag in einen gedeckten Rohbau verursacht Dachstuhlbrand. Das ganze Gebälk, die Dacheindeckung und das Mauerwerk im Dachbereich sind nach Abräumen der Trümmer neu herzustellen.

2. Beispiel eines Schadens: Durch Sturm wird das Haus abgedeckt und muss wieder neu eingedeckt werden.

9.1.4 Gewässerschaden-Haftpflichtversicherung (Öltank-Haftpflichtversicherung)

Noch vor dem Bezug eines Neubaus wird der Öltank gefüllt, um die Heizung zu erproben oder in Betrieb zu nehmen. Darum ist rechtzeitig die Öltank-Haftpflichtversicherung abzuschließen.

AHB **Grundlage**: AHB und Wasserhaushaltsgesetz (WHG)

Versicherte Risiken: Gewässerschäden infolge Ölunfällen, Rettungskosten.

Deckungssummen: Personen-, Sach- und Vermögensschäden von 2.000.000,– bis 5.000.000,– EUR pauschal reicht im Allgemeinen aus.

Höhere Deckungssummen sind möglich. Max. Ersatzleistung pro Jahr in Höhe des Doppelten der Deckungssumme.

Wichtige Ausschlüsse: Schäden infolge Abweichens von Verordnungen und Gesetzen, infolge von Kriegsereignissen, Aufruhr und höherer Gewalt.

Prämie: abhängig von Bauweise bzw. Ausführung des Ölbehälters als Erdtank oder Kellertank und vom jeweiligen Inhalt (beispielsweise 5,– bis 9,– EUR je cbm Lagerung).

Die Selbstbeteiligung im Schadensfall ist abhängig vom Öltankalter, wobei der Selbstbehalt bei Tanks, welche älter als 5 Jahre sind, wesentlich höher sein kann.

Beispiel eines Schadens: Nach Abnahme und Probebetrieb der Heizung kommt es im noch unbewohnten Neubau zu einem Bruch einer Verbindungs-Ölleitung. Das auslaufende Öl versickert und verursacht eine Gefährdung des Grundwassers.

9.1.5 Haus- und Grundbesitzer-Haftpflichtversicherung

Die Haus- und Grundbesitzer-Haftpflichtversicherung ist bei Bestehen einer üblichen Privathaftpflichtversicherung dann eingeschlossen, wenn der Hausbesitzer lediglich ein Einfamilien- oder Wochenendhaus oder eine Eigentumswohnung hat. Bei Häusern mit zwei oder mehr Wohnungen ist eine Haus-Haftpflichtversicherung abzuschließen, wobei diese aus der Bauherren-Haftpflichtversicherung übergeleitet werden kann.

Grundlage: AHB

Versicherte Risiken: Anspruch auf Schadensersatz aufgrund gesetzlicher Haftpflichtbestimmungen privatrechtlichen Inhalts.

Deckungssummen:

– Personen- und Sachschäden: 2.000.000,– bis 5.000.000,– EUR
– Höhere Deckungssummen sollten für Personenschäden vereinbart werden.

Wichtige Ausschlüsse: Umweltschäden, Eigenschäden und solche, die Angehörige des Versicherers erleiden. Schäden an gemieteten oder geliehenen Sachen.

Prämie (abhängig von):

a) Höhe der Jahresmieteinnahme, oder
b) Anzahl der Wohneinheiten in Wohnhäusern, oder
c) Zuschlag (100 %) bei gewerblich genutzten Wohneinheiten in Wohnhäusern

Beispiel eines Schadens: Auf einem wegrutschenden, auf glatter Unterlage liegenden Fußabstreifer an der Hauseingangstür kommt ein Besucher zu Fall und ist aufgrund der erlittenen Verletzung längere Zeit arbeitsunfähig. Der Hausbesitzer haftet.

9.2 Versicherungen des Architekten und des Ingenieurs

Für Architekten und Ingenieure ist die Berufshaftpflichtversicherung, auch aus der Sicht des Auftraggebers, die wohl wichtigste Versicherung. Sie wird darum hier als einzige behandelt. Geschäfts- und Unfallversicherungen bleiben in diesem AVA-Problemkreis unberücksichtigt. Die Verträge zwischen AG und Architekt/Ingenieur sind so zu fassen, dass sie mit den Versicherungsbedingungen vereinbar sind und die versicherten Risiken nicht einschränken.

9.2.1 Haftpflichtversicherung von Architekten und Bauingenieuren

(Pflichtversicherung aufgrund der Architektengesetze)

AHB   **Grundlage:** AHB in Verbindung mit den besonderen Bedingungen und Risikobeschreibungen für die Berufshaftpflichtversicherung von Architek-
BBR   ten und Bauingenieuren und Beratenden Ingenieuren (BBR).

Versicherte Risiken: Personenschäden und sonstige Schäden (Sach- und Vermögensschäden) als Folge von Verstößen bei der Ausübung der Berufs-tätigkeit einschließlich der Leistungen der übrigen an der Planung und Ausführung Beteiligten.

Das neue Versicherungsvertragsgesetz (VVG vom 1.1.2008) bestimmt, dass die Mindestversicherungssumme bei einer Pflichtversicherung, soweit durch Rechtsvorschrift nichts anders bestimmt ist, 250.000,- Euro je Versi-cherungsfall und 1 Million Euro für alle Versicherungsfälle eines Versiche-rungsjahres betragen muss. Es wird nicht mehr zwischen Personen-, Sach- und Vermögensschäden unterschieden.

Höhere Deckungssummen werden bereits im Jahresvertrag empfohlen oder können durch sog. Excedenten-Versicherungen vereinbart werden.

Form der Versicherung: Durchlaufende Jahresversicherung oder reine Objektversicherung, jeweils mit oder ohne Excedent.

Die Selbstbeteiligung beträgt in jedem Schadensfall normalerweise 2.500,– EUR. Auf besondere Vereinbarung kann diese Selbstbeteiligung erhöht werden.

Wichtige Ausschlüsse: Ausgeschlossen sind Ansprüche wegen Schäden

1. aus Überschreitung der Bauzeit sowie eigener Fristen und eigener Ter-mine,

2. aus der Überschreitung von Kostenschätzungen, Kostenberechnungen oder Kostenanschlägen im Sinne der DIN 276 oder gleichartiger Best-immungen anderer Länder, soweit es sich hierbei um Aufwendungen handelt, die bei ordnungsgemäßer Planung und Erstellung des Objektes

ohnehin angefallen wären. Dies gilt auch für Ansprüche aus der Überschreitung von Baukostenobergrenzen sowie für Ansprüche aus Bausummengarantien oder Festpreisabreden des Versicherungsnehmers oder Dritter,

3. aus der Verletzung von gewerblichen Schutzrechten und Urheberrechten,

4. aus der Vergabe von Lizenzen,

5. aus dem Abhandenkommen von Sachen einschließlich Geld, Wertpapieren und Wertsachen,

6. die der Versicherungsnehmer oder ein Mitversicherter durch ein bewusst gesetz-, vorschrifts- oder sonst pflichtwidriges Verhalten (Tun oder Unterlassen) verursacht hat,

7. aus der Vermittlung von Geld-, Kredit-, Grundstücks- oder ähnlichen Geschäften sowie aus der Vertretung bei solchen Geschäften,

8. aus Zahlungsvorgängen aller Art, aus der Kassenführung sowie Untreue und Unterschlagung,

9. die nachweislich auf Kriegsereignissen, anderen feindseligen Handlungen, Aufruhr, inneren Unruhen, Generalstreik, illegalem Streik oder unmittelbar auf Verfügungen oder Maßnahmen von hoher Hand beruhen; das Gleiche gilt für Schäden durch höhere Gewalt, soweit sich elementare Naturkräfte ausgewirkt haben.

Nicht versicherte Risiken: Leistungen, die über das Berufsbild eines Architekten, Bauingenieurs oder Beratenden Ingenieurs hinausgehen. Wenn der Versicherte oder sein Ehepartner oder ein Unternehmen, an dem diese beteiligt sind oder das von ihnen geführt wird, Bauten ganz oder teilweise

– im eigenen Namen und für eigene Rechnung,
– im eigenen Namen und für fremde Rechnung,
– im fremden Namen und für eigene Rechnung erstellen lässt,
– sowie selbst Bauleistungen erbringt oder Baustoffe liefert.

Vom Versicherungsschutz ausgeschlossen bleiben Ansprüche wegen Schäden aus selbstständigen Zusagen über Aufwendungen (z. B. Mengen und Kosten) mit denen der Versicherungsnehmer die Gewähr dafür übernimmt, dass die Maßnahme mit einem von ihm ermittelten Betrag durchgeführt werden kann.

Prämien: Inhaber- und eventuelle Teilhaberprämie zuzüglich prozentualer Anteil der Jahresgehaltsumme der sonstigen Mitarbeiter zzgl. evtl. prozentualer Anteil des Wertes der an andere Büros in eigenem Namen weitervergebenen Aufträge.

Beispiele von Schäden:

a) Planungsfehler: Ein Architekt hat bei der Planung eines Hallen-
schwimmbades die Durchlüftung des Dachraumes falsch geplant und
entsprechend verkehrt ausführen lassen. Als Folge dieses Fehlers treten
Tauwasserbildung, erhebliche Durchfeuchtungen und Schäden an Bauteilen ein. Die Beseitigung der Feuchtigkeitsschäden und die Kosten für
die Mangelbeseitigung am Dach sind versichert. Der Bauunternehmer
ist jedoch mitverantwortlich, da er als Fachunternehmen den Pla-
nungsmangel hätte erkennen müssen.

b) Mangelhafte Überwachung: Ein mit der Bauüberwachung beauftragter
Bauingenieur übersieht beim Betonieren, dass der Bauunternehmer in
dem Plan vorgesehene Bewehrungseisen nicht in einer Stahlbetonkon-
struktion eingebaut hat. Die Kosten für die Mangelbeseitigung, Abriss
und Neubau der Decke, sind versichert. Der Bauunternehmer ist mitverantwortlich, da er sich als Fachunternehmen nicht an den Plan gehalten hat.

9.2.2 Haftpflichtversicherung von sonstigen Planungs- beteiligten

AHB
BBR

Die AHB und die BBR gelten grundsätzlich auch für die sonstigen an der
Planung Beteiligten. Jedoch sind die Haftungsrisiken bei diesen oft erheblich geringer als bei Architekten, Bauingenieuren und Beratenden Ingenieuren, so dass die Versicherungssummen und die Prämien jeweils gesondert zu vereinbaren sind. Zu den sonst an der Planung Beteiligten gehören
der Garten- und Landschaftsplaner, der Innenarchitekt, der Stadtplaner
sowie die Spezialisten für Akustik, Bauphysik und Vertragsgestaltung.

9.3 Versicherungen des Bauunternehmers

9.3.1 Betriebshaftpflichtversicherung

Die für Bauherr und Architekt wichtigste Versicherung des Bauunternehmers im Bauhaupt- und Nebengewerbe ist dessen Betriebshaftpflichtversicherung.

AHB

Grundlage: AHB

Versicherte Risiken: Personenschäden und Sachschäden, die Dritten im
Zusammenhang mit der Ausführung der Bauarbeiten entstehen.

Deckungssummen: Standarddeckungssumme: 1.000.000,– EUR für Personenschäden, Sach- und Vermögensschäden.

Höhere Deckungssummen sollten für Personenschäden vereinbart werden.

Selbstbehalt: 500,– oder 1.000,– EUR bzw. höher gegen Prämiennachlass.

Bearbeitungs-, Be- und Entladeschäden, Leitungs- und Leitungsfolgeschäden zwischen 10.000,– und 50.000,– EUR (Sublimit) sind mitversicherbar.

Wichtige Ausschlüsse: Haftpflichtansprüche aus Sprengungen und Explosionen, Planungstätigkeiten, Schäden an gemieteten oder geliehenen Sachen, Umweltschäden durch eigene Anlagen des Versicherungsnehmers.

Besonders hinzuweisen ist auf die in den AHB bestimmten weiteren Ausschlüssen von Schäden, die relativ häufig eintreten:

AHB Ziff. 1: Vertragserfüllung: Kein Versicherungsschutz besteht für Ansprüche, auch wenn es sich um gesetzliche Ansprüche handelt, (1) auf Erfüllung von Verträgen, Nacherfüllung aus Selbstvornahme, Rücktritt, Minderung, auf Schadenersatz statt der Leistung; (2) wegen Schäden, die verursacht werden, um die Nacherfüllung durchführen zu können; (3) wegen des Ausfalls der Nutzung des Vertragsgegenstandes oder wegen des Ausbleibens des mit der Vertragsleistung geschuldeten Erfolges; (4) auf Ersatz vergeblicher Aufwendungen im Vertrauen auf ordnungsgemäße Vertragserfüllung; (5) auf Ersatz von Vermögensschäden wegen Verzögerung der Leistung; (6) wegen anderer an die Stelle der Erfüllung tretender Ersatzleistungen.

AHB Ziff. 7.7: Haftpflichtansprüche wegen Schäden an fremden Sachen und allen sich daraus ergebenden Vermögensschäden, wenn

(1) die Schäden durch eine gewerbliche oder berufliche Tätigkeit des Versicherungsnehmers an diesen Sachen (Bearbeitung, Reparatur, Beförderung, Prüfung und dgl.) entstanden sind; bei unbeweglichen Sachen gilt dieser Ausschluss nur insoweit, als diese Sachen oder Teile von ihnen unmittelbar von der Tätigkeit betroffen waren;

(2) die Schäden dadurch entstanden sind, dass der Versicherungsnehmer diese Sachen zur Durchführung seiner gewerblichen oder beruflichen Tätigkeiten (als Werkzeug, Hilfsmittel, Materialablagefläche und dgl.) benutzt hat; bei unbeweglichen Sachen gilt dieser Ausschluss nur insoweit, als diese Sachen oder Teile von ihnen unmittelbar von der Benutzung betroffen waren;

(3) die Schäden durch eine gewerbliche oder berufliche Tätigkeit des Versicherungsnehmers entstanden sind und sich diese Sachen oder – sofern es sich um unbewegliche Sachen handelt – deren Teile im unmittelbaren Einwirkungsbereich der Tätigkeit befunden haben; dieser Ausschluss gilt nicht, wenn der Versicherungsnehmer beweist, dass er zum Zeitpunkt der Tätigkeit offensichtlich notwendige Schutzvorkehrungen zur Vermeidung von Schäden getroffen hatte.

Allerdings ist es möglich, auch diese Risiken nach besonderer Vereinbarung in den Versicherungsschutz gegen entsprechende Prämie, regelmäßig

AHB

mit einem Sublimit), einzuschließen (Regelung in den Vergabe- und Vertragsunterlagen erforderlich).

Beispiel eines versicherten Schadens: Eine Baugrubenböschung bricht trotz Absicherung ein und zerstört ein Stück der nachbarlichen Gartenmauer. Diese ist nach Verfüllen des Arbeitsraumes neu herzustellen. Der Schaden des Dritten (Nachbar) wird ersetzt.

Beispiel eines im Normalfall nicht versicherten Schadens (der jedoch als sogenannter Bearbeitungsschaden mitversichert werden kann):

Bei den Stemmarbeiten in Mauerwerk im Zusammenhang mit der Anbringung eines Stahlgeländers beschädigt ein Schlosser eine unter Putz verlegte Wasserleitung, die dadurch undicht wird. Sie ist über eine längere Strecke zu erneuern einschl. des Putzes.

9.3.2 Bauleistungsversicherung

Auch der Bauunternehmer kann eine Bauleistungsversicherung abschließen, die entweder eine einzelne Baustelle oder seinen gesamten Jahresumsatz abdeckt. Die Einzelheiten, wie Prämiensatz, Höhe der Deckungssummen, die versicherbaren Risiken und Anschlüsse sind für den jeweiligen Fall zu regeln.

9.4 Versicherungsberater

Die komplexen gesetzlichen Regelungen und die Bestimmungen der VOB, die recht erheblichen Risiken beim Planen, Bauen und Betreiben von Gebäuden und die Wettbewerbssituation der Versicherungsunternehmen lassen dazu raten, bei jedem Bauprojekt die stets verschiedenen Aspekte der Versicherungsfragen mit Hilfe einer professionellen Versicherungsberatung zu klären. Diese Berater können Mitarbeiter einer Versicherung oder als Makler tätig sein, die Versicherungsverträge verschiedener Unternehmen anbieten.

Der Versicherungsberater beginnt mit der projektspezifischen Risikoanalyse, klärt die Sicherheitsbedürfnisse und -erfordernisse der an Planung und Ausführung Beteiligten, einschließlich Bauherr oder Auftraggeber, und entwickelt das Gesamtkonzept aller Versicherungen für das Bauvorhaben. Dabei stimmt er die Versicherungen aufeinander ab, so dass Unter- oder Überversicherung vermieden wird. Schließlich berät er bei der Gestaltung der Versicherungsverträge, holt Angebote über Versicherungsprämien ein und betreut seine Mandantschaft zunächst bis zum Abschluss der Versicherungsverträge. Dabei kommt ihm seine Marktübersicht über die im Wettbewerb stehenden nationalen und internationalen Versicherungsbedingungen zugute. Besonders bei großen Bauvorhaben kommt es auf ein gutes Versicherungs-Gesamtkonzept an.

Im Schadensfall unterstützt der Betreuer seine Kunden mit Rat, um für diese Versäumnisse und Nachteile zu vermeiden.

Je größer ein Bauvorhaben, umso nötiger und umso effizienter erweist sich in aller Regel die professionelle Versicherungsberatung. Sie erstreckt sich in der Regel auf diese Gebiete:

- Bauherrenhaftpflicht (Bauherren/Auftraggeber)
- Planungshaftpflicht (Architekten, Beratende Ingenieure, Projekt-steuerer, Sachverständige)
- Bauunternehmerhaftpflicht (Haupt- und Nebengewerbe, Handwerker, Subunternehmer)
- Bauunterbrechung (Bauherr/Auftraggeber, Investoren)
- Bauleistung (Bauherr, Ausführungsunternehmen, Sonstige Baubeteilig-te)
- Montage (Auftraggeber, alle Montageleistenden)
- Baugewährleistung (Bauherr/Auftraggeber, Planer, Ausführungs-unternehmen)
- Bürgschaften (Bauherr/Auftraggeber, Baubeteiligte)
- Forderungsausfall (Auftragnehmer).

Es besteht auch die Möglichkeit, für ein Bauvorhaben alle Risiken in einem Versicherungs-Vertrag zu bündeln, so dass in einer „ALLRISK-Police" umfassender Versicherungsschutz gegeben ist. Die Versicherungsprämien werden anteilig auf die Auftragnehmer aufgeteilt.

10 Unternehmensformen und -funktionen

Weil man es bei Bauherren, Architekten, Ingenieuren, Lieferanten, Handwerkern und Baufirmen im Zuge der Planung und Ausführung von Bauten häufig mit unterschiedlichen Unternehmensformen und -funktionen zu tun hat, sollen sie hier kurz dargestellt werden. Neben dem Einzelunternehmen gibt es die Gesellschaftsunternehmen, die ihrerseits in Personengesellschaften und Kapitalgesellschaften zu unterscheiden sind.

10.1 Einzelunternehmen

Im Einzelunternehmen ist eine einzelne Person Eigentümer des Unternehmens und kann, muss aber nicht, auch als Einzelkaufmann im Handelsregister eingetragen sein. Dieser leitet das Unternehmen und ihm gehört der erzielte Gewinn. Für Verbindlichkeiten haftet er voll mit seinem gesamten, also auch dem privaten Vermögen.

Diese Rechtsform des Einzelunternehmens trifft für viele der freiberuflich tätigen Architekten und Ingenieure sowie für selbständige Bauhandwerker zu.

10.2 Personengesellschaften

10.2.1 Offene Handelsgesellschaft – OHG

Die OHG ist in das Handelsregister unter Angabe aller Gesellschafter eingetragen. Die Gesellschafter haften den Gesellschaftsgläubigern gegenüber voll mit ihrem privaten Vermögen. *HGB § 105 ff.* *BGB § 705 ff.*

Neben den internen Regelungen des jeweiligen Gesellschaftsvertrages gelten die Bestimmungen des HGB und ergänzend die des BGB über die Gesellschaft. Wenn der Gesellschaftsvertrag nichts anderes bestimmt, ist jeder Gesellschafter für sich zur vollen Geschäftsführung in der Firma berechtigt und verpflichtet.

Das Vermögen der OHG gehört den Gesellschaftern entsprechend ihrem Eigenkapitalanteil.

Die gesetzliche Regelung über die Verteilung von Gewinn und Verlust kann durch Vereinbarungen im Gesellschaftsvertrag anders bestimmt werden. *HGB § 120* *HGB § 121*

© Springer Fachmedien Wiesbaden GmbH, ein Teil von Springer Nature 2020
W. Rösel et al., *AVA-Handbuch*, https://doi.org/10.1007/978-3-658-29522-6_10

10.2.2 Kommanditgesellschaft – KG

HGB § 161 ff.   Die KG ist in das Handelsregister eingetragen unter Angabe aller Kommanditisten und der Beträge ihrer Einlagen.

Die Haftung ist bei mindestens einem Gesellschafter, dem **Kommanditisten**, auf die Höhe seiner Einlage beschränkt, während mindestens ein weiterer Gesellschafter, der **Komplementär**, persönlich mit seinem ganzen Vermögen voll haftet (persönlich haftender Gesellschafter).

Die Leitung der KG obliegt dem Komplementär. Die Kommanditisten sind von der Geschäftsführung ausgeschlossen, haben jedoch ein Kontrollrecht.

HGB § 167 ff.   Das Eigentum an der KG gehört den Gesellschaftern anteilig entsprechend der Höhe ihrer jeweiligen Einlage.

Vom Gewinn erhalten – wenn nichts anderes vereinbart ist – jeder Gesellschafter zunächst 4 % auf seine Einlage und der geschäftsführende Komplementär eine angemessene Vergütung. Der Restgewinn wird nach den Regelungen des Gesellschaftsvertrages verteilt.

10.2.3 Gesellschaft mit beschränkter Haftung und Companie, Kommanditgesellschaft – GmbH & Co. KG

Die GmbH & Co. KG hat die Rechtsform der KG, ist also rechtlich eine Personengesellschaft. Sie ist in das Handelsregister eingetragen. Als Komplementär (persönlich haftender Gesellschafter) fungiert jedoch keine natürliche Person, sondern die GmbH, der auch die Geschäftsführung obliegt.

10.3 Kapitalgesellschaften

Kapitalgesellschaften sind eigene Rechtspersönlichkeiten (juristische Person).

10.3.1 Gesellschaft mit beschränkter Haftung – GmbH

GmbHG   Zur Gründung einer GmbH ist wenigstens ein Gesellschafter erforderlich. Die Gesellschaft ist unter Errichtung eines notariell beurkundeten Gesellschaftsvertrages zu gründen und in das Handelsregister einzutragen. Das Mindeststammkapital beträgt 25.000,– EUR. Es setzt sich aus Stammeinlagen in Höhe von mindestens je 100,– EUR zusammen. Die Haftung der einzelnen Gesellschafter ist auf die Höhe ihrer jeweiligen Kapitaleinlage beschränkt.

Die Leitung der GmbH erfolgt durch einen oder mehrere von den Gesellschaftern zu bestellende Geschäftsführer, wobei auch ein Gesellschafter als

Geschäftsführer fungieren kann. Bei fünfhundert und mehr Beschäftigten ist ein Aufsichtsrat zu bilden.

Das Eigentum an der Gesellschaft gehört den Gesellschaftern entsprechend der Höhe ihres Anteils am Stammkapital. Die Verteilung des Gewinns erfolgt auf Beschluss der Gesellschafterversammlung als Prozentsatz auf den Anteil am Stammkapital.

10.3.2 Aktiengesellschaft – AG

Die AG ist die zweckmäßige Rechtsform einer Gesellschaft mit einer gro- **AktG**
ßen Zahl (wechselnder) Gesellschafter. Die Gründung erfolgt durch die Hauptversammlung. Es sind mindestens fünf Gründer mit einem Grundkapital von mindestens 50.000,– EUR erforderlich, das in Anteilen mit einem Mindestnennwert von 1 EUR, den Aktien, einzubringen ist. Die Aktionäre haften nur in Höhe des Wertes ihres Anteils am Grundkapital. Aktien können an den Börsen gehandelt werden. Die Leitung obliegt dem Vorstand, der vom Aufsichtsrat bestellt wird. Der Gewinn einer AG wird anteilig auf die Aktien nach Beschluss der Hauptversammlung ausgeschüttet (Dividende).

10.3.3 Kommanditgesellschaft auf Aktien – KGaA

Die KGaA ist eine Mischform aus Personen- und Kapitalgesellschaft. Die Haftung ist wie in einer KG geregelt, d. h. die Komplementäre haften voll, während die Kommanditaktionäre nur beschränkt mit ihrer Einlage haften. Die Geschäftsführung liegt beim Komplementär. Die Hauptversammlung wird nur von den Kommanditaktionären gebildet.

10.4 Die Gesellschaft Bürgerlichen Rechts – BGB-Gesellschaft

Die BGB-Gesellschaft wird aufgrund der gesetzlichen Bestimmungen er- **BGB § 705 ff.**
richtet. Die Gesellschafter sind gegenseitig verpflichtet, die Erreichung eines gemeinsamen Zweckes zu fördern und dazu die vereinbarten Beiträge zu leisten. Eine BGB-Gesellschaft kommt nicht allein durch schriftlichen Vertrag zustande, es genügt vielmehr, dass mehrere zur Erreichung eines gemeinsamen Zweckes tätig sind. Es ist jedoch zu empfehlen, einen (notariellen) Gesellschaftsvertrag abzuschließen, in dem Rechte und Pflichten im Einzelnen geregelt werden. Die BGB-Gesellschaft wird nicht in das Handelsregister eingetragen. Sie ist nicht rechtsfähig, keine juristische Person.

Die Gesellschafter haften gesamtschuldnerisch mit ihrem ganzen Ver- **BGB § 421**
mögen.

BGB § 709 f.   Die Geschäftsführung kann nach Vereinbarung gemeinschaftlich oder durch einen Gesellschafter erfolgen.

BGB § 722   Der Gewinn oder Verlust werden, sofern nicht anders vereinbart, zu gleichen Teilen auf die Gesellschafter verteilt.

Typische BGB-Gesellschaften sind:

– Architekten-Gemeinschaften (Sozietät),

– Arbeitsgemeinschaften mehrerer Bauunternehmer (ARGE).

10.5 Partnerschaftsgesellschaft

PartGG   Das Gesetz über die Partnerschaftsgesellschaften Angehöriger freier Berufe vom 25. Juli 1994 erlaubt den Zusammenschluss in einer Gesellschaftsform, welche auf ihre Bedürfnisse ausgerichtet ist. Sie ist für Architekten und Ingenieure daher geeignet. Soweit das PartGG nichts anderes bestimmt gelten für die Partnerschaft die Bestimmungen des BGB über die Gesellschaft.

Gem. BGB haften die Partner den Gläubigern neben dem Vermögen der Partnerschaft als Gesamtschuldner, wie nach HGB.

Es ist den Partnern jedoch abweichend von den BGB-Bestimmungen gestattet, Ansprüche aus fehlerhafter Berufsausübung auf denjenigen zu beschränken, der innerhalb der Partnerschaft die berufliche Leistung zu erbringen oder verantwortlich zu leiten und zu überwachen hat.

Der Name der Partnerschaft muss den Namen mindestens eines Partners, den Zusatz „und Partner" oder „Partnerschaft" sowie die Berufsbezeichnung aller in der Partnerschaft vertretenen Berufe enthalten.

Es ist ein schriftlicher Partnerschaftsvertrag abzuschließen und die Partnerschaft ist in das Partnerschaftsregister beim Registergericht einzutragen. Im Partnerschaftsvertrag sind u. a. die Geschäftsführung, die Beschlussfassung, die Beteiligung an Gewinn und Verlust sowie Haftpflichtfragen und der Gesamtschuldnerausgleich zu regeln.

10.6 Generalplaner

Sofern Architekten oder Ingenieure Leistungen übernehmen, welche nicht zu ihren originären beruflichen Leistungen zählen und diese nicht selbst mit ihrem eigenen Büro erbringen, sondern damit andere Büros als Nachunternehmer beauftragen, fungieren sie als Generalplaner. Ihrem Auftraggeber gegenüber sind sie für alle ihnen beauftragten Leistungen verantwortlich, auch wenn diese nicht von ihrem eigenen Büro erbracht worden sind. Daraus erwächst ein besonderes Risiko.

Von großer Bedeutung ist der vom Generalplaner zu leistende, häufig jedoch unterschätzte, zusätzliche Koordinationsaufwand, der in der Regel nur von eigens dafür qualifizierten Personen mit geeigneten Instrumentarien erbracht werden kann. Dafür ist eine besondere Vergütung erforderlich, welche im Einzelfall mit dem Auftraggeber zu vereinbaren ist.

10.7 Unternehmens-Funktion

a) **Generalübernehmer (Gesamtübernehmer)**
   Verantwortlich für Gesamtherstellung, erbringt selbst keine Bauleistungen.

b) **Generalunternehmer (Gesamtunternehmer)**
   Verantwortlich für Gesamtherstellung, erbringt selbst Teile der Bauleistung, meist die Rohbauarbeiten. Vergibt andere Leistungen im eigenen Namen und auf eigene Rechnung.

c) **Hauptunternehmer (Erstunternehmer)**
   Erbringt im Auftrag des Auftraggebers (Bauherr) selbst Bauleistungen.

d) **Nachunternehmer (Subunternehmer)**
   Wird von einem Hauptunternehmer beauftragt. Keine Rechtsbeziehung zum Bauherrn als Auftraggeber des Hauptunternehmers.

e) **Nebenunternehmer**
   Erbringt neben dem Hauptunternehmer, von dem er mit Zustimmung des Bauherrn eingeschaltet wird, Bauleistungen. Rechtsbeziehungen zum Bauherrn als Auftraggeber.

f) **Mitunternehmer**
   sind zwei oder mehr selbstständige Nebenunternehmer (evtl. mit gesamtschuldnerischer Haftung!)

g) **Arbeitsgemeinschaft (ARGE)**
   Zusammenschluss mehrerer Unternehmer zu einer BGB-Gesellschaft zur Durchführung eines einzelnen Bauauftrags. Die ARGE-Partner haften dem Auftraggeber gesamtschuldnerisch. ARGE ist eigene Steuerperson. Technische und/oder geschäftliche Federführung liegt bei bestimmten ARGE-Partnern. ARGEN werden häufig für Großbaustellen gebildet, bzw. im Planungsbereich für komplexe große Projekte.

BGB § 705
BGB § 421
BGB § 427

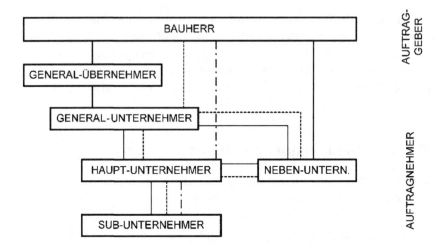

Bild 10-1 Rechtliche Beziehung zwischen Auftraggeber und Auftragnehmer

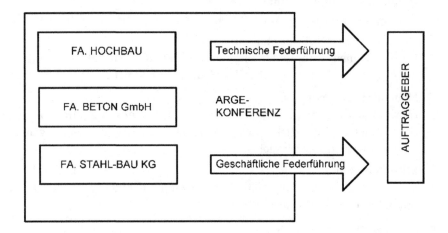

Bild 10-2 Arbeitsgemeinschaft von Unternehmen

11 AVA im Leistungsbild des Architekten

11.1 Architektenleistungen

Die Honorarordnung für Architekten und Ingenieure (HOAI Fassung vom 10.07.2013) regelt deren Leistungen und Honorare bei der Planung und Abwicklung von Gebäuden, Freianlagen und Innenräumen. Die in dem Leistungsbild Objektplanung, Flächenplanung und Fachplanung beschriebenen Leistungen gelten für Neubauten, Neuanlagen, Wiederaufbauten, Erweiterungsbauten, Umbauten, Modernisierungen, Raumbildende Ausbauten, Instandhaltungen und Instandsetzungen. Der Beginn der Architektenleistungen im AVA-Bereich setzt einen bestimmten Planungsstand voraus. Die Planung muss so weit fortgeschritten sein, dass sichere qualitative und quantitative Aussagen möglich sind. Deshalb braucht man für die auszuschreibenden Leistungen bei Hochbauten in der Regel

– Ausführungspläne, Maßstab 1:50 oder 1:100,
– Details bis Maßstab 1:1 mit Materialangaben und Hinweisen für die Ausführung,
– Baubeschreibung mit ausführlichen Angaben der Materialien und der Qualität,
– Raumbuch, das die Angaben über die Ausbaumerkmale jedes Raumes enthält.

Diese Planungsunterlagen müssen den Vorgaben des Bauherrn/Auftraggebers entsprechen, mit ihm im Einzelnen abgestimmt und von ihm genehmigt sein. Sie haben dem gesetzten Baukostenrahmen zu genügen und sie müssen den gewünschten Qualitätsstandard wiedergeben.

Im Rahmen seines mit dem Bauherrn (Auftraggeber) geschlossenen Werkvertrags erbringt der Architekt die zur Ausschreibung, Vergabe und Abrechnung gehörenden Teile der HOAI-Gesamtleistungen. Er fungiert dabei stets im Interesse seines Bauherrn, jedoch „erteilt" er „keine Aufträge" von sich aus, sondern bereitet die Annahme von Bieterangeboten (Auftrag) vor. Auftraggeber von Bauleistungen ist stets der Bauherr. Das Leistungsbild unterscheidet Grundleistungen und Besondere Leistungen.

Grundleistungen umfassen die Leistungen, die zur ordnungsgemäßen Erfüllung eines Auftrags im Allgemeinen erforderlich und in Bezug auf Honorare verbindlich geregelt sind.

Besondere Leistungen können zu den Grundleistungen hinzu oder an deren Stelle treten, wenn besondere Anforderungen an die Ausführung des Auftrages gestellt werden, die über die allgemeinen Leistungen hinausgehen oder diese ändern. Sie können in Bezug auf die Honorare frei vereinbart werden.

© Springer Fachmedien Wiesbaden GmbH, ein Teil von Springer Nature 2020
W. Rösel et al., *AVA-Handbuch*, https://doi.org/10.1007/978-3-658-29522-6_11

Die vom Architekten bei Ausschreibung, Vergabe und Abrechnung zu erbringenden Leistungen sind in den folgenden Wiedergaben der HOAI-Leistungsbeschreibungen durch **Fettdruck** hervorgehoben.

11.2 Vorbereitung der Vergabe

Anlage 10 (zu § 34 Absatz 4 und § 35 Absatz 7)

Grundleistungen im Leistungsbild Gebäude und Innenräume, Besondere Leistungen, Objektlisten

Grundleistungen	Besondere Leistungen
LPH 6 Vorbereitung der Vergabe	
a) **Aufstellen eines Vergabetermin-plans** b) **Aufstellen von Leistungsbeschreibungen mit Leistungsverzeichnissen nach Leistungsbereichen, Ermitteln und Zusammenstellen von Mengen auf der Grundlage der Ausführungsplanung unter Verwendung der Beiträge anderer an der Planung fachlich Beteiligter** c) **Abstimmen und Koordinieren der Schnittstellen zu den Leistungsbeschreibungen der an der Planung fachlich Beteiligten** d) **Ermitteln der Kosten auf der Grundlage vom Planer bepreister Leistungsverzeichnisse** e) **Kostenkontrolle durch Vergleich der vom Planer bepreisten Leistungsverzeichnisse mit der Kostenberechnung** f) **Zusammenstellen der Vergabeunterlagen für alle Leistungsbereiche**	– Aufstellen von Leistungsbeschreibungen mit Leistungsprogramm auf der Grundlage der detaillierten Objektbeschreibung*) – Aufstellen von alternativen Leistungsbeschreibungen für geschlossene Leistungsbereiche – Aufstellung von vergleichenden Kostenübersichten unter Auswertung der Beiträge anderer an der Planung fachlich Beteiligter

*) Diese Besondere Leistung wird bei Leistungsbeschreibungen mit Leistungsprogramm ganz oder teilweise Grundleistung. In diesem Falle entfallen die entsprechenden Grundleistungen dieser Leistungsphase

Zur Vorbereitung der Vergabe gehört auch die Verwendung von Beiträgen anderer an der Planung fachlich Beteiligter. Unter solchen Beiträgen sind Planungsleistungen zu verstehen, welche in anderen Planungsdisziplinen erbracht werden, jedoch vom Architekten für die vollständige und richtige Erbringung seiner eigenen Leistung zu verwerten sind.

1. Beispiel: Einarbeiten der Aussagen von Planungsleistungen des Trag-
   werksplaners in die Ausschreibung der Rohbauarbeiten; bei Stahlbetonarbeiten Aussagen über Betonqualität, Stahlqualität, Stahlmengen
   usw.

2. Beispiel: Einarbeiten von Aussagen des Fachgutachtens des Bauphysi-
   kers in die Leistungsverzeichnisse verschiedener Gewerke hinsichtlich
   Wärmedämmung, Feuerwiderstandsklasse, Schallschutz, Bauwerksab-
   dichtung und dgl.

11.3 Mitwirkung bei der Vergabe

Anlage 10 (zu § 34 Absatz 4 und § 35 Absatz 7)

Grundleistungen	Besondere Leistungen
LPH 7 Mitwirkung bei der Vergabe	
a) Koordinieren der Vergaben der Fachplaner b) Einholen von Angeboten c) Prüfen und Werten der Angebote einschließlich Aufstellen eines Preisspiegels nach Einzelpositionen oder Teilleistungen, Prüfen und Werten der Angebote zusätzlicher und geänderter Leistungen der ausführenden Unternehmen und der Angemessenheit der Preise d) Führen von Bietergesprächen e) Erstellen der Vergabevorschläge, Dokumentation des Vergabeverfahrens f) Zusammenstellen der Vertragsunterlagen für alle Leistungsbereiche g) Vergleichen der Ausschreibungsergebnisse mit den vom Planer bepreisten Leistungsverzeichnissen oder der Kostenberechnung h) Mitwirken bei der Auftragserteilung	– Prüfen und Werten von Nebenangeboten mit Auswirkungen auf die abgestimmte Planung – Mitwirken bei der Mittelabflussplanung – Fachliche Vorbereitung und Mitwirken bei Nachprüfungsverfahren – Mitwirken bei der Prüfung von bauwirtschaftlich begründeten Nachtragsangeboten – Prüfen und Werten der Angebote aus Leistungsbeschreibung mit Leistungsprogramm einschließlich Preisspiegel *) – Aufstellen, Prüfen und Werten von Preisspiegeln nach besonderen Anforderungen

*) Diese Besondere Leistung wird bei Leistungsbeschreibungen mit Leistungsprogramm ganz oder teilweise Grundleistung. In diesem Falle entfallen die entsprechenden Grundleistungen dieser Leistungsphase.

Besonders beim Prüfen und Werten der Angebote ist die Mitwirkung aller
an der Ausschreibung und Vergabe fachlich Beteiligten erforderlich, weil
es deren spezifischen Fachwissens und ihrer Erfahrung bedarf, um Prüfungen und Wertungen vorzunehmen, für die der Architekt üblicherweise
die nötige Ausbildung, Kenntnisse und Erfahrungen nicht besitzt.

1. Beispiel: Beurteilung der technischen Daten einer vom LV abweichend angebotenen Heizkesselanlage durch den Ingenieur für technische Ausrüstung.

2. Beispiel: Beurteilung eines konstruktiven Sondervorschlags eines Rohbauunternehmers durch den Ingenieur für Tragwerksplanung und durch den Bauphysiker.

11.4 Objektüberwachung (Bauüberwachung)

Anlage 10 (zu § 34 Absatz 4 und § 35 Absatz 7)

Grundleistungen	Besondere Leistungen
LPH 8 Objektüberwachung (Bauüberwachung und Dokumentation)	
a) Überwachen der Ausführung des Objekts auf Übereinstimmung mit der öffentlich-rechtlichen Genehmigung oder Zustimmung, den Verträgen mit ausführenden Unternehmen, den Ausführungsunterlagen, den einschlägigen Vorschriften sowie mit den allgemeinen Regeln der Technik b) Überwachen der Ausführung von Tragwerken mit sehr geringen und geringen Planungsanforderungen auf Übereinstimmung mit dem Standsicherheitsnachweis c) Koordinieren der an der Objektüberwachung fachlich Beteiligten d) Aufstellen, Fortschreiben und Überwachen eines Terminplans (Balkendiagramm) e) Dokumentation des Bauablaufs (zum Beispiel Bautagebuch) f) **Gemeinsames Aufmaß mit den ausführenden Unternehmen** g) **Rechnungsprüfung einschließlich Prüfen der Aufmaße der bauausführenden Unternehmen** h) **Vergleich der Ergebnisse der Rechnungsprüfungen mit den Auftragssummen einschließlich Nachträgen** i) **Kostenkontrolle durch Überprüfen der Leistungsabrechnung der bauausführenden Unternehmen im Vergleich zu den Vertragspreisen** j) **Kostenfeststellung, z. B. nach DIN 276** k) Organisation der Abnahme der Bauleistungen unter Mitwirkung anderer an der Planung und Objektüberwachung fachlich Beteiligter, Feststellung von Mängeln, Ab-	– **Aufstellen, Überwachen und Fortschreiben eines Zahlungsplanes** – **Aufstellen, Überwachen und Fortschreiben von differenzierten Zeit-, Kosten- oder Kapazitätsplänen** – Tätigkeit als verantwortlicher Bauleiter, soweit diese Tätigkeit nach jeweiligem Landesrecht über die Grundleistungen der LPH 8 hinausgeht

Grundleistungen	Besondere Leistungen
LPH 8 Objektüberwachung (Bauüberwachung und Dokumentation)	
nahmeempfehlung für den Auftraggeber l) Antrag auf öffentlich-rechtliche Abnahmen und Teilnahme daran m) Systematische Zusammenstellung der Dokumentation, zeichnerischen Darstellungen und rechnerischen Ergebnissen des Objekts n) Übergabe des Objekts o) Auflisten der Verjährungsfristen für Mängelansprüche p) Überwachen der Beseitigung der bei der Abnahme festgestellten Mängel	

In diesem Leistungsbereich überwiegen die vom Architekten in der Funktion des Bauleiters zu erbringenden Tätigkeiten. Bei der Bauüberwachung zählen zum AVA-Bereich das Aufmaß, die Rechnungsprüfung und die weitere kaufmännische und rechtliche Abwicklung aller in Zusammenhang mit der Zahlung stehenden Vorgänge. Diese sind in der HOAI nicht besonders beschrieben, da sie nicht einheitlich sind. Ihre formalen Einzelheiten sind von Art und Größe des Bauwerks, der Art des Bauherrn (z. B. Behörde, Industriebetrieb, privater Bauherr) sowie von den dem jeweiligen Vertragsverhältnis zugrundeliegenden besonderen oder zusätzlichen Vertragsbedingungen abhängig.

Bei der Abrechnung von Bauten erweist sich die Qualität der Ausschreibung. Ob das Abrechnungsergebnis eines Projekts oder eines Gewerks dem Auftragswert nahe kommt oder entspricht, hängt im Allgemeinen vor allem von diesen Fakten ab:

– Vollständigkeit der auszuführenden Einzelleistungen im Leistungsverzeichnis (sonst Nachträge und Mehrkosten).

– Richtigkeit der Mengen der Ausschreibung (sonst Preisänderungen, Nachträge, Kostenerhöhungen, Bauzeitveränderung usw.).

– Genauigkeit der Leistungsbeschreibung (sonst Qualitätsänderungen, Nachträge, Kostenerhöhungen usw.).

– Eindeutigkeit der besonderen oder der zusätzlichen Vertragsbedingungen, sowie der zusätzlichen technischen Vorschriften (sonst Missverständnisse, Fehleinschätzungen, Streit, Mehrkosten usw.).

Außerdem soll der Anteil der Tagelohnarbeiten an der Abrechnungssumme möglichst gering sein, denn oft werden im Leistungsverzeichnis vergessene Leistungen im Tagelohn ausgeführt.

11.5 Objektbetreuung

In dieser Leistungsphase überwiegen ebenfalls die organisatorischen Leistungen und Abwicklungsaufgaben des Bauleiters. Die Abwicklung der Freigabe von Sicherheitsleistungen ist von den vertraglichen Vereinbarungen abhängig. Die Durchführung der sonstigen Leistungen im AVA-Bereich ist wie in der Leistungsphase 8 – Objektüberwachung (Bauüberwachung) – von Fall zu Fall besonders zu regeln.

Besondere Leistungen bei Umbauten und Modernisierungen: Maßliches, technisches und verformungsgerechtes Aufmaß, Schadenskartierung, Ermitteln von Schadensursachen.

Grundleistungen	Besondere Leistungen
LPH 9 Objektbetreuung	
a) Fachliche Bewertung der innerhalb der Verjährungsfristen für Gewährleistungsansprüche festgestellten Mängel, längstens jedoch bis zum Ablauf von fünf Jahren seit Abnahme der Leistung, einschließlich notwendiger Begehungen b) Objektbegehung zur Mängelfeststellung vor Ablauf der Verjährungsfristen für Mängelansprüche gegenüber den ausführenden Unternehmen c) Mitwirken bei der Freigabe von Sicherheitsleistungen	– Überwachen der Mängelbeseitigung innerhalb der Verjährungsfrist – Erstellen einer Gebäudebestandsdokumentation – Aufstellen von Ausrüstungs- und Inventarverzeichnissen – Erstellen von Wartungs- und Pflegeanweisungen – Erstellen eines Instandhaltungskonzepts – Objektbeobachtung – Objektverwaltung – Baubegehungen nach Übergabe – Aufbereiten der Planungs- und Kostendaten für eine Objektdatei oder Kostenrichtwerte – Evaluieren von Wirtschaftlichkeitsberechnungen

11.6 Arbeitsteilung: Bauplanung/Bauabwicklung

Bei mittleren und großen Bauprojekten vergeben viele Bauherren häufig die Architektenleistungen nach HOAI nicht in eine Hand. Man beauftragt einen Architekten mit der Bauplanung, ein anderes Architekturbüro mit der Bauabwicklung. Dabei können sowohl die in der HOAI beschriebenen Leistungsbilder jeweils als Ganzes oder in Teilen vergeben werden. Besonders wegen der Verantwortung für Qualität, Kosten und Termine vergibt man alle den AVA-Bereich betreffenden Teilleistungen in die Hand des mit der Bauabwicklung Beauftragten.

Generell empfiehlt sich, bei der arbeitsteiligen Beauftragung das Gesamtleistungsbild in der Form des Beispiels in Bild 11-1 aufzuteilen.

Für viele Auftraggeber sind die besseren Erfahrungen, welche sie bei großen Bauvorhaben mit der arbeitsteiligen Vergabe gemacht haben, dafür maßgebend, dieses Modell zu handhaben. Weil in der überwiegenden Zahl aller Fälle die Bedeutung der Einhaltung von Kosten, Terminen und Qualität vorrangig ist, betraut man mit der Bauabwicklung auf diesem Gebiet besonders leistungsfähige Architekturbüros. Diese Arbeitsteilung ist nicht neu, sie existierte in der Geschichte des Bauens immer und der Architekt, auch in früherer Zeit, ist nicht als der alles beherrschende Generalist nach Ausbildung, Funktion und Stand anzusehen.

Die Anwendung neuer Arbeitstechniken im Leistungsbereich Bauabwicklung, besonders der Einsatz der elektronischen Datenverarbeitung bei Ausschreibung, Vergabe und Abrechnung, hat die Leistungsfähigkeit der auf diesem Gebiet tätigen Architekturbüros im Laufe der letzten Jahre sehr gesteigert. Ergänzt durch computerunterstützte Managementmethoden hat sich ein eigener, leistungsfähiger Berufszweig unter den Architekten herausgebildet.

Auftraggeber nennen aus ihrer Sicht für die Arbeitsteilung in Bauplanung und Bauabwicklung erstrangig diese Gründe:

–   Auswahl und Einsatz der Architekten nach deren individueller größter Leistungsfähigkeit und Erfahrung,

–   gegenseitige fachliche Kontrolle der arbeitsteilig beauftragten Architekten,

–   klare Verantwortungsteilung und Haftungsabgrenzung für Planung einerseits und Bauabwicklung andererseits,

–   größerer Versicherungsschutz der arbeitsteilig Beauftragten für eventuelle Haftungsfälle im Planungs- und/oder Abwicklungsbereich,

–   keine Honorarmehrkosten trotz erheblicher Vorteile für den Bauherrn.

Nach HOAI ist es ausdrücklich möglich, nicht alle Leistungsphasen sowie nicht alle Leistungen einer Leistungsphase in eine Hand zu vergeben. Die Berechnung des Honorars hat entsprechend den Leistungsanteilen zu erfolgen.

	Bau-Planung		Bauabwicklung	
1.	Grundlagenermittlung	– ganz –	1.	–
2.	Vorplanung	– teilweise, bis auf	2.	Vorplanung-Teilleistung; Kostenschätzung nach DIN 276 oder nach dem wohnungsrechtlichen Berechnungsrecht
3.	Entwurfsplanung	– teilweise, bis auf	3.	Entwurfsplanung-Teilleistung; Kostenberechnung nach DIN 276 oder nach dem wohnungsrechtlichen Berechnungsrecht
4.	Genehmigungsplanung		4.	–
5.	Ausführungsplanung	– ganz oder alternativ	5.	Ausführungsplanung – ganz –
6.	–		6.	Vorbereitung der Vergabe – ganz –
7.	–		7.	Mitwirkung bei der Vergabe – ganz –
8.	–		8.	Objektübrewachung (Bauüberwachung) – ganz –
9.	–		9.	Objektbetreuung – ganz –

Bild 11-1　Beispiel einer arbeitsteiligen Beauftragung von Architekten bei großen Bauvorhaben

12 Computergestützte AVA und BIM

12.1 Building Information Modeling (BIM)

Derzeit gibt es in Deutschland keine allgemeingültige Definition für die BIM-Arbeitsmethode. In dem vorliegenden Buch wird BIM allerdings gemäß dem vom Bundesministerium für Verkehr und digitale Infrastruktur im Jahr 2015 herausgegebenen „Stufenplan digitales Planen und Bauen" verstanden. Hiernach ist BIM, Zitat:

„Building Information Modeling (BIM) bezeichnet eine kooperative Arbeitsmethodik, mit der auf der Grundlage digitaler Modelle eines Bauwerks die für seinen Lebenszyklus relevanten Informationen und Daten konsistent erfasst, verwaltet und in einer transparenten Kommunikation zwischen den Beteiligten ausgetauscht oder für die weitere Bearbeitung übergeben werden."

Demnach basiert der BIM-Arbeitsprozess auf einer über den Lebenszyklus eines Bauwerks durchgängigen Nutzung eines digitalen Gebäudemodells. Dieses digitale Gebäudemodell dient der Kommunikation und dem Informationsaustausch zwischen allen Projektbeteiligten. Durch die Konzentration der Kommunikation auf ein digitales Gebäudemodell soll vor allem eine Steigerung der Planungseffizienz erzielt werden, da eine aufwändige und fehleranfällige Wiedereingabe von Informationen entfällt. In diesem Sinne ist unter BIM eine technologiebasierte Arbeitsmethode zu verstehen, die von der Planung eines Projektes über dessen Realisation bis hin in die Betriebs- und Rückbauphase eines Gebäudes angewendet und fortgeschrieben wird.

Damit alle Projektbeteiligten an dieser BIM-Arbeitsmethode teilhaben können, ist Kompatibilität verschiedener Softwareanwendungen zum Datenaustausch entscheidend. Um dies zu ermöglichen, wurde von der NON-Profit-Organisation das IFC-Datenformat (Industry Foundation Classes) international standardisiert. Es handelt sich hierbei um ein herstellerunabhängiges, offenes Datenformat zum Austausch von modellbasierten Daten und Informationen zwischen unterschiedlichen Softwareanwendungen. Wichtig bei der Nutzung eines gemeinsamen digitalen Gebäudemodells ist, dass die in ihm gesammelten Informationen aus unterschiedlichen Fachplanungen abgestimmt und koordiniert wurden. Für diesen Koordinationsprozess wurde von buildingSMART ein weiteres herstellerneutrales Datenaustauschformat entwickelt, welches für den Austausch von Koordinationsnachrichten im Änderungsmanagement zwischen verschiedenen Softwareanwendungen genutzt wird. Der Koordinations- und Abstimmungsprozess wird von BIM-Koordinatoren der einzelnen Fachplaner wie

© Springer Fachmedien Wiesbaden GmbH, ein Teil von Springer Nature 2020
W. Rösel et al., *AVA-Handbuch*, https://doi.org/10.1007/978-3-658-29522-6_12

auch von einem BIM-Gesamtkoordinator, der bei der Objektplanung ange-
siedelt sein kann, gesteuert.

Je nach Offenheit und Durchgängigkeit eines BIM-Arbeitsprozesses für
unterschiedliche Planungsbeteiligte, werden unterschiedliche Formen von
BIM unterschieden. Findet zwischen einzelnen BIM-Anwendungen kein
direkter Austausch statt, indem Fachplanung isoliert voneinander vorgenommen werden, so spricht man bei diesen Insellösungen von „little BIM".
Werden hierbei noch Softwarelösungen eingesetzt, die untereinander nicht
Kompatibel sind, so wird dies als „closed BIM „bezeichnet. Demgegenüber
stehen fachübergreifende Arbeitsprozesse zwischen unterschiedlichen
Planungsbeteiligten mit Hilfe von durchgängigen Lösungen. Eine derartige
Form eines BIM Einsatzes wird als „big BIM" bezeichnet. Können bei einem derartigen durchgängigen Arbeitsprozess über offene Schnittstellen
verschiedene Softwarelösungen eingesetzt werden, so spricht man hier von
„open BIM". Im Prinzip sind verschiedene Kombinationen einzelner BIM-
Formen denkbar.

Je nach Informationsgehalt von digitalen Gebäudemodellen werden auch
unterschiedliche Dimensionen von BIM unterschieden. Das reine Gebäudemodell, welches die Geometrie einzelner Bauelemente integriert, wird
als 3D-BIM bezeichnet. Beinhaltet ein Gebäudemodell darüber hinaus auch
noch Zeit-Informationen zur Terminplanung und Visualisierung des Bauablaufs, so spricht man von einem 4D-BIM-Modell. Sind zusätzlich noch
Kosteninformationen in dem Gebäudemodell hinterlegt, so wird dieses
Modell als 5D BIM bezeichnet. Mit der Integration von Informationen zur
Energieeffizienz und Nachhaltigkeit von Gebäuden ist 6D-BIM erreicht
und 7D-BIM umfasst schließlich auch noch Informationen für das Immobi-
lienmanagement.

Für den in diesem Buch dargelegten Prozess zur Ausschreibung, Vergabe
und Abrechnung von Leistungen mit Hilfe von BIM wird maximal eine
5D-BIM-Lösung angestrebt, sofern Leistungsstände auch in zeitlicher und
kostentechnischer Hinsicht mit Hilfe des digitalen Gebäudemodells geplant und überwacht werden sollen. Für die reine Ermittlung von Mengen
für eine quantitative und qualitative Beschreibung von Leistungen ist oft-
mals eine 3D-BIM-Lösung ausreichend.

Im Folgenden soll weniger auf die Funktionsweise von BIM-fähiger AVA-
Software eingegangen werden. Es wird vielmehr auf die Methodik eingegangen, Bauwerksinformationsmodelle für die Ausschreibung, Vergabe
und Abrechnung von Leistungen zu nutzen. Dabei werden auch andere
Themenbereiche wie Kosten- und Terminplanung angeschnitten, soweit
diese im AVA-Prozess zu berücksichtigen sind oder diesen beeinflussen.
Der Fokus wird dabei auf der Informationsgewinnung und -weitergabe

aus 3D-Gebäudemodellen, die für die Kalkulation von Aufwänden oder die Festellung von erbrachten Leistungen relevant sind, liegen.

Die Beschreibungen von Methoden und Vorgängen orientiert sich dabei an der VDI-Richtlinie 2552 Blatt 3 aus dem Jahr 2018.

12.2 Fertigstellungs- und Detaillierungsgrad

Um aus einem digitalen Bauwerksmodell zu jedem beliebigen Zeitpunkt konsistente Daten und Informationen zu Leistungsständen ableiten zu können, ist es zwingend erforderlich, dass eigene Datenmodelle von Terminplänen, Kostenplänen und auch Modellgeometrien in einer bauwerkbezogenen Datenstruktur miteinander verbunden sind. Nur so können Leistungsstände in allen Plänen konsistent abgebildet werden. Die Informationstiefe zu Leistungen, die in einem Gebäudemodell enthalten sind, ist dabei abhängig von dem Fertigstellungsgrad der Kosten-, der Termin- und der Geometriepläne. Darüber hinaus ist natürlich auch der tatsächliche Fertigstellungsgrad des realen Bauvorhabens während der Ausführungsphase konsistent zu erfassen. Er dient als Referenz für einen Soll/Ist Abgleich. Welcher Fertigstellungsgrad in welcher Planungsphase zu erreichen ist, ist abhängig von dem „Level of Information" (LOI). Ein zu erreichender „Level of Information" ist davon abhängig, welche BIM-Ziele ein Auftraggeber mit seinem Vorhaben verfolgt und ist dementsprechend auch vom Auftraggeber zu definieren. Die von dem Auftraggeber an das BIM-Projekt gestellten Anforderungen werden in Form von Auftraggeber-Informationsanforderungen (AIA) zusammengefasst und prägen den gesamten BIM-Arbeitsprozess, da sie die von den einzelnen Projektbeteiligten zu erbringenden BIM-Leistungen definieren.

Die Informationstiefe, die einem Bauwerksmodell entnommen werden kann, ist abhängig von dem erreichten Fertigstellungsgrad, dem sogenannten „level of definition (LOD)", welcher sich aus einem geometrischen Detaillierungsgrad dem „level of detail" und einem alphanumerischen Informationsgehalt, dem „level of information" zusammensetzt.

Nachfolgend werden die Fertigstellungsgrade, welchen ein digitales Bauwerksmodell entsprechen kann, beschrieben.

LOD 100

Bei einem Bauwerksmodell, welches einen LOD 100 erreicht hat, ist es möglich, Elemente wie den Bruttorauminhalt, die Bruttogrundfläche oder auch eine Nutzungsfläche zu entnehmen. Verglichen mit den Leistungsphasen nach der HOAI 2013 entspricht ein LOD 100 einem Fertigstellungsgrad, wie er in der Leistungsphase 1 für eine Grundlagenermittlung erforderlich wäre. Nach den 6 Kostenermittlungsarten, welche in der DIN 276 unterschieden werden, wäre es mit einem LOD 100 möglich, einen Kostenrahmen festzulegen.

Hinsichtlich der Terminplanung kann ein LOD 100 Modell dafür genutzt werden, eine erste Orientierungs- und Entscheidungshilfe für einen Projektablauf zu bekommen. Dementsprechend können alle Hauptaktivitäten und prozessbestimmenden Aufgaben im Projekt zeitlich abgebildet werden. Es sollte ebenfalls möglich sein, eine erste Einteilung des Projektes in Lose oder Teillose vorzunehmen.

LOD 200

Der Informationsgehalt der Modellelemente bei einem digitalen Bauwerksmodell, welches einen Fertigstellungsgrad LOD 200 erreicht hat, ist mit einer Vorplanung der Leistungsphase 2 nach der HOAI 2013 zu vergleichen. Mit Hilfe eines derartigen Bauwerksmodells kann eine Kostenschätzung nach der DIN 276 erstellt werden. Es ist darüber hinaus möglich, für eine Terminplanung über das digitale Bauwerksmodell auszuführende Hauptgewerke festzulegen und einen Bauablauf zu definieren.

LOD 300

Der LOD 300 eines digitalen Bauwerksmodells entspricht - verglichen mit den Leistungsphasen der HOAI 2013 - der Entwurfsplanung. Die Modellelemente sind in einem derartigen Modell so aufgebaut, dass z.B. zwischen tragenden und nicht tragenden Bauteilen unterschieden werden kann. Es sind zusätzlich bauteilbezogene Informationen hinsichtlich Materialität sowie Standards und Zertifizierungen enthalten. Anhand eines derartigen Bauwerksmodells sind gemäß DIN 276 Kostenberechnungen bis zur 2. Kostengruppenebene möglich. In einem derartigen Modell ist es möglich, für die Terminplanung einen tatsächlichen Aufwand basierend auf den Mengen und Leistungsvorgaben der Positionen eines Leistungsverzeichnisses zu kalkulieren. Dementsprechend kann mit einem derartigen Fertigstellungsgrad den Bietern ein zeitlicher Überblick über das Projekt verschafft werden.

LOD 400

Mit einem LOD 400 hat ein Bauwerksmodell einen Fertigstellungsgrad erreicht, auf dessen Basis Mengen einzelner Bauelemente in einer Gliederungstiefe, die der 3. Kostengruppenebene der DIN 276 entspricht, ausgewertet werden können. Es ist ebenso möglich, die Mengen einzelnen Leistungsbereichen nach STLB-Bau zuzuordnen. Die mit Hilfe eines Bauwerksmodells ermittelbaren Kosten entsprechen daher gemäß DIN 276 einem Kostenvoranschlag zur Entscheidung über die Ausführungsplanung bzw. einem anhand von Ausschreibungsergebnissen erstellten Kostenanschlag. Der Detaillierungsgrad eines derartigen Modells ist vergleichbar mit den Leistungsphasen der HOAI 2013 der Leistungsphase 5 Ausführungsplanung. Mit Hilfe eines LOD 400 ist es möglich, einen detaillierten Terminplan für die Bauausführung zu erstellen. In einem Terminplan, der auf Basis eines LOD 400 Modells erstellt wurde, sind alle Bauaktivitäten und Baumethoden getrennt nach Bauteilen und Gewerken enthalten. Somit kann auch ein kritischer Pfad für die einzelnen Aktivitäten abgebildet werden.

LOD 500

Der LOD 500 ist der höchste Fertigstellungsgrad, den ein digitales Bauwerksmodell aufweisen kann. Ein Bauwerksmodell, welches einen LOD 500 erreicht hat, wird daher auch als ein „as built" Modell bezeichnet, da es alle Informationen enthält, wie sie tatsächlich ausgeführt wurden. Das digitale Modell ist somit der virtuelle Zwilling des realisierten Bauwerks. Der Informationsgehalt der Modellelemente wurde während der Bauausführung weiter fortgeführt, so dass mindestens der Stand einer Revisionsplanung erreicht wurde. Bezogen auf die Kostenermittlungsarten der DIN 276 entspricht ein „as built" Modell einer Kostenfeststellung anhand der tatsächlich erbrachten Leistungen.

Bei einem „as built" Modell wurde auch die Terminplanung fortgeschrieben, so dass einem derartigen Terminplan die tatsächlich realisierten Bauaktivitäten und Baumethoden entnommen werden können. Dementsprechend sind auch alle Verzögerungen und Unterbrechungen während des Bauablaufs aufgenommen und dokumentiert.

12.3 Bauteile

Ein Bauwerksmodell besteht wie ein reales Bauwerk aus Bauteilen. Die Ermittlung von Mengen anhand von digitalen Bauwerksmodellen ist direkt abhängig von Bauteilen, aus denen das Modell besteht. Diese Bauelemente sind meistens bereits mit Attributen versehen, die Mengenwerte und Einheiten umfassen und von der AVA-Software ausgelesen werden können. In diesem Fall ist ein Bauteiltyp definiert. Soll beispielsweise eine Wand als Fläche mit einer bestimmten Stärke ausgeschrieben werden, so können für die Ermittlung der Fläche im Bauteil enthaltene Informationen zur Länge oder Höhe der Wand genutzt werden. Liegen diese Mengenbezogenen Attribute nicht vor, so sind die Mengen direkt aus der Geometrie des jeweiligen Bauteils abzuleiten. Hierzu ist es allerdings erforderlich, dass die AVA-Anwendung über entsprechende Funktionen zur Erkennung und Ableitung von Bauteilgeometrien verfügt. Bei Bauteilen ohne einen definierten Typ ist darüber hinaus erforderlich, die Einheit festzulegen, in der die aus der Bauteilgeometrie abgeleitete Menge erfasst werden soll.

In Bauwerksmodellen können auch Elemente enthalten sein, die aus Beziehungen zwischen zwei Bauteilen, wie zum Beispiel Anschlüssen, resultieren und die ebenfalls im Rahmen von Ausschreibungen erfasst werden sollen. Der Mengentyp, in dem ein derartiges Element zu erfassen ist, leitet sich aus den im Bauwerksmodell dargestellten Bauteilbeziehungen ab, wie z. B. eine „Wand", in der eine „Öffnung" definiert wurde, in die ein „Fenster" eingesetzt werden soll.

Als Mengentypen werden Stückzahlen, Längen, Flächen, Stärken und Volumen unterschieden, wobei es zur Mengenberechnung möglich sein muss, die jeweilige Bezugseinheit und auch alle für eine umfassende geometrisch qualitative Beschreibung erforderlichen zusätzlichen Einheiten aus einem Bauwerksmodell auszulesen.

Um beispielsweise Bauteile in Stückzahlen zu erfassen und ausschreiben zu können, ist es zwingend erforderlich, dass die Anzahl der auszuwertenden Bauteile aus dem Bauwerksmodell ausgelesen werden kann. Zur geometrischen Beschreibung von Bauteilen, die in Stückzahlen angegeben werden, gehen aber auch Größen wie Breite, Höhe oder Fläche ein, die in dem Bauwerksmodell als Attribute hinterlegt sein können. Sollen beispielsweise Fertigteile als Stückzahl ausgeschrieben werden, so ist es zwingend erforderlich, dass die Geometrie des Fertigteils entweder bereits mit Attributen zur Länge, Breite, Höhe oder Stärke belegt ist oder durch die AVA-Anwendung aus der Geometrie ermittelt werden können. Das Gleiche gilt auch für Stützen, die als Stückzahl ausgeschrieben werden können, deren Länge und Querschnitt aber für eine qualitative Beschreibung ebenfalls relevant sind.

Anders ist es, wenn beispielsweise der für die Herstellung eines Einzelfundamentes benötigte Beton als Volumen angegeben werden soll. Hier werden die für eine Volumenberechnung benötigten Einheiten wie Länge, Breite und Höhe nicht in die qualitative Beschreibung der Bauteilgeometrie mit einbezogen, obwohl diese in dem Bauwerksmodell hinterlegt sind.

Einen Sonderfall stellen Öffnungen dar, da diese keine eigenständigen Bauteile sind. Bei der Modellierung eines Bauwerksmodells dienen sie vielmehr dazu, Teile aus Bauteilen auszuschneiden. Dabei ist zu unterscheiden, ob das Herstellen einer Öffnung Kosten verursacht und entsprechend in einer Leistungsbeschreibung zu berücksichtigen ist oder nicht. Das Herstellen einer Fenster- oder Türöffnung ist mit Kosten verbunden und muss in einem Leistungsverzeichnis erfasst werden. Unterbricht eine Öffnung allerdings eine Wandscheibe, so dass diese endet und anschließend eine neue Wandscheibe beginnt, so ist nur das Herstellen der beiden Wandscheiben mit Kosten verbunden. Die bauteiltrennende Öffnung allerdings stellt nur eine Unterbrechung zwischen zwei Bauteilen dar, die keine

Kosten verursacht und nicht in einem Leistungsverzeichnis zu berücksichtigen ist.

Damit Bauteile in einem Bauwerksmodell genau identifiziert und für ein Leistungsverzeichnis ausgelesen werden können, sind alle Bauteile in einem hierarchischen Ordnungssystem zu erfassen, welches es ermöglicht, die geometrische Lage jedes Bauteils genau zu bestimmen. Ein Ordnungssystem kann z. B. so aufgebaut sein, dass eine Liegenschaft in Gebäude, die Gebäude in Geschosse und die Geschosse in einzelne Räume eingeteilt werden.

12.4 Mengenermittlungen zur Ausschreibung und Vergabe

So wie Bauteile in einem hierarchischem Ordnungssystem erfasst werden, um sie in einem Bauwerksmodell eindeutig verorten zu können, so werden alle Leistungen, die notwendig sind, um Bauteile in einem Bauwerk zu realisieren, in Leistungsbereiche gegliedert. Der Gemeinsame Ausschuss Elektronik im Bauwesen (GEAB) hat mit dem Standardleistungsbuch-Bau (STLB-Bau) ein derartiges Gliederungssystem erarbeitet. Das Gliederungssystem nach STLB-Bau ist in Anlage 5 dieses Buches wiedergegeben. Die für die Herstellung eines Bauteils erforderlichen Teilleistungen beschreiben die zu erbringende Gesamtleistung qualitativ. Beispielsweise wird die Herstellung einer Betonwand durch die Teilleistungen Schalung, Betonieren und Betonstahl beschrieben. Für die Beschreibung der zu erbringenden Leistungen stellt das STLB-Bau standardisierte Texte zur Verfügung, es kann aber ebenso eine Leistungsbeschreibung mit Hilfe von freien Texten erfolgen. Die Verwendung einer standardisierten Leistungsbeschreibung nach STLB-Bau ist nur für Baumaßnahmen des Bundes verbindlich vorgeschrieben, da hier eine produktneutrale Ausschreibung zwingend erforderlich ist.

Leistungsbeschreibungen enthalten qualitative und quantitative Angaben zu der zu erbringenden Leistung. Qualitative Angaben werden in einem Bauwerksmodell alphanumerisch in Form von Texten oder Zahlenwerten hinterlegt und Modellobjekten, auf die diese Informationen zutreffen, zugeordnet. Bei den Modellobjekten kann es sich um Bauteile, Bauteiltypen aber auch um Einheiten einer gewählten hierarchischen Gliederung, wie zum Beispiel Geschosse, handeln.

Die quantitativen Angaben innerhalb von Leistungsbeschreibungen basieren auf Mengenangaben, die auf unterschiedliche Arten aus einem Bauwerksmodell abgeleitet werden können. Eine Möglichkeit besteht darin, die benötigten Mengen aus den Modellobjekten und den zugehörigen alphanummerischen Attributen abzuleiten. Soll beispielsweise für das Verlegen von Betonstabstahl eine Mengenangabe aus einem Bauwerksmodell abgeleitet werden, so kann über die mit der Geometrie des betreffenden Bauteils verknüpfte Information zu dem Bewehrungsgrad die erforderliche Menge an Betonstabstahl in die Gewichtseinheit Tonnen umgerechnet und abgeleitet werden.

Soll andernfalls die Mengenangabe für eine horizontale Abdichtung einer Wand für eine Leistungsbeschreibung ermittelt werden, so kann die benötigte Information zur Länge der horizontalen Abdichtung direkt aus der Geometrie der Wand ohne zusätzliche alphanummerische Informationen ermittelt werden, sofern die Länge der Wand als horizontal abzudichtende Strecke interpretiert werden kann.

Eine andere Möglichkeit besteht darin, mehrschichtige Bauteile im Bauwerksmodell so zu modellieren, dass jede einzelne Bauteilschicht als eigenständiges Modellobjekt mit eigenen alphanummerischen Attributen erfasst wird. Ein Beispiel hierfür wäre eine Wandbekleidung, mit einer eigenen Geometrie und eigenen Attributen. Bei einer Wandbekleidung wäre es aber auch denkbar, dass die zu ermittelnde Menge aus der Geometrie und der Typologie des betreffenden Raumes mit seinen angrenzenden Bauteilen abgeleitet wird.

Bei der Ermittlung von Mengen anhand eines Bauwerksmodells ist zu beachten, dass die für die Erstellung eines Leistungsverzeichnisses verwendete AVA-Anwendung in der Lage ist, die Aufmaß- und Abrechnungsbestimmungen nach VOB Teil C zu berücksichtigen und aus dem Bauwerksmodell abgeleitete Mengen entsprechend zu interpretieren.

12.5 Mengenermittlungen zur Ausführung und Abrechnung

Soll die Mengenermittlung zur Ausführung von Leistungen und zur Abrechnung auf Basis eines digitalen Datenmodells erfolgen, so sollte dies zwischen den einzelnen Projektbeteiligten vertraglich vereinbart werden. Hierzu können projektspezifische Vertragsergänzungen, zum Beispiel in Form eines BIM-Abwicklungsplans (BAP) vorgenommen werden. Ein BIM-Abwicklungsplan beschreibt alle erforderlichen Informationen zu einer digitalen Projektabwicklung. Hierzu gehören - neben den verfolgten Projektzielen und Strategien - die Verantwortlichkeiten der Projektbeteiligten hinsichtlich der Arbeit mit dem digitalen Bauwerksmodell, Datenaustauschformate, Modellierungs- und Attributierungsrichtlinien, aber auch die vom Auftraggeber an das Projekt gestellten Informationsanforderungen.

Darüber hinaus sollte die Abrechnungsgrundlage vertraglich so ausgestaltet werden, dass aus ihr eindeutig die einzuhaltenden Abrechnungsregeln, die Detaillierungsgrade der einzelnen Fachmodelle (LOD), einzuhaltende

Maßeinheiten und die anzusetzenden Kriterien für eine Bewertung des realen Fertigstellungsgrades als Referenz für einen Soll/Ist Abgleich hervorgehen.

Für eine Abrechnung anhand eines digitalen Bauwerkmodells ist es entscheidend, dass das Modell während der Bauausführung ständig aktualisiert wird und dem tatsächlichen Stand der Bauausführung entspricht. Dazu gehört nicht nur eine Fortführung und Anpassung der Modellgeometrie, sondern auch die Aktualisierung der mit den einzelnen Modellobjekten verknüpften Attribute und Informationen, die alle Leistungsänderungen berücksichtigen.

Wichtig ist, dass die Mengenermittlung nur auf Basis von koordinierten und abgestimmten Bauwerksmodellen erfolgt, deren Informationsgehalt freigegeben wurde.

Die Abrechnung selbst erfolgt auf Basis eines Abgleichs zweier Bauwerksmodelle. Das erste Bauwerksmodell wird als „Build-as-to-be-built"-Modell bezeichnet und stellt das zu erreichende Bau-Soll dar. Es entspricht hinsichtlich seines Informationsgehaltes dem Zeitpunkt der jeweiligen Leistungsbeauftragung. Das zweite Bauwerksmodell wird als „As-built"-Modell bezeichnet und beinhaltet den Leistungsstand des fertiggestellten, realen Bauwerks. Im Abgleich beider Modelle kann festgestellt werden, inwiefern das Leistungs-Soll dem Leistungs-Ist entspricht.

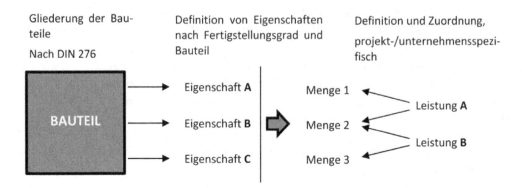

Bild 12-1   Zuordnung von Mengen und Leistungen zu Modellelementen, nach VDI 2552 Blatt 3

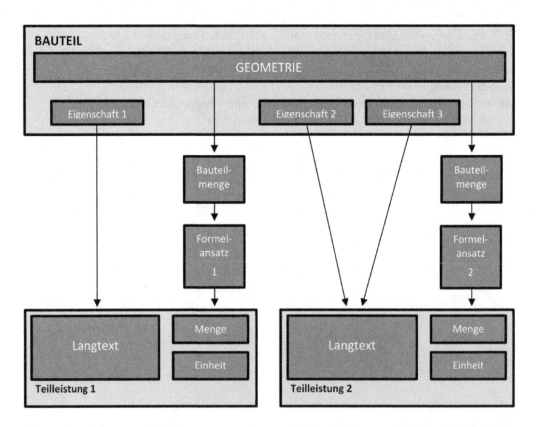

Bild 12-2   Mengen der Teilleistungen werden aus der Bauteilmenge ermittelt, nach VDI 2552
Blatt 3

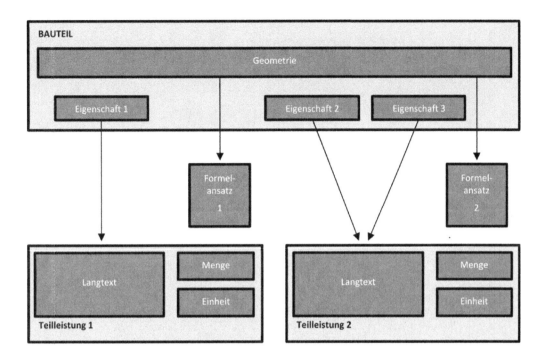

Bild 12-3   Mengen der Teilleistungen werden aus der Bauteilgeometrie ermittelt, nach VDI 2552 Blatt 3

12.6 Rechtlicher Rahmen

Abschließend sei darauf hingewiesen, dass bei dem Einsatz der Arbeitsmethode BIM für die Ausschreibung, Vergabe und Abrechnung von Leistungen sämtliche rechtlichen Bedingungen, wie sie sich aus dem BGB und der VOB ergeben, gültig sind. Ebenso sind die einschlägigen Bestimmungen der DIN-Norm wie bei konventioneller Bauabwicklung maßgebend. Das gilt vor allem für die Allgemeinen Technischen Vertragsbedingungen, ATV der VOB/Teil C, hinsichtlich der Bestimmungen über Nebenleistungen und Abrechnung.

Besonders sind die gesetzlichen Bestimmungen über den Datenschutz ergänzend zu beachten. Dies gilt vorrangig für den Datenaustausch. Die elektronische Vergabe von Bauleistungen ist seit der VOB Ausgabe 2009 eindeutig geregelt.

13 Anhang: Verordnungen und Gesetzestexte

13.1 Vergabe- und Vertragsordnung für Bauleistungen (VOB/A)

Allgemeine Bestimmungen für die Vergabe von Bauleistungen
– Fassung 2019 –

Abschnitt 1: Basisparagrafen (§§ 1–23)

§ 1 Bauleistungen

Bauleistungen sind Arbeiten jeder Art, durch die eine bauliche Anlage hergestellt, instand gehalten, geändert oder beseitigt wird.

§ 2 Grundsätze

(1) Bauleistungen werden im Wettbewerb und im Wege transparenter Verfahren vergeben. Dabei werden die Grundsätze der Wirtschaftlichkeit und der Verhältnismäßigkeit gewahrt. Wettbewerbsbeschränkende und unlautere Verhaltensweisen sind zu bekämpfen.

(2) Bei der Vergabe von Bauleistungen darf kein Unternehmen diskriminiert werden.

(3) Bauleistungen werden an fachkundige, leistungsfähige und zuverlässige Unternehmen zu angemessenen Preisen vergeben.

(4) Auftraggeber, Bewerber, Bieter und Auftragnehmer wahren die Vertraulichkeit aller Informationen und Unterlagen nach Maßgabe dieser Vergabeordnung oder anderer Rechtsvorschriften.

(5) Die Durchführung von Vergabeverfahren zum Zwecke der Markterkundung ist unzulässig.

(6) Der Auftraggeber soll erst dann ausschreiben, wenn alle Vergabeunterlagen fertig gestellt sind und wenn innerhalb der angegebenen Fristen mit der Ausführung begonnen werden kann.

(7) Es ist anzustreben, die Aufträge so zu erteilen, dass die ganzjährige Bautätigkeit gefördert wird.

§ 3 Arten der Vergabe

Die Vergabe von Bauleistungen erfolgt nach Öffentlicher Ausschreibung, Beschränkter Ausschreibung mit oder ohne Teilnahmewettbewerb oder nach Freihändiger Vergabe.

(1) Bei Öffentlicher Ausschreibung werden Bauleistungen im vorgeschriebenen Verfahren nach öffentlicher Aufforderung einer unbe-

© Springer Fachmedien Wiesbaden GmbH, ein Teil von Springer Nature 2020
W. Rösel et al., *AVA-Handbuch*, https://doi.org/10.1007/978-3-658-29522-6_13

schränkten Zahl von Unternehmen zur Einreichung von Angeboten vergeben.

(2)   Bei Beschränkten Ausschreibungen (Beschränkte Ausschreibung mit oder ohne Teilnahmewettbewerb) werden Bauleistungen im vorgeschriebenen Verfahren nach Aufforderung einer beschränkten Zahl von Unternehmen zur Einreichung von Angeboten vergeben.

(3)   Bei Freihändiger Vergabe werden Bauleistungen in einem vereinfachten Verfahren vergeben.

§ 3a Zulässigkeitsvoraussetzungen

(1)   Dem Auftraggeber stehen nach seiner Wahl die Öffentliche Ausschreibung und die Beschränkte Ausschreibung mit Teilnahmewettbewerb zur Verfügung. Die anderen Verfahrensarten stehen nur zur Verfügung, soweit dies nach den Absätzen zwei und drei gestattet ist.

(2)   Beschränkte ohne Teilnahmewettbewerb kann erfolgen,
   1. bis zu folgendem Auftragswert der Bauleistung ohne Umsatzsteuer:
      a) 50 000 Euro für Ausbaugewerke (ohne Energie- und Gebäudetechnik), Landschaftsbau und Straßenausstattung,
      b) 150 000 Euro für Tief-, Verkehrswege- und Ingenieurbau,
      c) 100 000 Euro für alle übrigen Gewerke,
   2. wenn eine Öffentliche Ausschreibung kein annehmbares Ergebnis gehabt hat,
   3. wenn die Öffentliche Ausschreibung aus anderen Gründen (z. B. Dringlichkeit, Geheimhaltung) unzweckmäßig ist.

(3)   Freihändige Vergabe ist zulässig, wenn die Öffentliche Ausschreibung oder Beschränkte Ausschreibungen unzweckmäßig sind, besonders,
   1. wenn für die Leistung aus besonderen Gründen (z. B. Patentschutz, besondere Erfahrung oder Geräte) nur ein bestimmtes Unternehmen in Betracht kommt,
   2. wenn die Leistung besonders dringlich ist,
   3. wenn die Leistung nach Art und Umfang vor der Vergabe nicht so eindeutig und erschöpfend festgelegt werden kann, dass hinreichend vergleichbare Angebote erwartet werden können,
   4. wenn nach Aufhebung einer Öffentlichen Ausschreibung oder Beschränkten Ausschreibung eine erneute Ausschreibung kein annehmbares Ergebnis verspricht,
   5. wenn es aus Gründen der Geheimhaltung erforderlich ist, wenn sich eine kleine Leistung von einer vergebenen größeren Leistung nicht ohne Nachteil trennen lässt.

Freihändige Vergabe kann außerdem bis zu einem Auftragswert von 10.000 Euro ohne Umsatzsteuer erfolgen.

(4)   Bauleistungen bis zu einem voraussichtlichen Auftragswert von 3.000 Euro ohne Umsatzsteuer können unter Berücksichtigung der Haushaltsgrundsätze der Wirtschaftlichkeit und Sparsamkeit ohne die Durchführung eines Vergabeverfahrens beschafft werden (Direktauftrag). Der Auftraggeber soll zwischen den beauftragten Unternehmen wechseln.

§ 3b Ablauf der Verfahren

(1)   Bei einer Öffentlichen Ausschreibung fordert der Auftraggeber eine unbeschränkte Anzahl von Unternehmen öffentlich zur Abgabe von Angeboten auf. Jedes interessierte Unternehmen kann ein Angebot abgeben.

(2)   Bei Beschränkter Ausschreibung mit Teilnahmewettbewerb erfolgt die Auswahl der Unternehmen, die zur Angebotsabgabe aufgefordert werden, durch die Auswertung des Teilnahmewettbewerbs. Dazu fordert der Auftraggeber eine unbeschränkte Anzahl von Unternehmen öffentlich zur Abgabe von Teilnahmeanträgen auf. Die Auswahl der Bewerber erfolgt anhand der vom Auftraggeber festgelegten Eignungskriterien. Die transparenten, objektiven und nichtdiskriminierenden Eignungskriterien für die Begrenzung der Zahl der Bewerber, die Mindestzahl und gegebenenfalls Höchstzahl der einzuladenden Bewerber gibt der Auftraggeber in der Auftragsbekanntmachung des Teilnahmewettbewerbs an. Die vorgesehene Mindestzahl der einzuladenden Bewerber darf nicht niedriger als fünf sein. Liegt die Zahl geeigneter Bewerber unter der Mindestzahl, darf der Auftraggeber das Verfahren mit dem oder den geeigneten Bewerber(n) fortführen.

(3)   Bei Beschränkter Ausschreibung ohne Teilnahmewettbewerb sollen mehrere, im Allgemeinen mindestens drei geeignete Unternehmen aufgefordert werden.

(4)   Bei Beschränkter Ausschreibung ohne Teilnahmewettbewerb und Freihändiger Vergabe soll unter den Unternehmen möglichst gewechselt werden.

§ 4 Vertragsarten

(1)   Bauleistungen sind so zu vergeben, dass die Vergütung nach Leistung bemessen wird (Leistungsvertrag), und zwar:

1. in der Regel zu Einheitspreisen für technisch und wirtschaftlich einheitliche Teilleistungen, deren Menge nach Maß, Gewicht oder Stückzahl vom Auftraggeber in den Vertragsunterlagen anzugeben ist (Einheitspreisvertrag),

2. in geeigneten Fällen für eine Pauschalsumme, wenn die Leistung nach Ausführungsart und Umfang genau bestimmt ist und mit

einer Änderung bei der Ausführung nicht zu rechnen ist (Pauschalvertrag).

(2) Abweichend von Absatz 1 können Bauleistungen geringeren Umfangs, die überwiegend Lohnkosten verursachen, im Stundenlohn vergeben werden (Stundenlohnvertrag).

(3) Das Angebotsverfahren ist darauf abzustellen, dass der Bieter die Preise, die er für seine Leistungen fordert, in die Leistungsbeschreibung einzusetzen oder in anderer Weise im Angebot anzugeben hat.

(4) Das Auf- und Abgebotsverfahren, bei dem vom Auftraggeber angegebene Preise dem Auf- und Abgebot der Bieter unterstellt werden, soll nur ausnahmsweise bei regelmäßig wiederkehrenden Unterhaltungsarbeiten, deren Umfang möglichst zu umgrenzen ist, angewandt werden.

§ 4a Rahmenvereinbarungen

(1) Rahmenvereinbarungen sind Aufträge, die ein oder mehrere Auftraggeber an ein oder mehrere Unternehmen vergeben können, um die Bedingungen für Einzelaufträge, die während eines bestimmten Zeitraumes vergeben werden sollen, festzulegen, insbesondere über den in Aussicht genommenen Preis. Das in Aussicht genommene Auftragsvolumen ist so genau wie möglich zu ermitteln und bekannt zu geben, braucht aber nicht abschließend festgelegt zu werden. Eine Rahmenvereinbarung darf nicht missbräuchlich oder in einer Art angewendet werden, die den Wettbewerb behindert, einschränkt oder verfälscht. Die Laufzeit einer Rahmenvereinbarung darf vier Jahre nicht überschreiten, es sei denn, es liegt ein im Gegenstand der Rahmenvereinbarung begründeter Ausnahmefall vor.

(2) Die Erteilung von Einzelaufträgen ist nur zulässig zwischen den Auftraggebern, die ihren voraussichtlichen Bedarf für das Vergabeverfahren gemeldet haben, und den Unternehmen, mit denen Rahmenvereinbarungen abgeschlossen wurden.

§ 5 Vergabe nach Losen, Einheitliche Vergabe

(1) Bauleistungen sollen so vergeben werden, dass eine einheitliche Ausführung und zweifelsfreie umfassende Haftung für Mängelansprüche erreicht wird; sie sollen daher in der Regel mit den zur Leistung gehörigen Lieferungen vergeben werden.

(2) Bauleistungen sind in der Menge aufgeteilt (Teillose) und getrennt nach Art oder Fachgebiet (Fachlose) zu vergeben. Bei der Vergabe kann aus wirtschaftlichen oder technischen Gründen auf eine Aufteilung oder Trennung verzichtet werden.

§ 6 Teilnehmer am Wettbewerb

(1)   Der Wettbewerb darf nicht auf Unternehmen beschränkt werden, die in bestimmten Regionen oder Orten ansässig sind.

(2)   Bietergemeinschaften sind Einzelbietern gleichzusetzen, wenn sie die Arbeiten im eigenen Betrieb oder in den Betrieben der Mitglieder ausführen.

(3)   Am Wettbewerb können sich nur Unternehmen beteiligen, die sich gewerbsmäßig mit der Ausführung von Leistungen der ausgeschriebenen Art befassen.

§ 6a Eignungsnachweise

(1)   Zum Nachweis ihrer Eignung ist die Fachkunde, Leistungsfähigkeit und Zuverlässigkeit der Bewerber oder Bieter zu prüfen. Bei der Beurteilung der Zuverlässigkeit werden Selbstreinigungsmaßnahmen in entsprechender Anwendung des § 6f EU Absatz 1 und 2 berücksichtigt.

(2)   Der Nachweis umfasst die folgenden Angaben:

1. den Umsatz des Unternehmens jeweils bezogen auf die letzten drei abgeschlossenen Geschäftsjahre, soweit er Bauleistungen und andere Leistungen betrifft, die mit der zu vergebenden Leistung vergleichbar sind, unter Einschluss des Anteils bei gemeinsam mit anderen Unternehmen ausgeführten Aufträgen,

2. die Ausführung von Leistungen in den letzten bis zu fünf abgeschlossenen Kalenderjahren, die mit der zu vergebenden Leistung vergleichbar sind. Um einen ausreichenden Wettbewerb sicherzustellen, kann der Auftraggeber darauf hinweisen, dass auch einschlägige Bauleistungen berücksichtigt werden, die mehr als fünf Jahre zurückliegen,

3. die Zahl der in den letzten drei abgeschlossenen Kalenderjahren jahresdurchschnittlich beschäftigten Arbeitskräfte, gegliedert nach Lohngruppen mit gesondert ausgewiesenem technischen Leitungspersonal,

4. die Eintragung in das Berufsregister ihres Sitzes oder Wohnsitzes,

sowie Angaben,

5. ob ein Insolvenzverfahren oder ein vergleichbares gesetzlich geregeltes Verfahren eröffnet oder die Eröffnung beantragt worden ist oder der Antrag mangels Masse abgelehnt wurde oder ein Insolvenzplan rechtskräftig bestätigt wurde,

6. ob sich das Unternehmen in Liquidation befindet,

7. dass nachweislich keine schwere Verfehlung begangen wurde, die die Zuverlässigkeit als Bewerber in Frage stellt,

8. dass die Verpflichtung zur Zahlung von Steuern und Abgaben sowie der Beiträge zur gesetzlichen Sozialversicherung ordnungsgemäß erfüllt wurde,

9. dass sich das Unternehmen bei der Berufsgenossenschaft angemeldet hat.

(3)   Andere, auf den konkreten Auftrag bezogene zusätzliche, insbesondere für die Prüfung der Fachkunde geeignete Angaben können verlangt werden.

(4)   Der Auftraggeber wird andere ihm geeignet erscheinende Nachweise der wirtschaftlichen und finanziellen Leistungsfähigkeit zulassen, wenn er feststellt, dass stichhaltige Gründe dafür bestehen.

(5)   Der Auftraggeber kann bis zu einem Auftragswert von 10.000 Euro auf Angaben nach Absatz 2 Nummer 1 bis 3, 5 und 6 verzichten, wenn dies durch Art und Umfang des Auftrags gerechtfertigt ist.

§ 6b Mittel der Nachweisführung, Verfahren

(1)   Der Nachweis der Eignung kann mit der vom Auftraggeber direkt abrufbaren Eintragung in die allgemein zugängliche Liste des Vereins für die Präqualifikation von Bauunternehmen e.V. (Präqualifikationsverzeichnis) erfolgen.

(2)   Die Angaben können die Bewerber oder Bieter auch durch Einzelnachweise erbringen. Der Auftraggeber kann dabei vorsehen, dass für einzelne Angaben Eigenerklärungen ausreichend sind. Eigenerklärungen, die als vorläufiger Nachweis dienen, sind von den Bietern, deren Angebote in die engere Wahl kommen, durch entsprechende Bescheinigungen der zuständigen Stellen zu bestätigen.

(3)   Der Auftraggeber verzichtet auf die Vorlage von Nachweisen, wenn die den Zuschlag erteilende Stelle bereits im Besitz dieser Nachweise ist.

(4)   Bei Öffentlicher Ausschreibung sind in der Aufforderung zur Angebotsabgabe die Nachweise zu bezeichnen, deren Vorlage mit dem Angebot verlangt oder deren spätere Anforderung vorbehalten wird. Bei Beschränkter Ausschreibung nach Öffentlichem Teilnahmewettbewerb ist zu verlangen, dass die Nachweise bereits mit dem Teilnahmeantrag vorgelegt werden.

(5)   Bei Beschränkter Ausschreibung und Freihändiger Vergabe ist vor der Aufforderung zur Angebotsabgabe die Eignung der Unternehmen zu prüfen. Dabei sind die Unternehmen auszuwählen, deren Eignung die für die Erfüllung der vertraglichen Verpflichtungen notwendige Sicherheit bietet; dies bedeutet, dass sie die erforderliche Fachkunde, Leistungsfähigkeit und Zuverlässigkeit besitzen und über ausreichende technische und wirtschaftliche Mittel verfügen.

§ 7 Leistungsbeschreibung

(1)   1. Die Leistung ist eindeutig und so erschöpfend zu beschreiben,
dass alle Bewerber die Beschreibung im gleichen Sinne verstehen
müssen und ihre Preise sicher und ohne umfangreiche Vorarbeiten berechnen können.

2. Um eine einwandfreie Preisermittlung zu ermöglichen, sind alle
sie beeinflussenden Umstände festzustellen und in den Vergabeunterlagen anzugeben.

3. Dem Auftragnehmer darf kein ungewöhnliches Wagnis aufge-
bürdet werden für Umstände und Ereignisse, auf die er keinen
Einfluss hat und deren Einwirkung auf die Preise und Fristen er
nicht im Voraus schätzen kann.

4. Bedarfspositionen sind grundsätzlich nicht in die Leistungsbeschreibung aufzunehmen. Angehängte Stundenlohnarbeiten
dürfen nur in dem unbedingt erforderlichen Umfang in die Leistungsbeschreibung aufgenommen werden.

5. Erforderlichenfalls sind auch der Zweck und die vorgesehene
Beanspruchung der fertigen Leistung anzugeben.

6. Die für die Ausführung der Leistung wesentlichen Verhältnisse
der Baustelle, z. B. Boden- und Wasserverhältnisse, sind so zu
beschreiben, dass der Bewerber ihre Auswirkungen auf die bauliche Anlage und die Bauausführung hinreichend beurteilen
kann.

7. Die „Hinweise für das Aufstellen der Leistungsbeschreibung" in
Abschnitt 0 der Allgemeinen Technischen Vertragsbedingungen
für Bauleistungen, DIN 18299 ff., sind zu beachten.

(2)   In technischen Spezifikationen darf nicht auf eine bestimmte Produktion oder Herkunft oder ein besonderes Verfahren, das die von
einem bestimmten Unternehmen bereitgestellten Produkte charakte-
risiert, oder auf Marken, Patente, Typen oder einen bestimmten Ur-
sprung oder eine bestimmte Produktion verwiesen werden, es sei
denn,

1. dies ist durch den Auftragsgegenstand gerechtfertigt oder

2. der Auftragsgegenstand kann nicht hinreichend genau und allgemein verständlich beschrieben werden; solche Verweise sind
mit dem Zusatz „oder gleichwertig" zu versehen.

(3)   Bei der Beschreibung der Leistung sind die verkehrsüblichen Bezeichnungen zu beachten.

§ 7a Technische Spezifikationen

(1)   Die technischen Anforderungen (Spezifikationen – siehe Anhang TS
Nummer 1) an den Auftragsgegenstand müssen allen Unternehmen
gleichermaßen zugänglich sein.

(2)   Die technischen Spezifikationen sind in den Vergabeunterlagen zu formulieren:

1. entweder unter Bezugnahme auf die in Anhang TS definierten technischen Spezifikationen in der Rangfolge

   a) nationale Normen, mit denen europäische Normen umgesetzt werden,

   b) europäische technische Zulassungen,

   c) gemeinsame technische Spezifikationen,

   d) internationale Normen und andere technische Bezugsysteme, die von den europäischen Normungsgremien erarbeitet wurden oder,

   e) falls solche Normen und Spezifikationen fehlen, nationale Normen, nationale technische Zulassungen oder nationale technische Spezifikationen für die Planung, Berechnung und Ausführung von Bauwerken und den Einsatz von Produkten. Jede Bezugnahme ist mit dem Zusatz „oder gleichwertig" zu versehen;

2. oder in Form von Leistungs- oder Funktionsanforderungen, die so genau zu fassen sind, dass sie den Unternehmen ein klares Bild vom Auftragsgegenstand vermitteln und dem Auftraggeber die Erteilung des Zuschlags ermöglichen;

3. oder in Kombination von Nummer 1 und Nummer 2, d. h.

   a) in Form von Leistungs- oder Funktionsanforderungen unter Bezugnahme auf die Spezifikationen gemäß Nummer 1 als Mittel zur Vermutung der Konformität mit diesen Leistungs- oder Funktionsanforderungen;

   b) oder mit Bezugnahme auf die Spezifikationen gemäß Nummer 1 hinsichtlich bestimmter Merkmale und mit Bezugnahme auf die Leistungs- oder Funktionsanforderungen gemäß Nummer 2 hinsichtlich anderer Merkmale.

(3)   Verweist der Auftraggeber in der Leistungsbeschreibung auf die in Absatz 2 Nummer 1 genannten Spezifikationen, so darf er ein Angebot nicht mit der Begründung ablehnen, die angebotene Leistung entspräche nicht den herangezogenen Spezifikationen, sofern der Bieter in seinem Angebot dem Auftraggeber nachweist, dass die von ihm vorgeschlagenen Lösungen den Anforderungen der technischen Spezifikation, auf die Bezug genommen wurde, gleichermaßen entsprechen. Als geeignetes Mittel kann eine technische Beschreibung des Herstellers oder ein Prüfbericht einer anerkannten Stelle gelten.

(4)   Legt der Auftraggeber die technischen Spezifikationen in Form von Leistungs- oder Funktionsanforderungen fest, so darf er ein Angebot, das einer nationalen Norm entspricht, mit der eine europäische Norm umgesetzt wird, oder einer europäischen technischen Zulassung, einer gemeinsamen technischen Spezifikation, einer internati-

onalen Norm oder einem technischen Bezugssystem, das von den europäischen Normungsgremien erarbeitet wurde, entspricht, nicht zurückweisen, wenn diese Spezifikationen die geforderten Leistungs- oder Funktionsanforderungen betreffen. Der Bieter muss in seinem Angebot mit geeigneten Mitteln dem Auftraggeber nachweisen, dass die der Norm entsprechende jeweilige Leistung den Leistungs- oder Funktionsanforderungen des Auftraggebers entspricht. Als geeignetes Mittel kann eine technische Beschreibung des Herstellers oder ein Prüfbericht einer anerkannten Stelle gelten.

(5)   Schreibt der Auftraggeber Umwelteigenschaften in Form von Leistungs- oder Funktionsanforderungen vor, so kann er die Spezifikationen verwenden, die in europäischen, multinationalen oder anderen Umweltzeichen definiert sind, wenn

1. sie sich zur Definition der Merkmale des Auftragsgegenstands eignen,

2. die Anforderungen des Umweltzeichens auf Grundlage von wissenschaftlich abgesicherten Informationen ausgearbeitet werden,

3. die Umweltzeichen im Rahmen eines Verfahrens erlassen werden, an dem interessierte Kreise – wie z. B. staatliche Stellen, Verbraucher, Hersteller, Händler und Umweltorganisationen – teilnehmen können, und

4. wenn das Umweltzeichen für alle Betroffenen zugänglich und verfügbar ist.

Der Auftraggeber kann in den Vergabeunterlagen angeben, dass bei Leistungen, die mit einem Umweltzeichen ausgestattet sind, vermutet wird, dass sie den in der Leistungsbeschreibung festgelegten technischen Spezifikationen genügen. Der Auftraggeber muss jedoch auch jedes andere geeignete Beweismittel, wie technische Unterlagen des Herstellers oder Prüfberichte anerkannter Stellen, akzeptieren. Anerkannte Stellen sind die Prüf- und Eichlaboratorien sowie die Inspektions- und Zertifizierungsstellen, die mit den anwendbaren europäischen Normen übereinstimmen. Der Auftraggeber erkennt Bescheinigungen von in anderen Mitgliedstaaten ansässigen anerkannten Stellen an.

§ 7b Leistungsbeschreibung mit Leistungsverzeichnis

(1)   Die Leistung ist in der Regel durch eine allgemeine Darstellung der Bauaufgabe (Baubeschreibung) und ein in Teilleistungen gegliedertes Leistungsverzeichnis zu beschreiben.

(2)   Erforderlichenfalls ist die Leistung auch zeichnerisch oder durch Probestücke darzustellen oder anders zu erklären, z. B. durch Hinweise auf ähnliche Leistungen, durch Mengen- oder statische Be-

rechnungen. Zeichnungen und Proben, die für die Ausführung maßgebend sein sollen, sind eindeutig zu bezeichnen.

(3) Leistungen, die nach den Vertragsbedingungen, den Technischen Vertragsbedingungen oder der gewerblichen Verkehrssitte zu der geforderten Leistung gehören (§ 2 Absatz 1 VOB/B), brauchen nicht besonders aufgeführt zu werden.

(4) Im Leistungsverzeichnis ist die Leistung derart aufzugliedern, dass unter einer Ordnungszahl (Position) nur solche Leistungen aufgenommen werden, die nach ihrer technischen Beschaffenheit und für die Preisbildung als in sich gleichartig anzusehen sind. Ungleichartige Leistungen sollen unter einer Ordnungszahl (Sammelposition) nur zusammengefasst werden, wenn eine Teilleistung gegenüber einer anderen für die Bildung eines Durchschnittspreises ohne nennenswerten Einfluss ist.

§ 7c Leistungsbeschreibung mit Leistungsprogramm

(1) Wenn es nach Abwägen aller Umstände zweckmäßig ist, abweichend von § 7b Absatz 1 zusammen mit der Bauausführung auch den Entwurf für die Leistung dem Wettbewerb zu unterstellen, um die technisch, wirtschaftlich und gestalterisch beste sowie funktionsgerechteste Lösung der Bauaufgabe zu ermitteln, kann die Leistung durch ein Leistungsprogramm dargestellt werden.

(2) 1. Das Leistungsprogramm umfasst eine Beschreibung der Bauaufgabe, aus der die Unternehmen alle für die Entwurfsbearbeitung und ihr Angebot maßgebenden Bedingungen und Umstände erkennen können und in der sowohl der Zweck der fertigen Leistung als auch die an sie gestellten technischen, wirtschaftlichen, gestalterischen und funktionsbedingten Anforderungen angegeben sind, sowie gegebenenfalls ein Musterleistungsverzeichnis, in dem die Mengenangaben ganz oder teilweise offen gelassen sind.

2. § 7b Absatz 2 bis 4 gilt sinngemäß.

(3) Von dem Bieter ist ein Angebot zu verlangen, das außer der Ausführung der Leistung den Entwurf nebst eingehender Erläuterung und eine Darstellung der Bauausführung sowie eine eingehende und zweckmäßig gegliederte Beschreibung der Leistung – gegebenenfalls mit Mengen- und Preisangaben für Teile der Leistung – umfasst. Bei Beschreibung der Leistung mit Mengen- und Preisangaben ist vom Bieter zu verlangen, dass er

1. die Vollständigkeit seiner Angaben, insbesondere die von ihm selbst ermittelten Mengen, entweder ohne Einschränkung oder im Rahmen einer in den Vergabeunterlagen anzugebenden Mengentoleranz vertritt, und dass er

2. etwaige Annahmen, zu denen er in besonderen Fällen gezwungen ist, weil zum Zeitpunkt der Angebotsabgabe einzelne Teilleistungen nach Art und Menge noch nicht bestimmt werden können (z. B. Aushub-, Abbruch- oder Wasserhaltungsarbeiten) – erforderlichenfalls anhand von Plänen und Mengenermittlungen – begründet.

§ 8 Vergabeunterlagen

(1) Die Vergabeunterlagen bestehen aus
   1. dem Anschreiben (Aufforderung zur Angebotsabgabe), gegebenenfalls Teilnahmebedingungen (Absatz 2) und
   2. den Vertragsunterlagen (§§ 7 bis 7c und 8a).

(2) 1. Das Anschreiben muss alle Angaben nach § 12 Absatz 1 Nummer 2 enthalten, die außer den Vertragsunterlagen für den Entschluss zur Abgabe eines Angebots notwendig sind, sofern sie nicht bereits veröffentlicht wurden.
   2. In den Vergabeunterlagen kann der Auftraggeber die Bieter auffordern, in ihrem Angebot die Leistungen anzugeben, die sie an Nachunternehmen zu vergeben beabsichtigen.
   3. Der Auftraggeber hat anzugeben:
      a) ob er Nebenangebote nicht zulässt,
      b) ob er Nebenangebote ausnahmsweise nur in Verbindung mit einem Hauptangebot zulässt.

   Die Zuschlagskriterien sind so festzulegen, dass sie sowohl auf Hauptangebote als auch auf Nebenangebote anwendbar sind. Es ist dabei auch zulässig, dass der Preis das einzige Zuschlagskriterium ist.

   Von Bietern, die eine Leistung anbieten, deren Ausführung nicht in Allgemeinen Technischen Vertragsbedingungen oder in den Vergabeunterlagen geregelt ist, sind im Angebot entsprechende Angaben über Ausführung und Beschaffenheit dieser Leistung zu verlangen.
   4. Der Auftraggeber kann in den Vergabeunterlagen angeben, dass er die Abgabe mehrerer Hauptangebote nicht zulässt.
   5. Der Auftraggeber hat an zentraler Stelle in den Vergabeunterlagen abschließend alle Unterlagen im Sinne von § 16a Absatz 1 mit Ausnahme von Produktangaben anzugeben.
   6. Auftraggeber, die ständig Bauleistungen vergeben, sollen die Erfordernisse, die die Unternehmen bei der Bearbeitung ihrer Angebote beachten müssen, in den Teilnahmebedingungen zusammenfassen und dem Anschreiben beifügen.

§ 8a Allgemeine, Besondere und Zusätzliche Vertragsbedingungen

(1) In den Vergabeunterlagen ist vorzuschreiben, dass die Allgemeinen Vertragsbedingungen für die Ausführung von Bauleistungen

(VOB/B) und die Allgemeinen Technischen Vertragsbedingungen für Bauleistungen (VOB/C) Bestandteile des Vertrags werden. Das gilt auch für etwaige Zusätzliche Vertragsbedingungen und etwaige Zusätzliche Technische Vertragsbedingungen, soweit sie Bestandteile des Vertrags werden sollen.

(2)   1. Die Allgemeinen Vertragsbedingungen bleiben grundsätzlich unverändert. Sie können von Auftraggebern, die ständig Bauleistungen vergeben, für die bei ihnen allgemein gegebenen Verhältnisse durch Zusätzliche Vertragsbedingungen ergänzt werden. Diese dürfen den Allgemeinen Vertragsbedingungen nicht widersprechen.

2. Für die Erfordernisse des Einzelfalles sind die Allgemeinen Vertragsbedingungen und etwaige Zusätzliche Vertragsbedingungen durch Besondere Vertragsbedingungen zu ergänzen. In diesen sollen sich Abweichungen von den Allgemeinen Vertragsbedingungen auf die Fälle beschränken, in denen dort besondere Vereinbarungen ausdrücklich vorgesehen sind und auch nur soweit es die Eigenart der Leistung und ihre Ausführung erfordern.

(3)   Die Allgemeinen Technischen Vertragsbedingungen bleiben grundsätzlich unverändert. Sie können von Auftraggebern, die ständig Bauleistungen vergeben, für die bei ihnen allgemein gegebenen Verhältnisse durch Zusätzliche Technische Vertragsbedingungen ergänzt werden. Für die Erfordernisse des Einzelfalles sind Ergänzungen und Änderungen in der Leistungsbeschreibung festzulegen.

(4)   1. In den Zusätzlichen Vertragsbedingungen oder in den Besonderen Vertragsbedingungen sollen, soweit erforderlich, folgende Punkte geregelt werden:
a) Unterlagen (§ 8b Absatz 3; § 3 Absatz 5 und 6 VOB/B),
b) Benutzung von Lager- und Arbeitsplätzen, Zufahrtswegen, Anschlussgleisen, Wasser- und Energieanschlüssen (§ 4 Absatz 4 VOB/B),
c) Weitervergabe an Nachunternehmen (§ 4 Absatz 8 VOB/B),
d) Ausführungsfristen (§ 9; § 5 VOB/B),
e) Haftung (§ 10 Absatz 2 VOB/B),
f) Vertragsstrafen und Beschleunigungsvergütungen (§ 9a; § 11 VOB/B),
g) Abnahme (§ 12 VOB/B),
h) Vertragsart (§ 4), Abrechnung (§ 14 VOB/B),
i) Stundenlohnarbeiten (§ 15 VOB/B),
j) Zahlungen, Vorauszahlungen (§ 16 VOB/B),
k) Sicherheitsleistung (§ 9c; § 17 VOB/B),
l) Gerichtsstand (§ 18 Absatz 1 VOB/B),
m) Lohn- und Gehaltsnebenkosten,
n) Änderung der Vertragspreise (§ 9d).

2. Im Einzelfall erforderliche besondere Vereinbarungen über die Mängelansprüche sowie deren Verjährung (§ 9b; § 13 Absatz 1, 4 und 7 VOB/B) und über die Verteilung der Gefahr bei Schäden, die durch Hochwasser, Sturmfluten, Grundwasser, Wind, Schnee, Eis und dergleichen entstehen können (§ 7 VOB/B), sind in den Besonderen Vertragsbedingungen zu treffen. Sind für bestimmte Bauleistungen gleichgelagerte Voraussetzungen im Sinne von § 9b gegeben, so dürfen die besonderen Vereinbarungen auch in Zusätzlichen Technischen Vertragsbedingungen vorgesehen werden.

§ 8b Kosten- und Vertrauensregelung, Schiedsverfahren

(1)   1. Bei Öffentlicher Ausschreibung kann eine Erstattung der Kosten für die Vervielfältigung der Leistungsbeschreibung und der anderen Unterlagen sowie für die Kosten der postalischen Versendung verlangt werden.

2. Bei Beschränkter Ausschreibung und Freihändiger Vergabe sind alle Unterlagen unentgeltlich abzugeben.

(2)   1. Für die Bearbeitung des Angebots wird keine Entschädigung gewährt. Verlangt jedoch der Auftraggeber, dass der Bewerber Entwürfe, Pläne, Zeichnungen, statische Berechnungen, Mengenberechnungen oder andere Unterlagen ausarbeitet, insbesondere in den Fällen des § 7c, so ist einheitlich für alle Bieter in der Ausschreibung eine angemessene Entschädigung festzusetzen. Diese Entschädigung steht jedem Bieter zu, der ein der Ausschreibung entsprechendes Angebot mit den geforderten Unterlagen rechtzeitig eingereicht hat.

2. Diese Grundsätze gelten für die Freihändige Vergabe entsprechend.

(3)   Der Auftraggeber darf Angebotsunterlagen und die in den Angeboten enthaltenen eigenen Vorschläge eines Bieters nur für die Prüfung und Wertung der Angebote (§§ 16c und 16d) verwenden. Eine darüber hinausgehende Verwendung bedarf der vorherigen schriftlichen Vereinbarung.

(4)   Sollen Streitigkeiten aus dem Vertrag unter Ausschluss des ordentlichen Rechtswegs im schiedsrichterlichen Verfahren ausgetragen werden, so ist es in besonderer, nur das Schiedsverfahren betreffender Urkunde zu vereinbaren, soweit nicht § 1031 Absatz 2 der Zivilprozessordnung (ZPO) auch eine andere Form der Vereinbarung zulässt.

§ 9 Einzelne Vertragsbedingungen, Ausführungsfristen

(1)   1. Die Ausführungsfristen sind ausreichend zu bemessen; Jahreszeit, Arbeitsbedingungen und etwaige besondere Schwierigkei-

ten sind zu berücksichtigen. Für die Bauvorbereitung ist dem Auftragnehmer genügend Zeit zu gewähren.

2. Außergewöhnlich kurze Fristen sind nur bei besonderer Dringlichkeit vorzusehen.

3. Soll vereinbart werden, dass mit der Ausführung erst nach Aufforderung zu beginnen ist (§ 5 Absatz 2 VOB/B), so muss die Frist, innerhalb derer die Aufforderung ausgesprochen werden kann, unter billiger Berücksichtigung der für die Ausführung maßgebenden Verhältnisse zumutbar sein; sie ist in den Vergabeunterlagen festzulegen.

(2) 1. Wenn es ein erhebliches Interesse des Auftraggebers erfordert, sind Einzelfristen für in sich abgeschlossene Teile der Leistung zu bestimmen.

2. Wird ein Bauzeitenplan aufgestellt, damit die Leistungen aller Unternehmen sicher ineinandergreifen, so sollen nur die für den Fortgang der Gesamtarbeit besonders wichtigen Einzelfristen als vertraglich verbindliche Fristen (Vertragsfristen) bezeichnet werden.

(3) Ist für die Einhaltung von Ausführungsfristen die Übergabe von Zeichnungen oder anderen Unterlagen wichtig, so soll hierfür ebenfalls eine Frist festgelegt werden.

(4) Der Auftraggeber darf in den Vertragsunterlagen eine Pauschalierung des Verzugsschadens (§ 5 Absatz 4 VOB/B) vorsehen; sie soll 5 Prozent der Auftragssumme nicht überschreiten. Der Nachweis eines geringeren Schadens ist zuzulassen.

§ 9a Vertragsstrafen, Beschleunigungsvergütung

Vertragsstrafen für die Überschreitung von Vertragsfristen sind nur zu vereinbaren, wenn die Überschreitung erhebliche Nachteile verursachen kann. Die Strafe ist in angemessenen Grenzen zu halten. Beschleunigungsvergütung (Prämien) sind nur vorzusehen, wenn die Fertigstellung vor Ablauf der Vertragsfristen erhebliche Vorteile bringt.

§ 9b Verjährung der Mängelansprüche

Andere Verjährungsfristen als nach § 13 Absatz 4 VOB/B sollen nur vorgesehen werden, wenn dies wegen der Eigenart der Leistung erforderlich ist. In solchen Fällen sind alle Umstände gegeneinander abzuwägen, insbesondere, wann etwaige Mängel wahrscheinlich erkennbar werden und wieweit die Mängelursachen noch nachgewiesen werden können, aber auch die Wirkung auf die Preise und die Notwendigkeit einer billigen Bemessung der Verjährungsfristen für Mängelansprüche.

§ 9c Sicherheitsleistung

(1)   Auf Sicherheitsleistung soll ganz oder teilweise verzichtet werden, wenn Mängel der Leistung voraussichtlich nicht eintreten. Unterschreitet die Auftragssumme 250 000 Euro ohne Umsatzsteuer, ist auf Sicherheitsleistung für die Vertragserfüllung und in der Regel auf Sicherheitsleistung für die Mängelansprüche zu verzichten. Bei Beschränkter Ausschreibung sowie bei Freihändiger Vergabe sollen Sicherheitsleistungen in der Regel nicht verlangt werden.

(8)   Die Sicherheit soll nicht höher bemessen und ihre Rückgabe nicht für einen späteren Zeitpunkt vorgesehen werden, als nötig ist, um den Auftraggeber vor Schaden zu bewahren. Die Sicherheit für die Erfüllung sämtlicher Verpflichtungen aus dem Vertrag soll 5 Prozent der Auftragssumme nicht überschreiten. Die Sicherheit für Mängelansprüche soll 3 Prozent der Abrechnungssumme nicht überschreiten.

§ 9d Änderung der Vergütung

Sind wesentliche Änderungen der Preisermittlungsgrundlagen zu erwarten, deren Eintritt oder Ausmaß ungewiss ist, so kann eine angemessene Änderung der Vergütung in den Vertragsunterlagen vorgesehen werden. Die Einzelheiten der Preisänderungen sind festzulegen.

§ 10 Angebots-, Bewerbungs-, Bindefristen

(1)   Für die Bearbeitung und Einreichung der Angebote ist eine ausreichende Angebotsfrist vorzusehen, auch bei Dringlichkeit nicht unter zehn Kalendertagen. Dabei ist insbesondere der zusätzliche Aufwand für die Besichtigung von Baustellen oder die Beschaffung von Unterlagen für die Angebotsbearbeitung zu berücksichtigen.

(2)   Bis zum Ablauf der Angebotsfrist können Angebote in Textform zurückgezogen werden.

(3)   Für die Einreichung von Teilnahmeanträgen bei Beschränkter Ausschreibung nach Öffentlichem Teilnahmewettbewerb ist eine ausreichende Bewerbungsfrist vorzusehen.

(4)   Der Auftraggeber bestimmt eine angemessene Frist, innerhalb der die Bieter an ihre Angebote gebunden sind (Bindefrist). Diese soll so kurz wie möglich und nicht länger bemessen werden, als der Auftraggeber für eine zügige Prüfung und Wertung der Angebote (§§ 16 bis 16d) benötigt. Eine längere Bindefrist als 30 Kalendertage soll nur in begründeten Fällen festgelegt werden. Das Ende der Bindefrist ist durch Angabe des Kalendertages zu bezeichnen.

(5)   Die Bindefrist beginnt mit dem Ablauf der Angebotsfrist.

(6)   Die Absätze 4 und 5 gelten bei Freihändiger Vergabe entsprechend.

§ 11 Grundsätze der Informationsübermittlung

(1)　　Der Auftraggeber gibt in der Auftragsbekanntmachung oder den Vergabeunterlagen an, auf welchem Weg die Kommunikation erfolgen soll. Für den Fall der elektronischen Kommunikation gelten die Absätze 2 bis 6 sowie § 11a. Eine mündliche Kommunikation ist jeweils zulässig, wenn sie nicht die Vergabeunter- lagen, die Teilnahmeanträge oder die Angebote betrifft und wenn sie in geeigneter Weise ausreichend dokumentiert wird.

(2)　　Vergabeunterlagen sind elektronisch zur Verfügung zu stellen.

(3)　　Der Auftraggeber gibt in der Auftragsbekanntmachung eine elektronische Adresse an, unter der die Vergabeunterlagen unentgeltlich, uneingeschränkt, vollständig und direkt abgerufen werden können. Absatz 7 bleibt unberührt.

(4)　　Die Unternehmen übermitteln ihre Angebote und Teilnahmeanträge in Textform mithilfe elektronischer Mittel.

(5)　　Der Auftraggeber prüft im Einzelfall, ob zu übermittelnde Daten erhöhte Anforderungen an die Sicherheit stellen. Soweit es erforderlich ist, kann der Auftraggeber verlangen, dass Angebote und Teilnahmeanträge zu versehen sind mit

　　　　1. einer fortgeschrittenen elektronischen Signatur,

　　　　2. einer qualifizierten elektronischen Signatur,

　　　　3. einem fortgeschrittenen elektronischen Siegel oder

　　　　4. einem qualifizierten elektronischen Siegel.

(6)　　Der Auftraggeber kann von jedem Unternehmen die Angabe einer eindeutigen Unternehmensbezeichnung sowie einer elektronischen Adresse verlangen (Registrierung). Für den Zugang zur Auftragsbekanntmachung und zu den Vergabeunterlagen darf der Auftraggeber keine Registrierung verlangen. Eine freiwillige Registrierung ist zulässig.

(7)　　Enthalten die Vergabeunterlagen schutzwürdige Daten, kann der Auftraggeber Maßnahmen zum Schutz der Vertraulichkeit der Informationen anwenden. Der Auftraggeber kann den Zugriff auf die Vergabeunterlagen insbesondere von der Abgabe einer Verschwiegenheitserklärung abhängig machen. Die Maßnahmen sind in der Auftragsbekanntmachung anzugeben.

§ 11a Anforderungen an elektronische Mittel

(1)　　Elektronische Mittel und deren technische Merkmale müssen allgemein verfügbar, nichtdiskriminierend und mit allgemein verbreiteten Geräten und Programmen der Informations- und Kommunikationstechnologie kompatibel sein. Sie dürfen den Zugang von Unternehmen zum Vergabeverfahren nicht einschränken. Der Auftraggeber gewährleistet die barrierefreie Ausgestaltung der elektronischen

Mittel nach den §§ 4, 12a und 12b des Behindertengleichstellungsgesetzes vom 27. April 2002 (BGBl. I S. 1467, 1468) in der jeweils geltenden Fassung.

(2) Der Auftraggeber verwendet für das Senden, Empfangen, Weiterleiten und Speichern von Daten in einem Vergabeverfahren ausschließlich solche elektronischen Mittel, die die Unversehrtheit, die Vertraulichkeit und die Echtheit der Daten gewährleisten.

(3) Der Auftraggeber muss den Unternehmen alle notwendigen Informationen zur Verfügung stellen über

1. die in einem Vergabeverfahren verwendeten elektronischen Mittel,

2. die technischen Parameter zur Einreichung von Teilnahmeanträgen, Angeboten mithilfe elektronischer Mittel und

3. verwendete Verschlüsselungs- und Zeiterfassungsverfahren.

(4) Der Auftraggeber legt das erforderliche Sicherheitsniveau für die elektronischen Mittel fest. Elektronische Mittel, die vom Auftraggeber für den Empfang von Angeboten und Teilnahmeanträgen verwendet werden, müssen gewährleisten, dass

1. die Uhrzeit und der Tag des Datenempfanges genau zu bestimmen sind,

2. kein vorfristiger Zugriff auf die empfangenen Daten möglich ist,

3. der Termin für den erstmaligen Zugriff auf die empfangenen Daten nur von den Berechtigten festgelegt oder geändert werden kann,

4. nur die Berechtigten Zugriff auf die empfangenen Daten oder auf einen Teil derselben haben,

5. nur die Berechtigten nach dem festgesetzten Zeitpunkt Dritten Zugriff auf die empfangenen Daten oder auf einen Teil derselben einräumen dürfen,

6. empfangene Daten nicht an Unberechtigte übermittelt werden und

7. Verstöße oder versuchte Verstöße gegen die Anforderungen gemäß den Nummern 1 bis 6 eindeutig festgestellt werden können.

(5) Die elektronischen Mittel, die von dem Auftraggeber für den Empfang von Angeboten und Teilnahmeanträgen genutzt werden, müssen über eine einheitliche Datenaustauschschnittstelle verfügen. Es sind die jeweils geltenden Interoperabilitäts- und Sicherheitsstandards der Informationstechnik gemäß § 3 Absatz 1 des Vertrags über die Errichtung des IT-Planungsrats und über die Grundlagen der Zusammenarbeit beim Einsatz der Informationstechnologie in den Verwaltungen von Bund und Ländern vom 1. April 2010 zu verwenden.

(6)   Der Auftraggeber kann im Vergabeverfahren die Verwendung elektronischer Mittel, die nicht allgemein verfügbar sind (alternative elektronische Mittel), verlangen, wenn er

1. Unternehmen während des gesamten Vergabeverfahrens unter einer Internetadresse einen unentgeltlichen, uneingeschränkten, vollständigen und direkten Zugang zu diesen alternativen elektronischen Mitteln gewährt und

2. diese alternativen elektronischen Mittel selbst verwendet.

(7)   Der Auftraggeber kann für die Vergabe von Bauleistungen und für Wettbewerbe die Nutzung elektronischer Mittel im Rahmen der Bauwerksdatenmodellierung verlangen. Sofern die verlangten elektronischen Mittel für die Bauwerksdatenmodellierung nicht allgemein verfügbar sind, bietet der Auftraggeber einen alternativen Zugang zu ihnen gemäß Absatz 6 an.

§ 12 Auftragsbekanntmachung

(1)   1. Öffentliche Ausschreibungen sind bekannt zu machen, z. B. in Tageszeitungen, amtlichen Veröffentlichungsblättern oder auf unentgeltlich nutzbaren und direkt zugänglichen Internetportalen; sie können auch auf www.service.bund.de veröffentlicht werden.

2. Diese Auftragsbekanntmachungen sollen folgende Angaben enthalten:

a) Name, Anschrift, Telefon-, Telefaxnummer sowie E-Mail-Adresse des Auftraggebers (Vergabestelle),

b) gewähltes Vergabeverfahren,

c) gegebenenfalls Auftragsvergabe auf elektronischem Wege und Verfahren der Ver- und Entschlüsselung,

d) Art des Auftrags,

e) Ort der Ausführung,

f) Art und Umfang der Leistung,

g) Angaben über den Zweck der baulichen Anlage oder des Auftrags, wenn auch Planungsleistungen gefordert werden,

h) falls der Auftrag in mehrere Lose aufgeteilt ist, Art und Umfang der einzelnen Lose und Möglichkeit, Angebote für eines, mehrere oder alle Lose einzureichen,

i) Zeitpunkt, bis zu dem die Bauleistungen beendet werden sollen oder Dauer des Bauleistungsauftrags; sofern möglich, Zeitpunkt, zu dem die Bauleistungen begonnen werden sollen,

j) gegebenenfalls Angaben nach § 8 Absatz 2 Nummer 3 zur Zulässigkeit von Nebenangeboten,

k) gegebenenfalls Angaben nach § 8 Absatz 2 Nummer 4 zur Nichtzulassung der Abgabe mehrerer Hauptangebote,

l) Name und Anschrift, Telefon- und Telefaxnummer, E-Mail-Adresse der Stelle, bei der die Vergabeunterlagen und zusätzliche Unterlagen angefordert und eingesehen werden können; bei Veröffentlichung der Auftragsbekanntmachung auf einem Internetportal die Angabe einer Internetadresse, unter der die Vergabeunterlagen unentgeltlich, uneingeschränkt, vollständig und direkt abgerufen werden können; § 11 Absatz 7 bleibt unberührt,

m) gegebenenfalls Höhe und Bedingungen für die Zahlung des Betrags, der für die Unterlagen zu entrichten ist,

n) bei Teilnahmeantrag: Frist für den Eingang der Anträge auf Teilnahme, Anschrift, an die diese Anträge zu richten sind, Tag, an dem die Aufforderungen zur Angebotsabgabe spätestens abgesandt werden,

o) Frist für den Eingang der Angebote und die Bindefrist,

p) Anschrift, an die die Angebote zu richten sind, gegebenenfalls auch Anschrift, an die Angebote elektronisch zu übermitteln sind,

q) Sprache, in der die Angebote abgefasst sein müssen,

r) die Zuschlagskriterien, sofern diese nicht in den Vergabeunterlagen genannt werden, und gegebenenfalls deren Gewichtung,

s) Datum, Uhrzeit und Ort des Eröffnungstermins sowie Angabe, welche Personen bei der Eröffnung der Angebote anwesend sein dürfen,

t) gegebenenfalls geforderte Sicherheiten,

u) wesentliche Finanzierungs- und Zahlungsbedingungen und/oder Hinweise auf die maßgeblichen Vorschriften, in denen sie enthalten sind,

v) gegebenenfalls Rechtsform, die die Bietergemeinschaft nach der Auftragsvergabe haben muss,

w) verlangte Nachweise für die Beurteilung der Eignung des Bewerbers oder Bieters,

x) Name und Anschrift der Stelle, an die sich der Bewerber oder Bieter zur Nachprüfung behaupteter Verstöße gegen Vergabebestimmungen wenden kann.

(2) 1. Bei Beschränkter Ausschreibung nach Öffentlichem Teilnahmewettbewerb sind die Unternehmen durch Bekanntmachungen, z. B. in Tageszeitungen, amtlichen Veröffentlichungsblättern oder auf unentgeltlich nutzbaren und direkt zugänglichen Internetportalen, aufzufordern, ihre Teilnahme am Wettbewerb zu beantragen. Die Auftragsbekanntmachung kann auch auf www.service.bund.de veröffentlicht werden.

2. Diese Auftragsbekanntmachungen sollen die Angaben gemäß §
    12 Absatz 1 Nummer 2 enthalten.

(3)   Teilnahmeanträge sind auch dann zu berücksichtigen, wenn sie
      durch Telefax oder in sonstiger Weise elektronisch übermittelt wer-
      den, sofern die sonstigen Teilnahmebedingungen erfüllt sind.

§ 12a Versand der Vergabeunterlagen

(1)   Soweit die Vergabeunterlagen nicht elektronisch im Sinne von §11
      Absatz 2 und 3 zur Verfügung gestellt werden, sind sie
      1. den Unternehmen unverzüglich in geeigneter Weise zu übermit-
          teln.
      2. bei Beschränkter Ausschreibung und Freihändiger Vergabe an
          alle ausgewählten Bewerber am selben Tag abzusenden.

(2)   Wenn von den für die Preisermittlung wesentlichen Unterlagen
      keine Vervielfältigungen abgegeben werden können, sind diese in
      ausreichender Weise zur Einsicht auszulegen.

(3)   Die Namen der Unternehmen, die Vergabeunterlagen erhalten oder
      eingesehen haben, sind geheim zu halten.

(4)   Erbitten Unternehmen zusätzliche sachdienliche Auskünfte über die
      Vergabeunterlagen, so sind diese Auskünfte allen Unternehmen un-
      verzüglich in gleicher Weise zu erteilen.

§ 13 Form und Inhalt der Angebote

(1)   1. Der Auftraggeber legt fest, in welcher Form die Angebote einzu-
          reichen sind. Schriftlich eingereichte Angebote müssen unter-
          zeichnet sein. Elektronisch übermittelte Angebote sind nach
          Wahl des Auftraggebers in Textform oder versehen mit
          a) einer fortgeschrittenen elektronischen Signatur,
          b) einer qualifizierten elektronischen Signatur,
          c) einem fortgeschrittenen elektronischen Siegel oder
          d) einem qualifizierten elektronischen Siegel
          zu übermitteln.
      2. Der Auftraggeber hat die Datenintegrität und die Vertraulichkeit
          der Angebote auf geeignete Weise zu gewährleisten. Per Post
          oder direkt übermittelte Angebote sind in einem verschlossenen
          Umschlag einzureichen, als solche zu kennzeichnen und bis zum
          Ablauf der für die Einreichung vorgesehenen Frist unter Ver-
          schluss zu halten. Bei elektronisch übermittelten Angeboten ist
          dies durch entsprechende technische Lösungen nach den Anfor-
          derungen des Auftraggebers und durch Verschlüsselung sicher-
          zustellen. Die Verschlüsselung muss bis zur Öffnung des ersten
          Angebots aufrechterhalten bleiben.
      3. Die Angebote müssen die geforderten Preise enthalten.

4. Die Angebote müssen die geforderten Erklärungen und Nachweise enthalten.

5. Änderungen an den Vergabeunterlagen sind unzulässig. Änderungen des Bieters an seinen Eintragungen müssen zweifelsfrei sein.

6. Bieter können für die Angebotsabgabe eine selbstgefertigte Abschrift oder Kurzfassung des Leistungsverzeichnisses benutzen, wenn sie den vom Auftraggeber verfassten Wortlaut des Leistungsverzeichnisses im Angebot als allein verbindlich anerkennen; Kurzfassungen müssen jedoch die Ordnungszahlen (Positionen) vollzählig, in der gleichen Reihenfolge und mit den gleichen Nummern wie in dem vom Auftraggeber verfassten Leistungsverzeichnis, wiedergeben.

7. Muster und Proben der Bieter müssen als zum Angebot gehörig gekennzeichnet sein.

(2) Eine Leistung, die von den vorgesehenen technischen Spezifikationen nach § 7a Absatz 1 abweicht, kann angeboten werden, wenn sie mit dem geforderten Schutzniveau in Bezug auf Sicherheit, Gesundheit und Gebrauchstauglichkeit gleichwertig ist. Die Abweichung muss im Angebot eindeutig bezeichnet sein. Die Gleichwertigkeit ist mit dem Angebot nachzuweisen.

(3) Die Anzahl von Nebenangeboten ist an einer vom Auftraggeber in den Vergabeunterlagen bezeichneten Stelle aufzuführen. Etwaige Nebenangebote müssen auf besonderer Anlage erstellt und als solche deutlich gekennzeichnet werden. Werden mehrere Hauptangebote abgegeben, muss jedes aus sich heraus zuschlagsfähig sein. Absatz 1 Nummer 2 Satz 2 gilt für jedes Hauptangebot entsprechend.

(4) Soweit Preisnachlässe ohne Bedingungen gewährt werden, sind diese an einer vom Auftraggeber in den Vergabeunterlagen bezeichneten Stelle aufzuführen.

(5) Bietergemeinschaften haben die Mitglieder zu benennen sowie eines ihrer Mitglieder als bevollmächtigten Vertreter für den Abschluss und die Durchführung des Vertrags zu bezeichnen. Fehlt die Bezeichnung des bevollmächtigten Vertreters im Angebot, so ist sie vor der Zuschlagserteilung beizubringen.

(6) Der Auftraggeber hat die Anforderungen an den Inhalt der Angebote nach den Absätzen 1 bis 5 in die Vergabeunterlagen aufzunehmen.

§ 14 Öffnung der Angebote, Öffnungstermin bei ausschließlicher Zulassung elektronischer Angebote

(1) Sind nur elektronische Angebote zugelassen, wird die Öffnung der Angebote von mindestens zwei Vertretern des Auftraggebers gemeinsam an einem Termin (Öffnungstermin) unverzüglich nach Ab-

lauf der Angebotsfrist durchgeführt. Bis zu diesem Termin sind die elektronischen Angebote zu kennzeichnen und verschlüsselt aufzubewahren.

(2) 1. Der Verhandlungsleiter stellt fest, ob die elektronischen Angebote verschlüsselt sind.

2. Die Angebote werden geöffnet und in allen wesentlichen Teilen im Öffnungstermin gekennzeichnet.

3. Muster und Proben der Bieter müssen im Termin zur Stelle sein.

(3) Über den Öffnungstermin ist eine Niederschrift in Textform zu fertigen, in der die beiden Vertreter des Auftraggebers zu benennen sind. Der Niederschrift ist eine Aufstellung mit folgenden Angaben beizufügen:

a) Name und Anschrift der Bieter,

b) die Endbeträge der Angebote oder einzelner Lose,

c) Preisnachlässe ohne Bedingungen,

d) Anzahl der jeweiligen Nebenangebote.

(4) Angebote, die nach Ablauf der Angebotsfrist eingegangen sind, sind in der Niederschrift oder in einem Nachtrag besonders aufzuführen. Die Eingangszeiten und die etwa bekannten Gründe, aus denen die Angebote nicht vorgelegen haben, sind zu vermerken.

(5) Ein Angebot, das nachweislich vor Ablauf der Angebotsfrist dem Auftraggeber zugegangen war, aber dem Verhandlungsleiter nicht vorgelegen hat, ist mit allen Angaben in die Niederschrift oder in einen Nachtrag aufzunehmen. Den Bietern ist dieser Sachverhalt unverzüglich in Textform mitzuteilen. In die Mitteilung sind die Feststellung, ob die Angebote verschlüsselt waren, sowie die Angaben nach Absatz 3 Buchstabe a bis d aufzunehmen. Im Übrigen gilt Absatz 4 Satz 2.

(6) Bei Ausschreibungen stellt der Auftraggeber den Bietern die in Absatz 3 Buchstabe a bis d genannten Informationen unverzüglich elektronisch zur Verfügung. Den Bietern und ihren Bevollmächtigten ist die Einsicht in die Niederschrift und ihre Nachträge (Absätze 4 und 5 sowie § 16c Absatz 3) zu gestatten.

(7) Die Niederschrift darf nicht veröffentlicht werden.

(8) Die Angebote und ihre Anlagen sind sorgfältig zu verwahren und geheim zu halten.

§ 14a Öffnung der Angebote, Eröffnungstermin bei Zulassung schriftlicher Angebote

(1) Sind schriftliche Angebote zugelassen, ist bei Ausschreibungen für die Öffnung und Verlesung (Eröffnung) der Angebote ein Eröffnungstermin abzuhalten, in dem nur die Bieter und ihre Bevollmächtigten zugegen sein dürfen. Bis zu diesem Termin sind die zugegangenen Angebote auf dem ungeöffneten Umschlag mit Ein-

gangsvermerk zu versehen und unter Verschluss zu halten. Elektronische Angebote sind zu kennzeichnen und verschlüsselt aufzubewahren.

(2)   Zur Eröffnung zuzulassen sind nur Angebote, die bis zum Ablauf der Angebotsfrist eingegangen sind.

(3)   1. Der Verhandlungsleiter stellt fest, ob der Verschluss der schriftlichen Angebote unversehrt ist und die elektronischen Angebote verschlüsselt sind.

    2. Die Angebote werden geöffnet und in allen wesentlichen Teilen im Eröffnungstermin gekennzeichnet. Name und Anschrift der Bieter und die Endbeträge der Angebote oder einzelner Lose, sowie Preisnachlässe ohne Bedingungen werden verlesen. Es wird bekannt gegeben, ob und von wem und in welcher Zahl Nebenangebote eingereicht sind. Weiteres aus dem Inhalt der Angebote soll nicht mitgeteilt werden.

    3. Muster und Proben der Bieter müssen im Termin zur Stelle sein.

(4)   1. Über den Eröffnungstermin ist eine Niederschrift in Schriftform oder in elektronischer Form zu fertigen. In ihr ist zu vermerken, dass die Angaben nach Absatz 3 Nummer 2 verlesen und als richtig anerkannt oder welche Einwendungen erhoben worden sind.

    2. Sie ist vom Verhandlungsleiter zu unterschreiben oder mit einer Signatur nach § 13 Absatz 1 Nummer 1 zu versehen; die anwesenden Bieter und Bevollmächtigten sind berechtigt, mit zu unterzeichnen oder eine Signatur nach § 13 Absatz 1 Nummer 1 anzubringen.

(5)   Angebote, die zum Ablauf der Angebotsfrist nicht vorgelegen haben (Absatz 2), sind in der Niederschrift oder in einem Nachtrag besonders aufzuführen. Die Eingangszeiten und die etwa bekannten Gründe, aus denen die Angebote nicht vorgelegen haben, sind zu vermerken. Der Umschlag und andere Beweismittel sind aufzubewahren.

(6)   Ein Angebot, das nachweislich vor Ablauf der Angebotsfrist dem Auftraggeber zugegangen war, aber dem Verhandlungsleiter nicht vorgelegen hat, ist mit allen Angaben in die Niederschrift oder in einen Nachtrag aufzunehmen. Den Bietern ist dieser Sachverhalt unverzüglich in Textform mitzuteilen. In die Mitteilung sind die Feststellung, ob der Verschluss unversehrt war und die Angaben nach Absatz 3 Nummer 2 aufzunehmen. Im Übrigen gilt Absatz 5 Satz 2 und 3.

(7)   Den Bietern und ihren Bevollmächtigten ist die Einsicht in die Niederschrift und ihre Nachträge (Absätze 5 und 6 sowie § 16c Absatz 3) zu gestatten; den Bietern sind nach Antragstellung die Namen der Bieter sowie die verlesenen und die nachgerechneten Endbeträge

der Angebote sowie die Zahl ihrer Nebenangebote nach der rechnerischen Prüfung unverzüglich mitzuteilen.

(8) Die Niederschrift darf nicht veröffentlicht werden.

(9) Die Angebote und ihre Anlagen sind sorgfältig zu verwahren und geheim zu halten; dies gilt auch bei Freihändiger Vergabe.

§ 15 Aufklärung des Angebotsinhalts

(1) 1. Bei Ausschreibungen darf der Auftraggeber nach Öffnung der Angebote bis zur Zuschlagserteilung von einem Bieter nur Aufklärung verlangen, um sich über seine Eignung, insbesondere seine technische und wirtschaftliche Leistungsfähigkeit, das Angebot selbst, etwaige Nebenangebote, die geplante Art der Durchführung, etwaige Ursprungsorte oder Bezugsquellen von Stoffen oder Bauteilen und über die Angemessenheit der Preise, wenn nötig durch Einsicht in die vorzulegenden Preisermittlungen (Kalkulationen) zu unterrichten.

2. Die Ergebnisse solcher Aufklärungen sind geheim zu halten. Sie sollen in Textform niedergelegt werden.

(2) Verweigert ein Bieter die geforderten Aufklärungen und Angaben oder lässt er die ihm gesetzte angemessene Frist unbeantwortet verstreichen, so ist sein Angebot auszuschließen.

(3) Verhandlungen, besonders über Änderung der Angebote oder Preise, sind unstatthaft, wenn sie bei Nebenangeboten oder Angeboten aufgrund eines Leistungsprogramms nötig sind, um unumgängliche technische Änderungen geringen Umfangs und daraus sich ergebende Änderungen der Preise zu vereinbaren.

§ 16 Ausschluss von Angeboten

(1) Auszuschließen sind:

1. Angebote, die nicht fristgerecht eingegangen sind,

2. Angebote, die den Bestimmungen des § 13 Absatz 1 Nummern 1, 2 und 5 nicht entsprechen,

3. Angebote, die die geforderten Unterlagen im Sinne von § 8 Absatz 2 Nummer 5 nicht enthalten, wenn der Auftraggeber gemäß § 16a Absatz 3 fest- gelegt hat, dass er keine Unterlagen nachfordern wird. Satz 1 gilt für Teilnahmeanträge entsprechend,

4. Angebote, bei denen der Bieter Erklärungen oder Nachweise, deren Vorlage sich der Auftraggeber vorbehalten hat, auf Anforderung nicht innerhalb einer angemessenen, nach dem Kalender bestimmten Frist vorgelegt hat. Satz 1 gilt für Teilnahmeanträge entsprechend,

5. Angebote von Bietern, die in Bezug auf die Ausschreibung eine Abrede getroffen haben, die eine unzulässige Wettbewerbsbeschränkung darstellt,

6. Nebenangebote, wenn der Auftraggeber in der Auftragsbe-kanntmachung oder in den Vergabeunterlagen erklärt hat, dass er diese nicht zulässt,

7. Hauptangebote von Bietern, die mehrere Hauptangebote abge-geben haben, wenn der Auftraggeber die Abgabe mehrerer Hauptangebote in der Auftragsbekanntmachung oder in den Vergabeunterlagen nicht zugelassen hat,

8. Nebenangebote, die dem § 13 Absatz 3 Satz 2 nicht entsprechen,

9. Hauptangebote, die dem § 13 Absatz 3 Satz 3 nicht entsprechen,

10. Angebote von Bietern, die im Vergabeverfahren vorsätzlich unzutreffende Erklärungen in Bezug auf ihre Fachkunde, Leis-tungsfähigkeit und Zuverlässigkeit abgegeben haben.

(2) Außerdem können Angebote von Bietern ausgeschlossen werden, wenn

1. ein Insolvenzverfahren oder ein vergleichbares gesetzlich gere-geltes Verfahren eröffnet oder die Eröffnung beantragt worden ist oder der Antrag mangels Masse abgelehnt wurde oder ein In-solvenzplan rechtskräftig bestätigt wurde,

2. sich das Unternehmen in Liquidation befindet,

3. nachweislich eine schwere Verfehlung begangen wurde, die die Zuverlässigkeit als Bewerber oder Bieter in Frage stellt,

4. die Verpflichtung zur Zahlung von Steuern und Abgaben sowie der Beiträge zur Sozialversicherung nicht ordnungsgemäß erfüllt wurde,

5. sich das Unternehmen nicht bei der Berufsgenossenschaft ange-meldet hat.

§ 16a Nachforderung von Unterlagen

(1) Der Auftraggeber muss Bieter, die für den Zuschlag in Betracht kommen, unter Einhaltung der Grundsätze der Transparenz und der Gleichbehandlung auffordern, fehlende, unvollständige oder fehlerhafte unternehmensbezogene Unterlagen – insbesondere Er-klärungen, Angaben oder Nachweise – nachzureichen, zu vervoll-ständigen oder zu korrigieren, oder fehlende oder unvollständige leistungsbezogene Unterlagen – insbesondere Erklärungen, Pro-dukt- und sonstige Angaben oder Nachweise – nachzureichen oder zu vervollständigen (Nachforderung), es sei denn, er hat von seinem Recht aus Absatz 3 Gebrauch gemacht. Es sind nur Unterlagen nachzufordern, die bereits mit dem Angebot vorzulegen waren.

(2) Fehlende Preisangaben dürfen nicht nachgefordert werden. Angebo-te, die den Bestimmungen des §13 Absatz1 Nummer3 nicht entspre-chen, sind auszuschließen. Dies gilt nicht für Angebote, bei denen lediglich in unwesentlichen Positionen die Angabe des Preises fehlt und sowohl durch die Außerachtlassung dieser Positionen der

Wettbewerb und die Wertungsreihenfolge nicht beeinträchtigt werden als auch bei Wertung dieser Positionen mit dem jeweils höchsten Wettbewerbspreis. Hierbei wird nur auf den Preis ohne Berücksichtigung etwaiger Nebenangebote abgestellt. Der Auftraggeber fordert den Bieter nach Maßgabe von Absatz 1 auf, die fehlenden Preispositionen zu ergänzen. Die Sätze 3 bis 5 gelten nicht, wenn der Auftraggeber das Nachfordern von Preisangaben gemäß Absatz 3 ausgeschlossen hat.

(3)   Der Auftraggeber kann in der Auftragsbekanntmachung oder den Vergabeunterlagen festlegen, dass er keine Unterlagen oder Preisangaben nachfordern wird.

(4)   Die Unterlagen oder fehlenden Preisangaben sind vom Bewerber oder Bieter nach Aufforderung durch den Auftraggeber innerhalb einer angemessenen, nach dem Kalender bestimmten Frist vorzulegen. Die Frist soll sechs Kalendertage nicht überschreiten.

(5)   Werden die nachgeforderten Unterlagen nicht innerhalb der Frist vorgelegt, ist das Angebot auszuschließen.

(6)   Die Absätze 1, 3, 4 und 5 gelten für den Teilnahmewettbewerb entsprechend.

§ 16b Eignung

(1)   Bei Öffentlicher Ausschreibung ist zunächst die Eignung der Bieter zu prüfen. Dabei sind anhand der vorgelegten Nachweise die Angebote der Bieter auszuwählen, deren Eignung die für die Erfüllung der vertraglichen Verpflichtungen notwendigen Sicherheiten bietet; dies bedeutet, dass sie die erforderliche Fachkunde, Leistungsfähigkeit und Zuverlässigkeit besitzen und über ausreichende technische und wirtschaftliche Mittel verfügen.

(2)   Abweichend von Absatz 1 können die Angebote zuerst geprüft werden, sofern sichergestellt ist, dass die anschließende Prüfung der Eignung unparteiisch und transparent erfolgt.

(3)   Bei Beschränkter Ausschreibung und Freihändiger Vergabe sind nur Umstände zu berücksichtigen, die nach Aufforderung zur Angebotsabgabe Zweifel an der Eignung des Bieters begründen (vgl. § 6b Absatz 4).

§ 16c Prüfung

(1)   Die nicht ausgeschlossenen Angebote geeigneter Bieter sind auf die Einhaltung der gestellten Anforderungen, insbesondere in rechnerischer, technischer und wirtschaftlicher Hinsicht zu prüfen.

(2)   1. Entspricht der Gesamtbetrag einer Ordnungszahl (Position) nicht dem Ergebnis der Multiplikation von Mengenansatz und Einheitspreis, so ist der Einheitspreis maßgebend.

2. Bei Vergabe für eine Pauschalsumme gilt diese ohne Rücksicht auf etwa angegebene Einzelpreise.

3. Die Nummern 1 und 2 gelten auch bei Freihändiger Vergabe.

(3) Die aufgrund der Prüfung festgestellten Angebotsendsummen sind in der Niederschrift über den Eröffnungstermin zu vermerken.

§ 16d Wertung

(1) 1. Auf ein Angebot mit einem unangemessen hohen oder niedrigen Preis darf der Zuschlag nicht erteilt werden.

2. Erscheint ein Angebotspreis unangemessen niedrig und ist anhand vorliegender Unterlagen über die Preisermittlung die Angemessenheit nicht zu beurteilen, ist in Textform vom Bieter Aufklärung über die Ermittlung der Preise für die Gesamtleistung oder für Teilleistungen zu verlangen, gegebenenfalls unter Festlegung einer zumutbaren Antwortfrist. Bei der Beurteilung der Angemessenheit sind die Wirtschaftlichkeit des Bauverfahrens, die gewählten technischen Lösungen oder sonstige günstige Ausführungsbedingungen zu berücksichtigen.

3. In die engere Wahl kommen nur solche Angebote, die unter Berücksichtigung rationellen Baubetriebs und sparsamer Wirtschaftsführung eine einwandfreie Ausführung einschließlich Haftung für Mängelansprüche erwarten lassen.

4. Der Zuschlag wird auf das wirtschaftlichste Angebot erteilt. Grundlage dafür ist eine Bewertung des Auftraggebers, ob und inwieweit das Angebot die vorgegebenen Zuschlagskriterien erfüllt. Das wirtschaftlichste Angebot bestimmt sich nach dem besten Preis-Leistungs-Verhältnis. Zu dessen Ermittlung können neben dem Preis oder den Kosten auch qualitative, umweltbezogene oder soziale Aspekte berücksichtigt werden.

5. Es dürfen nur Zuschlagskriterien und gegebenenfalls deren Gewichtung berücksichtigt werden, die in der Auftragsbekanntmachung oder in den Vergabeunterlagen genannt sind. Zuschlagskriterien können neben dem Preis oder den Kosten insbesondere sein:

   a) Qualität einschließlich technischer Wert, Ästhetik, Zweckmäßigkeit, Zugänglichkeit, „Design für alle", soziale, umweltbezogene und innovative Eigenschaften;

   b) Organisation, Qualifikation und Erfahrung des mit der Ausführung des Auftrags betrauten Personals, wenn die Qualität des eingesetzten Personals erheblichen Einfluss auf das Niveau der Auftragsausführung haben kann, oder

   c) Kundendienst und technische Hilfe sowie Ausführungsfrist.

   Die Zuschlagskriterien müssen mit dem Auftragsgegenstand in Verbindung stehen. Zuschlagskriterien stehen mit dem Auftragsgegenstand in Verbindung, wenn sie sich in irgendeiner Hinsicht auf diesen beziehen, auch wenn derartige Faktoren sich nicht auf die materiellen Eigenschaften des Auftragsgegenstandes auswirken.

6. Die Zuschlagskriterien müssen so festgelegt und bestimmt sein, dass die Möglichkeit eines wirksamen Wettbewerbs gewährleistet wird, der Zuschlag nicht willkürlich erteilt werden kann und eine wirksame Überprüfung möglich ist, ob und inwieweit die Angebote die Zuschlagskriterien erfüllen.

7. Es können auch Festpreise oder Festkosten vorgegeben werden, sodass der Wettbewerb nur über die Qualität stattfindet.

(2)   Ein Angebot nach § 13 Absatz 2 ist wie ein Hauptangebot zu werten.

(3)   Nebenangebote sind zu werten, es sei denn, der Auftraggeber hat sie in der Auftragsbekanntmachung oder in den Vergabeunterlagen nicht zugelassen.

(4)   Preisnachlässe ohne Bedingung sind nicht zu werten, wenn sie nicht an der vom Auftraggeber nach § 13 Absatz 4 bezeichneten Stelle aufgeführt sind. Unaufgefordert angebotene Preisnachlässe mit Bedingungen für die Zahlungsfrist (Skonti) werden bei der Wertung der Angebote nicht berücksichtigt.

(5)   Die Bestimmungen von Absatz 1 und § 16b gelten auch bei Freihändiger Vergabe. Die Absätze 2 bis 4, § 16 Absatz 1 und § 6 Absatz 2 sind entsprechend auch bei Freihändiger Vergabe anzuwenden.

§ 17 Aufhebung der Ausschreibung

(1)   Die Ausschreibung kann aufgehoben werden, wenn:

1. kein Angebot eingegangen ist, das den Ausschreibungsbedingungen entspricht,
2. die Vergabeunterlagen grundlegend geändert werden müssen,
3. andere schwerwiegende Gründe bestehen.

(2)   Die Bewerber und Bieter sind von der Aufhebung der Ausschreibung unter Angabe der Gründe, gegebenenfalls über die Absicht, ein neues Vergabeverfahren einzuleiten, unverzüglich in Textform zu unterrichten.

§ 18 Zuschlag

(1)   Der Zuschlag ist möglichst bald, mindestens aber so rechtzeitig zu erteilen, dass dem Bieter die Erklärung noch vor Ablauf der Bindefrist (§ 10 Absatz 4 bis 6) zugeht.

(2)   Werden Erweiterungen, Einschränkungen oder Änderungen vorgenommen oder wird der Zuschlag verspätet erteilt, so ist der Bieter bei Erteilung des Zuschlags aufzufordern, sich unverzüglich über die Annahme zu erklären.

§ 19 Nicht berücksichtigte Bewerbungen und Angebote

(1) Bieter, deren Angebote ausgeschlossen worden sind (§ 16) und solche, deren Angebote nicht in die engere Wahl kommen, sollen unverzüglich unterrichtet werden. Die übrigen Bieter sind zu unterrichten, sobald der Zuschlag erteilt worden ist.

(2) Auf Verlangen sind den nicht berücksichtigten Bewerbern oder Bietern innerhalb einer Frist von 15 Kalendertagen nach Eingang ihres in Textform gestellten Antrags die Gründe für die Nichtberücksichtigung ihrer Bewerbung oder ihres Angebots in Textform mitzuteilen, den Bietern auch die Merkmale und Vorteile des Angebots des erfolgreichen Bieters sowie dessen Name.

(3) Nicht berücksichtigte Angebote und Ausarbeitungen der Bieter dürfen nicht für eine neue Vergabe oder für andere Zwecke benutzt werden.

(4) Entwürfe, Ausarbeitungen, Muster und Proben zu nicht berücksichtigten Angeboten sind zurückzugeben, wenn dies im Angebot oder innerhalb von 30 Kalendertagen nach Ablehnung des Angebots verlangt wird.

§ 20 Dokumentation, Informationspflicht

(1) Das Vergabeverfahren ist zeitnah so zu dokumentieren, dass die einzelnen Stufen des Verfahrens, die einzelnen Maßnahmen, die maßgebenden Feststellungen sowie die Begründung der einzelnen Entscheidungen in Textform festgehalten werden. Diese Dokumentation muss mindestens enthalten:

1. Name und Anschrift des Auftraggebers,
2. Art und Umfang der Leistung,
3. Wert des Auftrags,
4. Namen der berücksichtigten Bewerber oder Bieter und Gründe für ihre Auswahl,
5. Namen der nicht berücksichtigten Bewerber oder Bieter und die Gründe für die Ablehnung,
6. Gründe für die Ablehnung von ungewöhnlich niedrigen Angeboten,
7. Name des Auftragnehmers und Gründe für die Erteilung des Zuschlags auf sein Angebot,
8. Anteil der beabsichtigten Weitergabe an Nachunternehmen, soweit bekannt,
9. bei Beschränkter Ausschreibung, Freihändiger Vergabe Gründe für die Wahl des jeweiligen Verfahrens,
10. gegebenenfalls die Gründe, aus denen der Auftraggeber auf die Vergabe eines Auftrags verzichtet hat.

Der Auftraggeber trifft geeignete Maßnahmen, um den Ablauf der mit elektronischen Mitteln durchgeführten Vergabeverfahren zu dokumentieren.

(2)   Wird auf die Vorlage zusätzlich zum Angebot verlangter Unterlagen und Nachweise verzichtet, ist dies in der Dokumentation zu begründen. Dies gilt auch für den Verzicht auf Angaben zur Eignung gemäß § 6a Absatz 5.

(3)   Nach Zuschlagserteilung hat der Auftraggeber auf geeignete Weise, z. B. auf Internetportalen oder im Beschafferprofil zu informieren, wenn bei

1. Beschränkten Ausschreibungen ohne Teilnahmewettbewerb der Auftragswert 25 000 Euro ohne Umsatzsteuer,

2. Freihändigen Vergaben der Auftragswert 15 000 Euro ohne Umsatzsteuer übersteigt. Diese Informationen werden sechs Monate vorgehalten und müssen folgende Angaben enthalten:

a) Name, Anschrift, Telefon-, Telefaxnummer und E-Mail-Adresse des Auftraggebers,

b) gewähltes Vergabeverfahren,

c) Auftragsgegenstand,

d) Ort der Ausführung,

e) Name des beauftragten Unternehmens.

§ 21 Nachprüfungsstellen

In der Bekanntmachung und den Vergabeunterlagen sind die Nachprüfungsstellen mit Anschrift anzugeben, an die sich der Bewerber oder Bieter zur Nachprüfung behaupteter Verstöße gegen die Vergabebestimmungen wenden kann.

§ 22 Änderungen während der Vertragslaufzeit

Vertragsänderungen nach den Bestimmungen der VOB/B erfordern kein neues Vergabeverfahren; ausgenommen davon sind Vertragsänderungen nach § 1 Absatz 4 Satz 2 VOB/B.

§ 23 Baukonzessionen

(1)   Eine Baukonzession ist ein Vertrag über die Durchführung eines Bauauftrages, bei dem die Gegenleistung für die Bauarbeiten statt in einem Entgelt in dem befristeten Recht auf Nutzung der baulichen Anlage, gegebenenfalls zuzüglich der Zahlung eines Preises besteht.

(2)   Für die Vergabe von Baukonzessionen sind die §§ 1 bis 22 sinngemäß anzuwenden.

§ 24 Vergabe im Ausland

Für die Vergabe von Bauleistungen einer Auslandsdienststelle im Ausland oder einer inländischen Dienststelle, die im Ausland dort zu erbringende Bauleistungen vergibt, kann

1. Freihändige Vergabe erfolgen, wenn dies durch Ausführungsbestimmungen eines Bundes- oder Landesministeriums bis zu einem bestimmten Höchstwert (Wertgrenze) zugelassen ist,

2. auf Angaben nach § 6a verzichtet werden, wenn die örtlichen Verhältnisse eine Vergabe im Ausland erfordern und die Angaben aufgrund der örtlichen Verhältnisse nicht erlangt werden können,

3. abweichend von § 8a Absatz 1 von der Vereinbarung der VOB/B und VOB/C abgesehen werden, wenn die örtlichen Verhältnisse eine Vergabe im Ausland sowie den Verzicht auf die Vereinbarung der VOB/B und VOB/C im Einzelfall erfordern, durch das zugrundeliegende Vertragswerk eine wirtschaftliche Verwendung der Haushaltsmittel gewährleistet ist und die gewünschten technischen Standards eingehalten werden.

Anhang TS Technische Spezifikationen

1. „Technische Spezifikation" hat eine der folgenden Bedeutungen:

a) bei öffentlichen Bauaufträgen die Gesamtheit der insbesondere in den Vergabeunterlagen enthaltenen technischen Beschreibungen, in denen die erforderlichen Eigenschaften eines Werkstoffs, eines Produkts oder einer Lieferung definiert sind, damit dieser/diese den vom Auftraggeber beabsichtigten Zweck erfüllt; zu diesen Eigenschaften gehören Umwelt- und Klimaleistungsstufen, „Design für alle" (einschließlich des Zugangs von Menschen mit Behinderungen) und Konformitätsbewertung, Leistung, Vorgaben für Gebrauchstauglichkeit, Sicherheit oder Abmessungen, einschließlich der Qualitätssicherungsverfahren, der Terminologie, der Symbole, der Versuchs- und Prüfmethoden, der Verpackung, der Kennzeichnung und Beschriftung, der Gebrauchsanleitungen sowie der Produktionsprozesse und -methoden in jeder Phase des Lebenszyklus der Bauleistungen; außerdem gehören dazu auch die Vorschriften für die Planung und die Kostenrechnung, die Bedingungen für die Prüfung, Inspektion und Abnahme von Bauwerken, die Konstruktionsmethoden oder -verfahren und alle anderen technischen Anforderungen, die der Auftraggeber für fertige Bauwerke oder dazu notwendige Materialien oder Teile durch allgemeine und spezielle Vorschriften anzugeben in der Lage ist;

b) bei öffentlichen Dienstleistungs- oder Lieferaufträgen eine Spezifikation, die in einem Schriftstück enthalten ist, das Merkmale
für ein Produkt oder eine Dienstleistung vorschreibt, wie Quali-
tätsstufen, Umwelt- und Klimaleistungsstufen, „Design für alle"
(einschließlich des Zugangs von Menschen mit Behinderungen)
und Konformitätsbewertung, Leistung, Vorgaben für Gebrauchstauglichkeit, Sicherheit oder Abmessungen des Produkts,
einschließlich der Vorschriften über Verkaufsbezeichnung, Terminologie, Symbole, Prüfungen und Prüfverfahren, Verpackung,
Kennzeichnung und Beschriftung, Gebrauchsanleitungen, Produktionsprozesse und -methoden in jeder Phase des Lebenszyklus der Lieferung oder der Dienstleistung sowie über Konformi-
tätsbewertungsverfahren;

2.   „Norm" bezeichnet eine technische Spezifikation, die von einer
anerkannten Normungsorganisation zur wiederholten oder ständigen Anwendung angenommen wurde, deren Einhaltung nicht
zwingend ist und die unter eine der nachstehenden Kategorien fällt:

a) internationale Norm: Norm, die von einer internationalen Normungsorganisation angenommen wurde und der Öffentlichkeit
zugänglich ist;

b) europäische Norm: Norm, die von einer europäischen Normungsorganisation angenommen wurde und der Öffentlichkeit
zugänglich ist;

c) nationale Norm: Norm, die von einer nationalen Normungsorganisation angenommen wurde und der Öffentlichkeit zugänglich ist;

3.   „Europäische technische Bewertung" bezeichnet eine dokumentierte
Bewertung der Leistung eines Bauprodukts in Bezug auf seine wesentlichen Merk- male im Einklang mit dem betreffenden Europäischen Bewertungsdokument gemäß der Begriffsbestimmung in Artikel 2 Nummer 12 der Verordnung (EU) Nr. 305/2011 des Europäischen Parlaments und des Rates;

4.   „gemeinsame technische Spezifikationen" sind technische Spezifikationen im IKT-Bereich, die gemäß den Artikeln 13 und 14 der Verordnung (EU) Nr. 1025/2012 festgelegt wurden;

5.   „technische Bezugsgröße" bezeichnet jeden Bezugsrahmen, der
keine europäische Norm ist und von den europäischen Normungs-
organisationen nach den an die Bedürfnisse des Marktes angepass-
ten Verfahren erarbeitet wurde.

13.2 Vergabe- und Vertragsordnung für Bauleistungen (VOB/B)

Allgemeine Vertragsbedingungen für die Ausführung von Bauleistungen
– Fassung 2016 –

§ 1 Art und Umfang der Leistung

(1) Die auszuführende Leistung wird nach Art und Umfang durch den Vertrag bestimmt. Als Bestandteil des Vertrags gelten auch die Allgemeinen Technischen Vertragsbedingungen für Bauleistungen (VOB/C).

(2) Bei Widersprüchen im Vertrag gelten nacheinander:
1. die Leistungsbeschreibung,
2. die Besonderen Vertragsbedingungen,
3. etwaige Zusätzliche Vertragsbedingungen,
4. etwaige Zusätzliche Technische Vertragsbedingungen,
5. die Allgemeinen Technischen Vertragsbedingungen für Bauleistungen,
6. die Allgemeinen Vertragsbedingungen für die Ausführung von Bauleistungen.

(3) Änderungen des Bauentwurfs anzuordnen, bleibt dem Auftraggeber vorbehalten.

(4) Nicht vereinbarte Leistungen, die zur Ausführung der vertraglichen Leistung erforderlich werden, hat der Auftragnehmer auf Verlangen des Auftraggebers mit auszuführen, außer wenn sein Betrieb auf derartige Leistungen nicht eingerichtet ist. Andere Leistungen können dem Auftragnehmer nur mit seiner Zustimmung übertragen werden.

§ 2 Vergütung

(1) Durch die vereinbarten Preise werden alle Leistungen abgegolten, die nach der Leistungsbeschreibung, den Besonderen Vertragsbedingungen, den Zusätzlichen Vertragsbedingungen, den Zusätzlichen Technischen Vertragsbedingungen, den Allgemeinen Technischen Vertragsbedingungen für Bauleistungen und der gewerblichen Verkehrssitte zur vertraglichen Leistung gehören.

(2) Die Vergütung wird nach den vertraglichen Einheitspreisen und den tatsächlich ausgeführten Leistungen berechnet, wenn keine andere Berechnungsart (z. B. durch Pauschalsumme, nach Stundenlohnsätzen, nach Selbstkosten) vereinbart ist.

(3) 1. Weicht die ausgeführte Menge der unter einem Einheitspreis erfassten Leistung oder Teilleistung um nicht mehr als 10 v. H.

von dem im Vertrag vorgesehenen Umfang ab, so gilt der vertragliche Einheitspreis.

2. Für die über 10 v. H. hinausgehende Überschreitung des Mengenansatzes ist auf Verlangen ein neuer Preis unter Berücksichtigung der Mehr- oder Minderkosten zu vereinbaren.

3. Bei einer über 10 v. H. hinausgehenden Unterschreitung des Mengenansatzes ist auf Verlangen der Einheitspreis für die tatsächlich ausgeführte Menge der Leistung oder Teilleistung zu erhöhen, soweit der Auftragnehmer nicht durch Erhöhung der Mengen bei anderen Ordnungszahlen (Positionen) oder in anderer Weise einen Ausgleich erhält. Die Erhöhung des Einheitspreises soll im Wesentlichen dem Mehrbetrag entsprechen, der sich durch Verteilung der Baustelleneinrichtungs- und Baustellengemeinkosten und der Allgemeinen Geschäftskosten auf die verringerte Menge ergibt. Die Umsatzsteuer wird entsprechend dem neuen Preis vergütet.

4. Sind von der unter einem Einheitspreis erfassten Leistung oder Teilleistung andere Leistungen abhängig, für die eine Pauschalsumme vereinbart ist, so kann mit der Änderung des Einheitspreises auch eine angemessene Änderung der Pauschalsumme gefordert werden.

(4)   Werden im Vertrag ausbedungene Leistungen des Auftragnehmers vom Auftraggeber selbst übernommen (z. B. Lieferung von Bau-, Bauhilfs- und Betriebsstoffen), so gilt, wenn nichts anderes vereinbart wird, § 8 Absatz 1 Nummer 2 entsprechend.

(5)   Werden durch Änderung des Bauentwurfs oder andere Anordnungen des Auftraggebers die Grundlagen des Preises für eine im Vertrag vorgesehene Leistung geändert, so ist ein neuer Preis unter Berücksichtigung der Mehr- oder Minderkosten zu vereinbaren. Die Vereinbarung soll vor der Ausführung getroffen werden.

(6)   1. Wird eine im Vertrag nicht vorgesehene Leistung gefordert, so hat der Auftragnehmer Anspruch auf besondere Vergütung. Er muss jedoch den Anspruch dem Auftraggeber ankündigen, bevor er mit der Ausführung der Leistung beginnt.

2. Die Vergütung bestimmt sich nach den Grundlagen der Preisermittlung für die vertragliche Leistung und den besonderen Kosten der geforderten Leistung. Sie ist möglichst vor Beginn der Ausführung zu vereinbaren.

(7)   1. Ist als Vergütung der Leistung eine Pauschalsumme vereinbart, so bleibt die Vergütung unverändert. Weicht jedoch die ausgeführte Leistung von der vertraglich vorgesehenen Leistung so erheblich ab, dass ein Festhalten an der Pauschalsumme nicht zumutbar ist (§ 313 BGB), so ist auf Verlangen ein Ausgleich unter Berücksichtigung der Mehr- oder Minderkosten zu gewähren.

Für die Bemessung des Ausgleichs ist von den Grundlagen der Preisermittlung auszugehen.

2. Die Regelungen der Absätze 4, 5 und 6 gelten auch bei Vereinbarung einer Pauschalsumme.

3. Wenn nichts anderes vereinbart ist, gelten die Nummern 1 und 2 auch für Pauschalsummen, die für Teile der Leistung vereinbart sind; Absatz 3 Nummer 4 bleibt unberührt.

(8) 1. Leistungen, die der Auftragnehmer ohne Auftrag oder unter eigenmächtiger Abweichung vom Auftrag ausführt, werden nicht vergütet. Der Auftragnehmer hat sie auf Verlangen innerhalb einer angemessenen Frist zu beseitigen; sonst kann es auf seine Kosten geschehen. Er haftet außerdem für andere Schäden, die dem Auftraggeber hieraus entstehen.

2. Eine Vergütung steht dem Auftragnehmer jedoch zu, wenn der Auftraggeber solche Leistungen nachträglich anerkennt. Eine Vergütung steht ihm auch zu, wenn die Leistungen für die Erfüllung des Vertrags notwendig waren, dem mutmaßlichen Willen des Auftraggebers entsprachen und ihm unverzüglich angezeigt wurden. Soweit dem Auftragnehmer eine Vergütung zusteht, gelten die Berechnungsgrundlagen für geänderte oder zusätzliche Leistungen der Absätze 5 oder 6 entsprechend.

3. Die Vorschriften des BGB über die Geschäftsführung ohne Auftrag (§§ 677 ff. BGB) bleiben unberührt.

(9) 1. Verlangt der Auftraggeber Zeichnungen, Berechnungen oder andere Unterlagen, die der Auftragnehmer nach dem Vertrag, besonders den Technischen Vertragsbedingungen oder der gewerblichen Verkehrssitte, nicht zu beschaffen hat, so hat er sie zu vergüten.

2. Lässt er vom Auftragnehmer nicht aufgestellte technische Berechnungen durch den Auftragnehmer nachprüfen, so hat er die Kosten zu tragen.

(10) Stundenlohnarbeiten werden nur vergütet, wenn sie als solche vor ihrem Beginn ausdrücklich vereinbart worden sind (§ 15).

§ 3 Ausführungsunterlagen

(1) Die für die Ausführung nötigen Unterlagen sind dem Auftragnehmer unentgeltlich und rechtzeitig zu übergeben.

(2) Das Abstecken der Hauptachsen der baulichen Anlagen, ebenso der Grenzen des Geländes, das dem Auftragnehmer zur Verfügung gestellt wird, und das Schaffen der notwendigen Höhenfestpunkte in unmittelbarer Nähe der baulichen Anlagen sind Sache des Auftraggebers.

(3) Die vom Auftraggeber zur Verfügung gestellten Geländeaufnahmen und Absteckungen und die übrigen für die Ausführung übergebe-

nen Unterlagen sind für den Auftragnehmer maßgebend. Jedoch hat er sie, soweit es zur ordnungsgemäßen Vertragserfüllung gehört, auf etwaige Unstimmigkeiten zu überprüfen und den Auftraggeber auf entdeckte oder vermutete Mängel hinzuweisen.

(4) Vor Beginn der Arbeiten ist, soweit notwendig, der Zustand der Straßen und Geländeoberfläche, der Vorfluter und Vorflutleitungen, ferner der baulichen Anlagen im Baubereich in einer Niederschrift festzuhalten, die vom Auftraggeber und Auftragnehmer anzuerkennen ist.

(5) Zeichnungen, Berechnungen, Nachprüfungen von Berechnungen oder andere Unterlagen, die der Auftragnehmer nach dem Vertrag, besonders den Technischen Vertragsbedingungen, oder der gewerblichen Verkehrssitte oder auf besonderes Verlangen des Auftraggebers (§ 2 Absatz 9) zu beschaffen hat, sind dem Auftraggeber nach Aufforderung rechtzeitig vorzulegen.

(6) 1. Die in Absatz 5 genannten Unterlagen dürfen ohne Genehmigung ihres Urhebers nicht veröffentlicht, vervielfältigt, geändert oder für einen anderen als den vereinbarten Zweck benutzt werden.

2. An DV-Programmen hat der Auftraggeber das Recht zur Nutzung mit den vereinbarten Leistungsmerkmalen in unveränderter Form auf den festgelegten Geräten. Der Auftraggeber darf zum Zwecke der Datensicherung zwei Kopien herstellen. Diese müssen alle Identifikationsmerkmale enthalten. Der Verbleib der Kopien ist auf Verlangen nachzuweisen.

3. Der Auftragnehmer bleibt unbeschadet des Nutzungsrechts des Auftraggebers zur Nutzung der Unterlagen und der DV-Programme berechtigt.

§ 4 Ausführung

(1) 1. Der Auftraggeber hat für die Aufrechterhaltung der allgemeinen Ordnung auf der Baustelle zu sorgen und das Zusammenwirken der verschiedenen Unternehmer zu regeln. Er hat die erforderlichen öffentlich-rechtlichen Genehmigungen und Erlaubnisse – z. B. nach dem Baurecht, dem Straßenverkehrsrecht, dem Wasserrecht, dem Gewerberecht – herbeizuführen.

2. Der Auftraggeber hat das Recht, die vertragsgemäße Ausführung der Leistung zu überwachen. Hierzu hat er Zutritt zu den Arbeitsplätzen, Werkstätten und Lagerräumen, wo die vertragliche Leistung oder Teile von ihr hergestellt oder die hierfür bestimmten Stoffe und Bauteile gelagert werden. Auf Verlangen sind ihm die Werkzeichnungen oder andere Ausführungsunterlagen sowie die Ergebnisse von Güteprüfungen zur Einsicht vorzulegen und die erforderlichen Auskünfte zu erteilen, wenn

hierdurch keine Geschäftsgeheimnisse preisgegeben werden. Als Geschäftsgeheimnis bezeichnete Auskünfte und Unterlagen hat er vertraulich zu behandeln.

3. Der Auftraggeber ist befugt, unter Wahrung der dem Auftragnehmer zustehenden Leitung (Absatz 2) Anordnungen zu treffen, die zur vertragsgemäßen Ausführung der Leistung notwendig sind. Die Anordnungen sind grundsätzlich nur dem Auftragnehmer oder seinem für die Leitung der Ausführung bestellten Vertreter zu erteilen, außer wenn Gefahr im Verzug ist. Dem Auftraggeber ist mitzuteilen, wer jeweils als Vertreter des Auftragnehmers für die Leitung der Ausführung bestellt ist.

4. Hält der Auftragnehmer die Anordnungen des Auftraggebers für unberechtigt oder unzweckmäßig, so hat er seine Bedenken geltend zu machen, die Anordnungen jedoch auf Verlangen auszuführen, wenn nicht gesetzliche oder behördliche Bestimmungen entgegenstehen. Wenn dadurch eine ungerechtfertigte Erschwerung verursacht wird, hat der Auftraggeber die Mehrkosten zu tragen.

(2) 1. Der Auftragnehmer hat die Leistung unter eigener Verantwortung nach dem Vertrag auszuführen. Dabei hat er die anerkannten Regeln der Technik und die gesetzlichen und behördlichen Bestimmungen zu beachten. Es ist seine Sache, die Ausführung seiner vertraglichen Leistung zu leiten und für Ordnung auf seiner Arbeitsstelle zu sorgen.

2. Er ist für die Erfüllung der gesetzlichen, behördlichen und berufsgenossenschaftlichen Verpflichtungen gegenüber seinen Arbeitnehmern allein verantwortlich. Es ist ausschließlich seine Aufgabe, die Vereinbarungen und Maßnahmen zu treffen, die sein Verhältnis zu den Arbeitnehmern regeln.

(3) Hat der Auftragnehmer Bedenken gegen die vorgesehene Art der Ausführung (auch wegen der Sicherung gegen Unfallgefahren), gegen die Güte der vom Auftraggeber gelieferten Stoffe oder Bauteile oder gegen die Leistungen anderer Unternehmer, so hat er sie dem Auftraggeber unverzüglich – möglichst schon vor Beginn der Arbeiten – schriftlich mitzuteilen; der Auftraggeber bleibt jedoch für seine Angaben, Anordnungen oder Lieferungen verantwortlich.

(4) Der Auftraggeber hat, wenn nichts anderes vereinbart ist, dem Auftragnehmer unentgeltlich zur Benutzung oder Mitbenutzung zu überlassen:

1. die notwendigen Lager- und Arbeitsplätze auf der Baustelle,
2. vorhandene Zufahrtswege und Anschlussgleise,
3. vorhandene Anschlüsse für Wasser und Energie. Die Kosten für den Verbrauch und den Messer oder Zähler trägt der Auftragnehmer, mehrere Auftragnehmer tragen sie anteilig.

(5)   Der Auftragnehmer hat die von ihm ausgeführten Leistungen und die ihm für die Ausführung übergebenen Gegenstände bis zur Abnahme vor Beschädigung und Diebstahl zu schützen. Auf Verlangen des Auftraggebers hat er sie vor Winterschäden und Grundwasser zu schützen, ferner Schnee und Eis zu beseitigen. Obliegt ihm die Verpflichtung nach Satz 2 nicht schon nach dem Vertrag, so regelt sich die Vergütung nach § 2 Absatz 6.

(6)   Stoffe oder Bauteile, die dem Vertrag oder den Proben nicht entsprechen, sind auf Anordnung des Auftraggebers innerhalb einer von ihm bestimmten Frist von der Baustelle zu entfernen. Geschieht es nicht, so können sie auf Kosten des Auftragnehmers entfernt oder für seine Rechnung veräußert werden.

(7)   Leistungen, die schon während der Ausführung als mangelhaft oder vertragswidrig erkannt werden, hat der Auftragnehmer auf eigene Kosten durch mangelfreie zu ersetzen. Hat der Auftragnehmer den Mangel oder die Vertragswidrigkeit zu vertreten, so hat er auch den daraus entstehenden Schaden zu ersetzen. Kommt der Auftragnehmer der Pflicht zur Beseitigung des Mangels nicht nach, so kann ihm der Auftraggeber eine angemessene Frist zur Beseitigung des Mangels setzen und erklären, dass er ihm nach fruchtlosem Ablauf der Frist den Vertrag kündigen werde (§ 8 Absatz 3).

(8)   1. Der Auftragnehmer hat die Leistung im eigenen Betrieb auszuführen. Mit schriftlicher Zustimmung des Auftraggebers darf er sie an Nachunternehmer übertragen. Die Zustimmung ist nicht notwendig bei Leistungen, auf die der Betrieb des Auftragnehmers nicht eingerichtet ist. Erbringt der Auftragnehmer ohne schriftliche Zustimmung des Auftraggebers Leistungen nicht im eigenen Betrieb, obwohl sein Betrieb darauf eingerichtet ist, kann der Auftraggeber ihm eine angemessene Frist zur Aufnahme der Leistung im eigenen Betrieb setzen und erklären, dass er ihm nach fruchtlosem Ablauf der Frist den Vertrag kündigen werde (§ 8 Absatz 3).

        2. Der Auftragnehmer hat bei der Weitervergabe von Bauleistungen an Nachunternehmer die Vergabe- und Vertragsordnung für Bauleistungen Teile B und C zugrunde zu legen.

        3. Der Auftragnehmer hat dem Auftraggeber die Nachunternehmer und deren Nachunternehmer ohne Aufforderung spätestens bis zum Leistungsbeginn des Nachunternehmers mit Namen, gesetzlichen Vertretern und Kontaktdaten bekannt zu geben. Auf Verlangen des Auftraggebers hat der Auftragnehmer für seine Nachunternehmer Erklärungen und Nachweise zur Eignung vorzulegen.

(9)   Werden bei Ausführung der Leistung auf einem Grundstück Gegenstände von Altertums, Kunst- oder wissenschaftlichem Wert ent-

deckt, so hat der Auftragnehmer vor jedem weiteren Aufdecken oder Ändern dem Auftraggeber den Fund anzuzeigen und ihm die Gegenstände nach näherer Weisung abzuliefern. Die Vergütung etwaiger Mehrkosten regelt sich nach § 2 Absatz 6. Die Rechte des Entdeckers (§ 984 BGB) hat der Auftraggeber.

(10)   Der Zustand von Teilen der Leistung ist auf Verlangen gemeinsam von Auftraggeber und Auftragnehmer festzustellen, wenn diese Teile der Leistung durch die weitere Ausführung der Prüfung und Feststellung entzogen werden. Das Ergebnis ist schriftlich niederzulegen.

§ 5 Ausführungsfristen

(1)   Die Ausführung ist nach den verbindlichen Fristen (Vertragsfristen) zu beginnen, angemessen zu fördern und zu vollenden. In einem Bauzeitenplan enthaltene Einzelfristen gelten nur dann als Vertragsfristen, wenn dies im Vertrag ausdrücklich vereinbart ist.

(2)   Ist für den Beginn der Ausführung keine Frist vereinbart, so hat der Auftraggeber dem Auftragnehmer auf Verlangen Auskunft über den voraussichtlichen Beginn zu erteilen. Der Auftragnehmer hat innerhalb von 12 Werktagen nach Aufforderung zu beginnen. Der Beginn der Ausführung ist dem Auftraggeber anzuzeigen.

(3)   Wenn Arbeitskräfte, Geräte, Gerüste, Stoffe oder Bauteile so unzureichend sind, dass die Ausführungsfristen offenbar nicht eingehalten werden können, muss der Auftragnehmer auf Verlangen unverzüglich Abhilfe schaffen.

(4)   Verzögert der Auftragnehmer den Beginn der Ausführung, gerät er mit der Vollendung in Verzug, oder kommt er der in Absatz 3 erwähnten Verpflichtung nicht nach, so kann der Auftraggeber bei Aufrechterhaltung des Vertrages Schadensersatz nach § 6 Absatz 6 verlangen oder dem Auftragnehmer eine angemessene Frist zur Vertragserfüllung setzen und erklären, dass er ihm nach fruchtlosem Ablauf der Frist den Vertrag kündigen werde (§ 8 Absatz 3).

§ 6 Behinderung und Unterbrechung der Ausführung

(1)   Glaubt sich der Auftragnehmer in der ordnungsgemäßen Ausführung der Leistung behindert, so hat er es dem Auftraggeber unverzüglich schriftlich anzuzeigen. Unterlässt er die Anzeige, so hat er nur dann Anspruch auf Berücksichtigung der hindernden Umstände, wenn dem Auftraggeber offenkundig die Tatsache und deren hindernde Wirkung bekannt waren.

(2)   1. Ausführungsfristen werden verlängert, soweit die Behinderung verursacht ist:

a) durch einen Umstand aus dem Risikobereich des Auftragge-
    bers,

b) durch Streik oder eine von der Berufsvertretung der Arbeit-
    geber angeordnete Aussperrung im Betrieb des Auftragneh-
    mers oder in einem unmittelbar für ihn arbeitenden Betrieb,

c) durch höhere Gewalt oder andere für den Auftragnehmer
    unabwendbare Umstände.

2. Witterungseinflüsse während der Ausführungszeit, mit denen
    bei Abgabe des Angebots normalerweise gerechnet werden
    musste, gelten nicht als Behinderung.

(3)   Der Auftragnehmer hat alles zu tun, was ihm billigerweise zugemu-
      tet werden kann, um die Weiterführung der Arbeiten zu ermögli-
      chen. Sobald die hindernden Umstände wegfallen, hat er ohne wei-
      teres und unverzüglich die Arbeiten wieder aufzunehmen und den
      Auftraggeber davon zu benachrichtigen.

(4)   Die Fristverlängerung wird berechnet nach der Dauer der Behinde-
      rung mit einem Zuschlag für die Wiederaufnahme der Arbeiten und
      die etwaige Verschiebung in eine ungünstigere Jahreszeit.

(5)   Wird die Ausführung für voraussichtlich längere Dauer unterbro-
      chen, ohne dass die Leistung dauernd unmöglich wird, so sind die
      ausgeführten Leistungen nach den Vertragspreisen abzurechnen
      und außerdem die Kosten zu vergüten, die dem Auftragnehmer be-
      reits entstanden und in den Vertragspreisen des nicht ausgeführten
      Teils der Leistung enthalten sind.

(6)   Sind die hindernden Umstände von einem Vertragteil zu vertreten,
      so hat der andere Teil Anspruch auf Ersatz des nachweislich ent-
      standenen Schadens, des entgangenen Gewinns aber nur bei Vorsatz
      oder grober Fahrlässigkeit. Im Übrigen bleibt der Anspruch des Auf-
      tragnehmers auf angemessene Entschädigung nach § 642 BGB unbe-
      rührt, sofern die Anzeige nach Absatz 1 Satz 1 erfolgt oder wenn Of-
      fenkundigkeit nach Absatz 1 Satz 2 gegeben ist.

(7)   Dauert eine Unterbrechung länger als 3 Monate, so kann jeder Teil
      nach Ablauf dieser Zeit den Vertrag schriftlich kündigen. Die Ab-
      rechnung regelt sich nach den Absätzen 5 und 6; wenn der Auftrag-
      nehmer die Unterbrechung nicht zu vertreten hat, sind auch die
      Kosten der Baustellenräumung zu vergüten, soweit sie nicht in der
      Vergütung für die bereits ausgeführten Leistungen enthalten sind.

§ 7 Verteilung der Gefahr

(1)   Wird die ganz oder teilweise ausgeführte Leistung vor der Abnah-
      me durch höhere Gewalt, Krieg, Aufruhr oder andere objektiv un-
      abwendbare vom Auftragnehmer nicht zu vertretende Umstände
      beschädigt oder zerstört, so hat dieser für die ausgeführten Teile der

Leistung die Ansprüche nach § 6 Absatz 5; für andere Schäden besteht keine gegenseitige Ersatzpflicht.

(2) Zu der ganz oder teilweise ausgeführten Leistung gehören alle mit der baulichen Anlage unmittelbar verbundenen, in ihre Substanz eingegangenen Leistungen, unabhängig von deren Fertigstellungsgrad.

(3) Zu der ganz oder teilweise ausgeführten Leistung gehören nicht die noch nicht eingebauten Stoffe und Bauteile sowie die Baustelleneinrichtung und Absteckungen. Zu der ganz oder teilweise ausgeführten Leistung gehören ebenfalls nicht Hilfskonstruktionen und Gerüste, auch wenn diese als Besondere Leistung oder selbständig vergeben sind.

§ 8 Kündigung durch den Auftraggeber

(1) 1. Der Auftraggeber kann bis zur Vollendung der Leistung jederzeit den Vertrag kündigen.

2. Dem Auftragnehmer steht die vereinbarte Vergütung zu. Er muss sich jedoch anrechnen lassen, was er infolge der Aufhebung des Vertrags an Kosten erspart oder durch anderweitige Verwendung seiner Arbeitskraft und seines Betriebs erwirbt oder zu erwerben böswillig unterlässt (§ 649 BGB).

(2) 1. Der Auftraggeber kann den Vertrag kündigen, wenn der Auftragnehmer seine Zahlungen einstellt, von ihm oder zulässigerweise vom Auftraggeber oder einem anderen Gläubiger das Insolvenzverfahren (§§ 14 und 15 InsO) beziehungsweise ein vergleichbares gesetzliches Verfahren beantragt ist, ein solches Verfahren eröffnet wird oder dessen Eröffnung mangels Masse abgelehnt wird.

2. Die ausgeführten Leistungen sind nach § 6 Absatz 5 abzurechnen. Der Auftraggeber kann Schadensersatz wegen Nichterfüllung des Restes verlangen.

(3) 1. Der Auftraggeber kann den Vertrag kündigen, wenn in den Fällen des § 4 Absatz 7 und 8 Nummer 1 und des § 5 Absatz 4 die gesetzte Frist fruchtlos abgelaufen ist. Die Kündigung kann auf einen in sich abgeschlossenen Teil der vertraglichen Leistung beschränkt werden.

2. Nach der Kündigung ist der Auftraggeber berechtigt, den noch nicht vollendeten Teil der Leistung zu Lasten des Auftragnehmers durch einen Dritten ausführen zu lassen, doch bleiben seine Ansprüche auf Ersatz des etwa entstehenden weiteren Schadens bestehen. Er ist auch berechtigt, auf die weitere Ausführung zu verzichten und Schadensersatz wegen Nichterfüllung zu verlangen, wenn die Ausführung aus den Gründen, die zur Entziehung des Auftrags geführt haben, für ihn kein Interesse mehr hat.

3. Für die Weiterführung der Arbeiten kann der Auftraggeber Geräte, Gerüste, auf der Baustelle vorhandene andere Einrichtungen und angelieferte Stoffe und Bauteile gegen angemessene Vergütung in Anspruch nehmen.

4. Der Auftraggeber hat dem Auftragnehmer eine Aufstellung über die entstandenen Mehrkosten und über seine anderen Ansprüche spätestens binnen 12 Werktagen nach Abrechnung mit dem Dritten zuzusenden.

(4) Der Auftraggeber kann den Vertrag kündigen,

1. wenn der Auftragnehmer aus Anlass der Vergabe eine Abrede getroffen hatte, die eine unzulässige Wettbewerbsbeschränkung darstellt. Absatz 3 Nummer 1 Satz 2 und Nummer 2 bis 4 gilt entsprechend.

2. sofern dieser im Anwendungsbereich des 4. Teils des GWB geschlossen wurde,

   a) wenn der Auftragnehmer wegen eines zwingenden Ausschlussgrundes zum Zeitpunkt des Zuschlags nicht hätte beauftragt werden dürfen. Absatz 3 Nummer 1 Satz 2 und Nummer 2 bis 4 gilt entsprechend.

   b) bei wesentlicher Änderung des Vertrages oder bei Feststellung einer schweren Verletzung der Verträge über die Europäische Union und die Arbeitsweise der Europäischen Union durch den Europäischen Gerichtshof. Die ausgeführten Leistungen sind nach § 6 Absatz 5 abzurechnen. Etwaige Schadensersatzansprüche der Parteien bleiben unberührt.

Die Kündigung ist innerhalb von 12 Werktagen nach Bekanntwerden des Kündigungsgrundes auszusprechen.

(5) Sofern der Auftragnehmer die Leistung, ungeachtet des Anwendungsbereichs des 4. Teils des GWB, ganz oder teilweise an Nachunternehmer weitervergeben hat, steht auch ihm das Kündigungsrecht gemäß Absatz 4 Nummer 2 Buchstabe b zu, wenn der ihn als Auftragnehmer verpflichtende Vertrag (Hauptauftrag) gemäß Absatz 4 Nummer 2 Buchstabe b gekündigt wurde. Entsprechendes gilt für jeden Auftraggeber der Nachunternehmerkette, sofern sein jeweiliger Auftraggeber den Vertrag gemäß Satz 1 gekündigt hat.

(6) Die Kündigung ist schriftlich zu erklären.

(7) Der Auftragnehmer kann Aufmaß und Abnahme der von ihm ausgeführten Leistungen alsbald nach der Kündigung verlangen; er hat unverzüglich eine prüfbare Rechnung über die ausgeführten Leistungen vorzulegen.

(8) Eine wegen Verzugs verwirkte, nach Zeit bemessene Vertragsstrafe kann nur für die Zeit bis zum Tag der Kündigung des Vertrags gefordert werden.

§ 9 Kündigung durch den Auftragnehmer

(1)   Der Auftragnehmer kann den Vertrag kündigen:
1. wenn der Auftraggeber eine ihm obliegende Handlung unterlässt und dadurch den Auftragnehmer außerstande setzt, die Leistung auszuführen (Annahmeverzug nach §§ 293 ff. BGB),
2. wenn der Auftraggeber eine fällige Zahlung nicht leistet oder sonst in Schuldnerverzug gerät.

(2)   Die Kündigung ist schriftlich zu erklären. Sie ist erst zulässig, wenn der Auftragnehmer dem Auftraggeber ohne Erfolg eine angemessene Frist zur Vertragserfüllung gesetzt und erklärt hat, dass er nach fruchtlosem Ablauf der Frist den Vertrag kündigen werde.

(3)   Die bisherigen Leistungen sind nach den Vertragspreisen abzurechnen. Außerdem hat der Auftragnehmer Anspruch auf angemessene Entschädigung nach § 642 BGB; etwaige weitergehende Ansprüche des Auftragnehmers bleiben unberührt.

§ 10 Haftung der Vertragsparteien

(1)   Die Vertragsparteien haften einander für eigenes Verschulden sowie für das Verschulden ihrer gesetzlichen Vertreter und der Personen, deren sie sich zur Erfüllung ihrer Verbindlichkeiten bedienen (§§ 276, 278 BGB).

(2)   1. Entsteht einem Dritten im Zusammenhang mit der Leistung ein Schaden, für den auf Grund gesetzlicher Haftpflichtbestimmungen beide Vertragsparteien haften, so gelten für den Ausgleich zwischen den Vertragsparteien die allgemeinen gesetzlichen Bestimmungen, soweit im Einzelfall nichts anderes vereinbart ist. Soweit der Schaden des Dritten nur die Folge einer Maßnahme ist, die der Auftraggeber in dieser Form angeordnet hat, trägt er den Schaden allein, wenn ihn der Auftragnehmer auf die mit der angeordneten Ausführung verbundene Gefahr nach § 4 Absatz 3 hingewiesen hat.
2. Der Auftragnehmer trägt den Schaden allein, soweit er ihn durch Versicherung seiner gesetzlichen Haftpflicht gedeckt hat oder durch eine solche zu tarifmäßigen, nicht auf außergewöhnliche Verhältnisse abgestellten Prämien und Prämienzuschlägen bei einem im Inland zum Geschäftsbetrieb zugelassenen Versicherer hätte decken können.

(3)   Ist der Auftragnehmer einem Dritten nach den §§ 823 ff. BGB zu Schadensersatz verpflichtet wegen unbefugten Betretens oder Beschädigung angrenzender Grundstücke, wegen Entnahme oder Auflagerung von Boden oder anderen Gegenständen außerhalb der vom Auftraggeber dazu angewiesenen Flächen oder wegen der Fol-

gen eigenmächtiger Versperrung von Wegen oder Wasserläufen, so trägt er im Verhältnis zum Auftraggeber den Schaden allein.

(4)   Für die Verletzung gewerblicher Schutzrechte haftet im Verhältnis der Vertragsparteien zueinander der Auftragnehmer allein, wenn er selbst das geschützte Verfahren oder die Verwendung geschützter Gegenstände angeboten oder wenn der Auftraggeber die Verwendung vorgeschrieben und auf das Schutzrecht hingewiesen hat.

(5)   Ist eine Vertragspartei gegenüber der anderen nach den Absätzen 2, 3 oder 4 von der Ausgleichspflicht befreit, so gilt diese Befreiung auch zugunsten ihrer gesetzlichen Vertreter und Erfüllungsgehilfen, wenn sie nicht vorsätzlich oder grob fahrlässig gehandelt haben.

(6)   Soweit eine Vertragspartei von dem Dritten für einen Schaden in Anspruch genommen wird, den nach den Absätzen 2, 3 oder 4 die andere Vertragspartei zu tragen hat, kann sie verlangen, dass ihre Vertragspartei sie von der Verbindlichkeit gegenüber dem Dritten befreit. Sie darf den Anspruch des Dritten nicht anerkennen oder befriedigen, ohne der anderen Vertragspartei vorher Gelegenheit zur Äußerung gegeben zu haben.

§ 11 Vertragsstrafe

(1)   Wenn Vertragsstrafen vereinbart sind, gelten die §§ 339 bis 345 BGB.

(2)   Ist die Vertragsstrafe für den Fall vereinbart, dass der Auftragnehmer nicht in der vorgesehenen Frist erfüllt, so wird sie fällig, wenn der Auftragnehmer in Verzug gerät.

(3)   Ist die Vertragsstrafe nach Tagen bemessen, so zählen nur Werktage; ist sie nach Wochen bemessen, so wird jeder Werktag angefangener Wochen als 1/6 Woche gerechnet.

(4)   Hat der Auftraggeber die Leistung abgenommen, so kann er die Strafe nur verlangen, wenn er dies bei der Abnahme vorbehalten hat.

§ 12 Abnahme

(1)   Verlangt der Auftragnehmer nach der Fertigstellung – gegebenenfalls auch vor Ablauf der vereinbarten Ausführungsfrist – die Abnahme der Leistung, so hat sie der Auftraggeber binnen 12 Werktagen durchzuführen; eine andere Frist kann vereinbart werden.

(2)   Auf Verlangen sind in sich abgeschlossene Teile der Leistung besonders abzunehmen.

(3)   Wegen wesentlicher Mängel kann die Abnahme bis zur Beseitigung verweigert werden.

(4)   1. Eine förmliche Abnahme hat stattzufinden, wenn eine Vertragspartei es verlangt. Jede Partei kann auf ihre Kosten einen Sachverständigen zuziehen. Der Befund ist in gemeinsamer Verhandlung schriftlich niederzulegen. In die Niederschrift sind etwaige

Vorbehalte wegen bekannter Mängel und wegen Vertragsstrafen aufzunehmen, ebenso etwaige Einwendungen des Auftragnehmers. Jede Partei erhält eine Ausfertigung.

2. Die förmliche Abnahme kann in Abwesenheit des Auftragnehmers stattfinden, wenn der Termin vereinbart war oder der Auftraggeber mit genügender Frist dazu eingeladen hatte. Das Ergebnis der Abnahme ist dem Auftragnehmer alsbald mitzuteilen.

(5) 1. Wird keine Abnahme verlangt, so gilt die Leistung als abgenommen mit Ablauf von 12 Werktagen nach schriftlicher Mitteilung über die Fertigstellung der Leistung.

2. Wird keine Abnahme verlangt und hat der Auftraggeber die Leistung oder einen Teil der Leistung in Benutzung genommen, so gilt die Abnahme nach Ablauf von 6 Werktagen nach Beginn der Benutzung als erfolgt, wenn nichts anderes vereinbart ist. Die Benutzung von Teilen einer baulichen Anlage zur Weiterführung der Arbeiten gilt nicht als Abnahme.

3. Vorbehalte wegen bekannter Mängel oder wegen Vertragsstrafen hat der Auftraggeber spätestens zu den in den Nummern 1 und 2 bezeichneten Zeitpunkten geltend zu machen.

(6) Mit der Abnahme geht die Gefahr auf den Auftraggeber über, soweit er sie nicht schon nach § 7 trägt.

§ 13 Mängelansprüche

(1) Der Auftragnehmer hat dem Auftraggeber seine Leistung zum Zeitpunkt der Abnahme frei von Sachmängeln zu verschaffen. Die Leistung ist zur Zeit der Abnahme frei von Sachmängeln, wenn sie die vereinbarte Beschaffenheit hat und den anerkannten Regeln der Technik entspricht. Ist die Beschaffenheit nicht vereinbart, so ist die Leistung zur Zeit der Abnahme frei von Sachmängeln,

1. wenn sie sich für die nach dem Vertrag vorausgesetzte, sonst

2. für die gewöhnliche Verwendung eignet und eine Beschaffenheit aufweist, die bei Werken der gleichen Art üblich ist und die der Auftraggeber nach der Art der Leistung erwarten kann.

(2) Bei Leistungen nach Probe gelten die Eigenschaften der Probe als vereinbarte Beschaffenheit, soweit nicht Abweichungen nach der Verkehrssitte als bedeutungslos anzusehen sind. Dies gilt auch für Proben, die erst nach Vertragsabschluss als solche anerkannt sind.

(3) Ist ein Mangel zurückzuführen auf die Leistungsbeschreibung oder auf Anordnungen des Auftraggebers, auf die von diesem gelieferten oder vorgeschriebenen Stoffe oder Bauteile oder die Beschaffenheit der Vorleistung eines anderen Unternehmers, haftet der Auftragnehmer, es sei denn, er hat die ihm nach § 4 Absatz 3 obliegende Mitteilung gemacht.

(4)   1. Ist für Mängelansprüche keine Verjährungsfrist im Vertrag ver-
         einbart, so beträgt sie für Bauwerke 4 Jahre, für andere Werke,
         deren Erfolg in der Herstellung, Wartung oder Veränderung ei-
         ner Sache besteht, und für die vom Feuer berührten Teile von
         Feuerungsanlagen 2 Jahre. Abweichend von Satz 1 beträgt die
         Verjährungsfrist für feuerberührte und abgasdämmende Teile
         von industriellen Feuerungsanlagen 1 Jahr.

      2. Ist für Teile von maschinellen und elektrotechnischen/elektroni-
         schen Anlagen, bei denen die Wartung Einfluss auf Sicherheit
         und Funktionsfähigkeit hat, nichts anderes vereinbart, beträgt
         für diese Anlagenteile die Verjährungsfrist für Mängelansprüche
         abweichend von Nummer 1 zwei Jahre, wenn der Auftraggeber
         sich dafür entschieden hat, dem Auftragnehmer die Wartung für
         die Dauer der Verjährungsfrist nicht zu übertragen; dies gilt
         auch, wenn für weitere Leistungen eine andere Verjährungsfrist
         vereinbart ist.

      3. Die Frist beginnt mit der Abnahme der gesamten Leistung; nur
         für in sich abgeschlossene Teile der Leistung beginnt sie mit der
         Teilabnahme (§ 12 Absatz 2).

(5)   1. Der Auftragnehmer ist verpflichtet, alle während der Verjäh-
         rungsfrist hervortretenden Mängel, die auf vertragswidrige Leis-
         tung zurückzuführen sind, auf seine Kosten zu beseitigen, wenn
         es der Auftraggeber vor Ablauf der Frist schriftlich verlangt. Der
         Anspruch auf Beseitigung der gerügten Mängel verjährt in
         2 Jahren, gerechnet vom Zugang des schriftlichen Verlangens an,
         jedoch nicht vor Ablauf der Regelfristen nach Absatz 4 oder der
         an ihrer Stelle vereinbarten Frist. Nach Abnahme der Mängelbe-
         seitigungsleistung beginnt für diese Leistung eine Verjährungs-
         frist von 2 Jahren neu, die jedoch nicht vor Ablauf der Regelfris-
         ten nach Absatz 4 oder der an ihrer Stelle vereinbarten Frist en-
         det.

      2. Kommt der Auftragnehmer der Aufforderung zur Mängelbesei-
         tigung in einer vom Auftraggeber gesetzten angemessenen Frist
         nicht nach, so kann der Auftraggeber die Mängel auf Kosten des
         Auftragnehmers beseitigen lassen.

(6)   Ist die Beseitigung des Mangels für den Auftraggeber unzumutbar
      oder ist sie unmöglich oder würde sie einen unverhältnismäßig ho-
      hen Aufwand erfordern und wird sie deshalb vom Auftragnehmer
      verweigert, so kann der Auftraggeber durch Erklärung gegenüber
      dem Auftragnehmer die Vergütung mindern (§ 638 BGB).

(7)   1. Der Auftragnehmer haftet bei schuldhaft verursachten Mängeln
         für Schäden aus der Verletzung des Lebens, des Körpers oder
         der Gesundheit.

2. Bei vorsätzlich oder grob fahrlässig verursachten Mängeln haftet er für alle Schäden.

3. Im Übrigen ist dem Auftraggeber der Schaden an der baulichen Anlage zu ersetzen, zu deren Herstellung, Instandhaltung oder Änderung die Leistung dient, wenn ein wesentlicher Mangel vorliegt, der die Gebrauchsfähigkeit erheblich beeinträchtigt und auf ein Verschulden des Auftragnehmers zurückzuführen ist. Einen darüber hinausgehenden Schaden hat der Auftragnehmer nur dann zu ersetzen,

   a) wenn der Mangel auf einem Verstoß gegen die anerkannten Regeln der Technik beruht,

   b) wenn der Mangel in dem Fehlen einer vertraglich vereinbarten Beschaffenheit besteht oder

   c) soweit der Auftragnehmer den Schaden durch Versicherung seiner gesetzlichen Haftpflicht gedeckt hat oder durch eine solche zu tarifmäßigen, nicht auf außergewöhnliche Verhältnisse abgestellten Prämien und Prämienzuschlägen bei einem im Inland zum Geschäftsbetrieb zugelassenen Versicherer hätte decken können.

4. Abweichend von Absatz 4 gelten die gesetzlichen Verjährungsfristen, soweit sich der Auftragnehmer nach Nummer 3 durch Versicherung geschützt hat oder hätte schützen können oder soweit ein besonderer Versicherungsschutz vereinbart ist.

5. Eine Einschränkung oder Erweiterung der Haftung kann in begründeten Sonderfällen vereinbart werden.

§ 14 Abrechnung

(1) Der Auftragnehmer hat seine Leistungen prüfbar abzurechnen. Er hat die Rechnungen übersichtlich aufzustellen und dabei die Reihenfolge der Posten einzuhalten und die in den Vertragsbestandteilen enthaltenen Bezeichnungen zu verwenden. Die zum Nachweis von Art und Umfang der Leistung erforderlichen Mengenberechnungen, Zeichnungen und andere Belege sind beizufügen. Änderungen und Ergänzungen des Vertrags sind in der Rechnung besonders kenntlich zu machen; sie sind auf Verlangen getrennt abzurechnen.

(2) Die für die Abrechnung notwendigen Feststellungen sind dem Fortgang der Leistung entsprechend möglichst gemeinsam vorzunehmen. Die Abrechnungsbestimmungen in den Technischen Vertragsbedingungen und den anderen Vertragsunterlagen sind zu beachten. Für Leistungen, die bei Weiterführung der Arbeiten nur schwer feststellbar sind, hat der Auftragnehmer rechtzeitig gemeinsame Feststellungen zu beantragen.

(3)   Die Schlussrechnung muss bei Leistungen mit einer vertraglichen
        Ausführungsfrist von höchstens 3 Monaten spätestens 12 Werktage
        nach Fertigstellung eingereicht werden, wenn nichts anderes ver-
        einbart ist; diese Frist wird um je 6 Werktage für je weitere 3 Monate
        Ausführungsfrist verlängert.

(4)   Reicht der Auftragnehmer eine prüfbare Rechnung nicht ein, ob-
        wohl ihm der Auftraggeber dafür eine angemessene Frist gesetzt
        hat, so kann sie der Auftraggeber selbst auf Kosten des Auftrag-
        nehmers aufstellen.

§ 15 Stundenlohnarbeiten

(1)   1. Stundenlohnarbeiten werden nach den vertraglichen Vereinba-
           rungen abgerechnet.
        2. Soweit für die Vergütung keine Vereinbarungen getroffen wor-
           den sind, gilt die ortsübliche Vergütung. Ist diese nicht zu ermit-
           teln, so werden die Aufwendungen des Auftragnehmers für
           Lohn- und Gehaltskosten der Baustelle, Lohn- und Gehaltsne-
           benkosten der Baustelle, Stoffkosten der Baustelle, Kosten der
           Einrichtungen, Geräte, Maschinen und maschinellen Anlagen
           der Baustelle, Fracht-, Fuhr- und Ladekosten, Sozialkassenbei-
           träge und Sonderkosten, die bei wirtschaftlicher Betriebsführung
           entstehen, mit angemessenen Zuschlägen für Gemeinkosten und
           Gewinn (einschließlich allgemeinem Unternehmerwagnis) zu-
           züglich Umsatzsteuer vergütet.

(2)   Verlangt der Auftraggeber, dass die Stundenlohnarbeiten durch
        einen Polier oder eine andere Aufsichtsperson beaufsichtigt werden,
        oder ist die Aufsicht nach den einschlägigen Unfallverhütungsvor-
        schriften notwendig, so gilt Absatz 1 entsprechend.

(3)   Dem Auftraggeber ist die Ausführung von Stundenlohnarbeiten vor
        Beginn anzuzeigen. Über die geleisteten Arbeitsstunden und den
        dabei erforderlichen, besonders zu vergütenden Aufwand für den
        Verbrauch von Stoffen, für Vorhaltung von Einrichtungen, Geräten,
        Maschinen und maschinellen Anlagen, für Frachten, Fuhr- und La-
        deleistungen sowie etwaige Sonderkosten sind, wenn nichts anderes
        vereinbart ist, je nach der Verkehrssitte werktäglich oder wöchent-
        lich Listen (Stundenlohnzettel) einzureichen. Der Auftraggeber hat
        die von ihm bescheinigten Stundenlohnzettel unverzüglich, spätes-
        tens jedoch innerhalb von 6 Werktagen nach Zugang, zurückzuge-
        ben. Dabei kann er Einwendungen auf den Stundenlohnzetteln oder
        gesondert schriftlich erheben. Nicht fristgemäß zurückgegebene
        Stundenlohnzettel gelten als anerkannt.

(4)   Stundenlohnrechnungen sind alsbald nach Abschluss der Stunden-
        lohnarbeiten, längstens jedoch in Abständen von 4 Wochen, einzu-
        reichen. Für die Zahlung gilt § 16.

(5)   Wenn Stundenlohnarbeiten zwar vereinbart waren, über den Umfang der Stundenlohnleistungen aber mangels rechtzeitiger Vorlage der Stundenlohnzettel Zweifel bestehen, so kann der Auftraggeber verlangen, dass für die nachweisbar ausgeführten Leistungen eine Vergütung vereinbart wird, die nach Maßgabe von Absatz 1 Nummer 2 für einen wirtschaftlich vertretbaren Aufwand an Arbeitszeit und Verbrauch von Stoffen, für Vorhaltung von Einrichtungen, Geräten, Maschinen und maschinellen Anlagen, für Frachten, Fuhr- und Ladeleistungen sowie etwaige Sonderkosten ermittelt wird.

§ 16 Zahlung

(1)   1. Abschlagszahlungen sind auf Antrag in möglichst kurzen Zeitabständen oder zu den vereinbarten Zeitpunkten zu gewähren, und zwar in Höhe des Wertes der jeweils nachgewiesenen vertragsgemäßen Leistungen einschließlich des ausgewiesenen, darauf entfallenden Umsatzsteuerbetrages. Die Leistungen sind durch eine prüfbare Aufstellung nachzuweisen, die eine rasche und sichere Beurteilung der Leistungen ermöglichen muss. Als Leistungen gelten hierbei auch die für die geforderte Leistung eigens angefertigten und bereitgestellten Bauteile sowie die auf der Baustelle angelieferten Stoffe und Bauteile, wenn dem Auftraggeber nach seiner Wahl das Eigentum an ihnen übertragen ist oder entsprechende Sicherheit gegeben wird.

        2. Gegenforderungen können einbehalten werden. Andere Einbehalte sind nur in den im Vertrag und in den gesetzlichen Bestimmungen vorgesehenen Fällen zulässig.

        3. Ansprüche auf Abschlagszahlungen werden binnen 21 Werktagen nach Zugang der Aufstellung fällig.

        4. Die Abschlagszahlungen sind ohne Einfluss auf die Haftung des Auftragnehmers; sie gelten nicht als Abnahme von Teilen der Leistung.

(2)   1. Vorauszahlungen können auch nach Vertragsabschluss vereinbart werden; hierfür ist auf Verlangen des Auftraggebers ausreichende Sicherheit zu leisten. Diese Vorauszahlungen sind, sofern nichts anderes vereinbart wird, mit 3 v. H. über dem Basiszinssatz des § 247 BGB zu verzinsen.

        2. Vorauszahlungen sind auf die nächstfälligen Zahlungen anzurechnen, soweit damit Leistungen abzugelten sind, für welche die Vorauszahlungen gewährt worden sind.

(3)   1. Der Anspruch auf Schlusszahlung wird alsbald nach Prüfung und Feststellung fällig, spätestens innerhalb von 30 Tagen nach Zugang der Schlussrechnung. Die Frist verlängert sich auf höchstens 60 Tage, wenn sie aufgrund der besonderen Natur oder Merkmale der Vereinbarung sachlich gerechtfertigt ist und aus-

drücklich vereinbart wurde. Werden Einwendungen gegen die Prüfbarkeit unter Angabe der Gründe nicht bis zum Ablauf der jeweiligen Frist erhoben, kann der Auftraggeber sich nicht mehr auf die fehlende Prüfbarkeit berufen. Die Prüfung der Schlussrechnung ist nach Möglichkeit zu beschleunigen. Verzögert sie sich, so ist das unbestrittene Guthaben als Abschlagszahlung sofort zu zahlen.

2. Die vorbehaltlose Annahme der Schlusszahlung schließt Nachforderungen aus, wenn der Auftragnehmer über die Schlusszahlung schriftlich unterrichtet und auf die Ausschlusswirkung hingewiesen wurde.

3. Einer Schlusszahlung steht es gleich, wenn der Auftraggeber unter Hinweis auf geleistete Zahlungen weitere Zahlungen endgültig und schriftlich ablehnt.

4. Auch früher gestellte, aber unerledigte Forderungen werden ausgeschlossen, wenn sie nicht nochmals vorbehalten werden.

5. Ein Vorbehalt ist innerhalb von 28 Tagen nach Zugang der Mitteilung nach den Nummern 2 und 3 über die Schlusszahlung zu erklären. Er wird hinfällig, wenn nicht innerhalb von weiteren 28 Tagen – beginnend am Tag nach Ablauf der in Satz 1 genannten 28 Tage – eine prüfbare Rechnung über die vorbehaltenen Forderungen eingereicht oder, wenn das nicht möglich ist, der Vorbehalt eingehend begründet wird.

6. Die Ausschlussfristen gelten nicht für ein Verlangen nach Richtigstellung der Schlussrechnung und -zahlung wegen Aufmaß-, Rechen- und Übertragungsfehlern.

(4)   In sich abgeschlossene Teile der Leistung können nach Teilabnahme ohne Rücksicht auf die Vollendung der übrigen Leistungen endgültig festgestellt und bezahlt werden.

(5)   1. Alle Zahlungen sind aufs Äußerste zu beschleunigen.

2. Nicht vereinbarte Skontoabzüge sind unzulässig.

3. Zahlt der Auftraggeber bei Fälligkeit nicht, so kann ihm der Auftragnehmer eine angemessene Nachfrist setzen. Zahlt er auch innerhalb der Nachfrist nicht, so hat der Auftragnehmer vom Ende der Nachfrist an Anspruch auf Zinsen in Höhe der in § 288 Absatz 2 BGB angegebenen Zinssätze, wenn er nicht einen höheren Verzugsschaden nachweist. Der Auftraggeber kommt jedoch, ohne dass es einer Nachfristsetzung bedarf, spätestens 30 Tage nach Zugang der Rechnung oder der Aufstellung bei Abschlagszahlungen in Zahlungsverzug, wenn der Auftragnehmer seine vertraglichen und gesetzlichen Verpflichtungen erfüllt und den fälligen Entgeltbetrag nicht rechtzeitig erhalten hat, es sei denn, der Auftraggeber ist für den Zahlungsverzug nicht verantwortlich. Die Frist verlängert sich auf höchstens 60 Tage, wenn sie

aufgrund der besonderen Natur oder Merkmale der Vereinbarung sachlich gerechtfertigt ist und ausdrücklich vereinbart wurde.

4. Der Auftragnehmer darf die Arbeiten bei Zahlungsverzug bis zur Zahlung einstellen, sofern eine dem Auftraggeber zuvor gesetzte angemessene Frist erfolglos verstrichen ist.

(6) Der Auftraggeber ist berechtigt, zur Erfüllung seiner Verpflichtungen aus den Absätzen 1 bis 5 Zahlungen an Gläubiger des Auftragnehmers zu leisten, soweit sie an der Ausführung der vertraglichen Leistung des Auftragnehmers aufgrund eines mit diesem abgeschlossenen Dienst- oder Werkvertrags beteiligt sind, wegen Zahlungsverzugs des Auftragnehmers die Fortsetzung ihrer Leistung zu Recht verweigern und die Direktzahlung die Fortsetzung der Leistung sicherstellen soll. Der Auftragnehmer ist verpflichtet, sich auf Verlangen des Auftraggebers innerhalb einer von diesem gesetzten Frist darüber zu erklären, ob und inwieweit er die Forderungen seiner Gläubiger anerkennt; wird diese Erklärung nicht rechtzeitig abgegeben, so gelten die Voraussetzungen für die Direktzahlung als anerkannt.

§ 17 Sicherheitsleistung

(1) 1. Wenn Sicherheitsleistung vereinbart ist, gelten die §§ 232 bis 240 BGB, soweit sich aus den nachstehenden Bestimmungen nichts anderes ergibt.

2. Die Sicherheit dient dazu, die vertragsgemäße Ausführung der Leistung und die Mängelansprüche sicherzustellen.

(2) Wenn im Vertrag nichts anderes vereinbart ist, kann Sicherheit durch Einbehalt oder Hinterlegung von Geld oder durch Bürgschaft eines Kreditinstituts oder Kreditversicherers geleistet werden, sofern das Kreditinstitut oder der Kreditversicherer

1. in der Europäischen Gemeinschaft oder

2. in einem Staat der Vertragsparteien des Abkommens über den Europäischen Wirtschaftsraum oder

3. in einem Staat der Vertragsparteien des WTO-Übereinkommens über das öffentliche Beschaffungswesen

zugelassen ist.

(3) Der Auftragnehmer hat die Wahl unter den verschiedenen Arten der Sicherheit; er kann eine Sicherheit durch eine andere ersetzen.

(4) Bei Sicherheitsleistung durch Bürgschaft ist Voraussetzung, dass der Auftraggeber den Bürgen als tauglich anerkannt hat. Die Bürgschaftserklärung ist schriftlich unter Verzicht auf die Einrede der Vorausklage abzugeben (§ 771 BGB); sie darf nicht auf bestimmte Zeit begrenzt und muss nach Vorschrift des Auftraggebers ausgestellt sein. Der Auftraggeber kann als Sicherheit keine Bürgschaft

fordern, die den Bürgen zur Zahlung auf erstes Anfordern verpflichtet.

(5) Wird Sicherheit durch Hinterlegung von Geld geleistet, so hat der Auftragnehmer den Betrag bei einem zu vereinbarenden Geldinstitut auf ein Sperrkonto einzuzahlen, über das beide nur gemeinsam verfügen können („Und-Konto"). Etwaige Zinsen stehen dem Auftragnehmer zu.

(6) 1. Soll der Auftraggeber vereinbarungsgemäß die Sicherheit in Teilbeträgen von seinen Zahlungen einbehalten, so darf er jeweils die Zahlung um höchstens 10 v. H. kürzen, bis die vereinbarte Sicherheitssumme erreicht ist. Sofern Rechnungen ohne Umsatzsteuer gemäß § 13b UStG gestellt werden, bleibt die Umsatzsteuer bei der Berechnung des Sicherheitseinbehalts unberücksichtigt. Den jeweils einbehaltenen Betrag hat er dem Auftragnehmer mitzuteilen und binnen 18 Werktagen nach dieser Mitteilung auf ein Sperrkonto bei dem vereinbarten Geldinstitut einzuzahlen. Gleichzeitig muss er veranlassen, dass dieses Geldinstitut den Auftragnehmer von der Einzahlung des Sicherheitsbetrags benachrichtigt. Absatz 5 gilt entsprechend.

2. Bei kleineren oder kurzfristigen Aufträgen ist es zulässig, dass der Auftraggeber den einbehaltenen Sicherheitsbetrag erst bei der Schlusszahlung auf ein Sperrkonto einzahlt.

3. Zahlt der Auftraggeber den einbehaltenen Betrag nicht rechtzeitig ein, so kann ihm der Auftragnehmer hierfür eine angemessene Nachfrist setzen. Lässt der Auftraggeber auch diese verstreichen, so kann der Auftragnehmer die sofortige Auszahlung des einbehaltenen Betrags verlangen und braucht dann keine Sicherheit mehr zu leisten.

4. Öffentliche Auftraggeber sind berechtigt, den als Sicherheit einbehaltenen Betrag auf eigenes Verwahrgeldkonto zu nehmen; der Betrag wird nicht verzinst.

(7) Der Auftragnehmer hat die Sicherheit binnen 18 Werktagen nach Vertragsabschluss zu leisten, wenn nichts anderes vereinbart ist. Soweit er diese Verpflichtung nicht erfüllt hat, ist der Auftraggeber berechtigt, vom Guthaben des Auftragnehmers einen Betrag in Höhe der vereinbarten Sicherheit einzubehalten. Im Übrigen gelten die Absätze 5 und 6 außer Nummer 1 Satz 1 entsprechend.

(8) 1. Der Auftraggeber hat eine nicht verwertete Sicherheit für die Vertragserfüllung zum vereinbarten Zeitpunkt, spätestens nach Abnahme und Stellung der Sicherheit für Mängelansprüche zurückzugeben, es sei denn, dass Ansprüche des Auftraggebers, die nicht von der gestellten Sicherheit für Mängelansprüche umfasst sind, noch nicht erfüllt sind. Dann darf er für diese Ver-

tragserfüllungsansprüche einen entsprechenden Teil der Sicherheit zurückhalten.

2. Der Auftraggeber hat eine nicht verwertete Sicherheit für Mängelansprüche nach Ablauf von 2 Jahren zurückzugeben, sofern kein anderer Rückgabezeitpunkt vereinbart worden ist. Soweit jedoch zu diesem Zeitpunkt seine geltend gemachten Ansprüche noch nicht erfüllt sind, darf er einen entsprechenden Teil der Sicherheit zurückhalten.

§ 18 Streitigkeiten

(1) Liegen die Voraussetzungen für eine Gerichtsstandvereinbarung nach § 38 Zivilprozessordnung vor, richtet sich der Gerichtsstand für Streitigkeiten aus dem Vertrag nach dem Sitz der für die Prozessvertretung des Auftraggebers zuständigen Stelle, wenn nichts anderes vereinbart ist. Sie ist dem Auftragnehmer auf Verlangen mitzuteilen.

(2) 1. Entstehen bei Verträgen mit Behörden Meinungsverschiedenheiten, so soll der Auftragnehmer zunächst die der auftraggebenden Stelle unmittelbar vorgesetzte Stelle anrufen. Diese soll dem Auftragnehmer Gelegenheit zur mündlichen Aussprache geben und ihn möglichst innerhalb von 2 Monaten nach der Anrufung schriftlich bescheiden und dabei auf die Rechtsfolgen des Satzes 3 hinweisen. Die Entscheidung gilt als anerkannt, wenn der Auftragnehmer nicht innerhalb von 3 Monaten nach Eingang des Bescheides schriftlich Einspruch beim Auftraggeber erhebt und dieser ihn auf die Ausschlussfrist hingewiesen hat.

2. Mit dem Eingang des schriftlichen Antrages auf Durchführung eines Verfahrens nach Nummer 1 wird die Verjährung des in diesem Antrag geltend gemachten Anspruchs gehemmt. Wollen Auftraggeber oder Auftragnehmer das Verfahren nicht weiter betreiben, teilen sie dies dem jeweils anderen Teil schriftlich mit. Die Hemmung endet 3 Monate nach Zugang des schriftlichen Bescheides oder der Mitteilung nach Satz 2.

(3) Daneben kann ein Verfahren zur Streitbeilegung vereinbart werden. Die Vereinbarung sollte mit Vertragsabschluss erfolgen.

(4) Bei Meinungsverschiedenheiten über die Eigenschaft von Stoffen und Bauteilen, für die allgemein gültige Prüfungsverfahren bestehen, und über die Zulässigkeit oder Zuverlässigkeit der bei der Prüfung verwendeten Maschinen oder angewendeten Prüfungsverfahren kann jede Vertragspartei nach vorheriger Benachrichtigung der anderen Vertragspartei die materialtechnische Untersuchung durch eine staatliche oder staatlich anerkannte Materialprüfungsstelle vor-

nehmen lassen; deren Feststellungen sind verbindlich. Die Kosten trägt der unterliegende Teil.

(5) Streitfälle berechtigen den Auftragnehmer nicht, die Arbeiten einzustellen.

13.3 Vergabe- und Vertragsordnung für Bauleistungen (VOB/C)

**Allgemeine Technische Vertragsbedingungen
für Bauleistungen (ATV)
Allgemeine Regelungen für Bauarbeiten jeder Art
– DIN 18299 – Ausgabe 2019-09 –**

Inhalt

0 Hinweise für das Aufstellen der Leistungsbeschreibung

1 Geltungsbereich

2 Stoffe, Bauteile

3 Ausführung

4 Nebenleistungen, Besondere Leistungen

5 Abrechnung

Anhang Begriffsbestimmungen

0 Hinweise für das Aufstellen der Leistungsbeschreibung

Diese Hinweise für das Aufstellen der Leistungsbeschreibung gelten für Bauarbeiten jeder Art; sie werden ergänzt durch die auf die einzelnen Leistungsbereiche bezogenen Hinweise in den ATV DIN 18300 bis ATV DIN 18459, Abschnitt 0, sowie den Anhang Begriffsbestimmungen. Die Beachtung dieser Hinweise und des Anhangs ist Voraussetzung für eine ordnungsgemäße Leistungsbeschreibung gemäß §§ 7 ff., §§ 7 EU ff. beziehungsweise §§ 7 VS ff. VOB/A.

In die Vorbemerkungen zum Leistungsverzeichnis ist aufzunehmen:

„Soweit in der Leistungsbeschreibung auf Technische Spezifikationen, z. B. nationale Normen, mit denen europäische Normen umgesetzt werden, europäische technische Zulassungen, gemeinsame technische Spezifikationen, internationale Normen, Bezug genommen wird, werden auch ohne den ausdrücklichen Zusatz: ‚oder gleichwertig‘ immer gleichwertige Technische Spezifikationen in Bezug genommen.“

Die Hinweise werden nicht Vertragsbestandteil.

In der Leistungsbeschreibung sind nach den Erfordernissen des Einzelfalls insbesondere anzugeben:

0.1 Angaben zur Baustelle

0.1.1 Lage der Baustelle, Umgebungsbedingungen, Zufahrtsmöglichkeiten und Beschaffenheit der Zufahrt sowie etwaige Einschränkungen bei ihrer Benutzung.

0.1.2 Besondere Belastungen aus Immissionen sowie besondere klimatische oder betriebliche Bedingungen.

0.1.3 Art und Lage der baulichen Anlagen, z.B. auch Anzahl und Höhe der Geschosse.

0.1.4 Verkehrsverhältnisse auf der Baustelle, insbesondere Verkehrsbeschränkungen.

0.1.5 Für den Verkehr freizuhaltende Flächen.

0.1.6 Art, Lage, Maße und Nutzbarkeit von Transporteinrichtungen und Transportwegen, z. B. Montageöffnungen.

0.1.7 Lage, Art, Anschlusswert und Bedingungen für das Überlassen von Anschlüssen für Wasser, Energie und Abwasser.

0.1.8 Lage und Ausmaß der dem Auftragnehmer für die Ausführung seiner Leistungen zur Benutzung oder Mitbenutzung überlassenen Flächen und Räume.

0.1.9 Bodenverhältnisse, Baugrund und seine Tragfähigkeit. Ergebnisse von Bodenuntersuchungen.

0.1.10 Hydrologische Werte von Grundwasser und Gewässern. Art, Lage, Abfluss, Abflussvermögen und Hochwasserverhältnisse von Vorflutern. Ergebnisse von Wasseranalysen.

0.1.11 Besondere umweltrechtliche Vorschriften.

0.1.12 Besondere Vorgaben für die Entsorgung, z. B. Beschränkungen für die Beseitigung von Abwasser und Abfall.

0.1.13 Schutzgebiete oder Schutzzeiten im Bereich der Baustelle, z. B. wegen Forderungen des Gewässer-, Boden-, Natur-, Landschafts- oder Immissionsschutzes; vorliegende Fachgutachten oder dergleichen.

0.1.14 Art und Umfang des Schutzes von Bäumen, Pflanzenbeständen, Vegetationsflächen, Verkehrsflächen, Bauteilen, Bauwerken, Grenzsteinen und dergleichen im Bereich der Baustelle.

0.1.15 Art und Umfang der Regelung und Sicherung des öffentlichen Verkehrs.

0.1.16 Im Bereich der Baustelle vorhandene Anlagen, insbesondere Abwasser- und Versorgungsleitungen.

0.1.17 Bekannte oder vermutete Hindernisse im Bereich der Baustelle, z. B. Leitungen, Kabel, Dräne, Kanäle, Bauwerksreste und, soweit bekannt, deren Eigentümer.

0.1.18 Bestätigung, dass die im jeweiligen Bundesland geltenden Anforderungen zu Erkundungs- und gegebenenfalls Räumungsmaßnahmen hinsichtlich Kampfmitteln erfüllt wurden.

0.1.19 Gemäß der Baustellenverordnung getroffene Maßnahmen.

0.1.20 Besondere Anordnungen, Vorschriften und Maßnahmen der Eigentümer (oder der anderen Weisungsberechtigten) von Leitungen, Kabeln, Dränen, Kanälen, Straßen, Wegen, Gewässern, Gleisen, Zäunen und dergleichen im Bereich der Baustelle.

0.1.21 Art und Umfang von Schadstoffbelastungen, z. B. des Bodens, der Gewässer, der Luft, der Stoffe und Bauteile; vorliegende Fachgutachten oder dergleichen.

0.1.22 Art und Zeit der vom Auftraggeber veranlassten Vorarbeiten.

0.1.23 Arbeiten anderer Unternehmer auf der Baustelle.

0.2 Angaben zur Ausführung

0.2.1 Vorgesehene Arbeitsabschnitte, Arbeitsunterbrechungen und Arbeitsbeschränkungen nach Art, Ort und Zeit sowie Abhängigkeit von Leistungen anderer.

0.2.2 Besondere Erschwernisse während der Ausführung, z. B. Arbeiten in Räumen, in denen der Betrieb weiterläuft, Arbeiten im Bereich von Verkehrswegen oder bei außergewöhnlichen äußeren Einflüssen.

0.2.3 Vorgaben, die sich aus dem SiGe-Plan gemäß Baustellenverordnung ergeben.

0.2.4 Art und Umfang von Leistungen zur Unfallverhütung und zum Gesundheitsschutz für Mitarbeiter anderer Unternehmen, z. B. trittsichere Abdeckungen.

0.2.5 Besondere Anforderungen für Arbeiten in kontaminierten Bereichen, gegebenenfalls besondere Anordnungen für Schutz- und Sicherheitsmaßnahmen.

0.2.6 Besondere Anforderungen an die Baustelleneinrichtung und Entsorgungseinrichtungen, z. B. Behälter für die getrennte Erfassung.

0.2.7 Besondere Anforderungen an das Auf- und Abbauen sowie Vorhalten von Gerüsten.

0.2.8 Mitbenutzung fremder Gerüste, Hebezeuge, Aufzüge, Aufenthalts- und Lagerräume, Einrichtungen und dergleichen durch den Auftragnehmer.

0.2.9 Wie lange, für welche Arbeiten und gegebenenfalls für welche Beanspruchung der Auftragnehmer Gerüste, Hebezeuge, Aufzüge, Aufenthalts- und Lagerräume, Einrichtungen und dergleichen für andere Unternehmer vorzuhalten hat.

0.2.10 Verwendung oder Mitverwendung von wiederaufbereiteten (Recycling-)Stoffen.

0.2.11 Anforderungen an wiederaufbereitete (Recycling-)Stoffe und an nicht genormte Stoffe und Bauteile.

0.2.12 Besondere Anforderungen an Art, Güte und Umweltverträglichkeit der Stoffe und Bauteile, auch z. B. an die schnelle biologische Abbaubarkeit von Hilfsstoffen.

0.2.13 Art und Umfang der vom Auftraggeber verlangten Eignungs- und Gütenachweise.

0.2.14 Unter welchen Bedingungen auf der Baustelle gewonnene Stoffe verwendet werden dürfen oder müssen oder einer anderen Verwertung zuzuführen sind.

0.2.15 Art, Zusammensetzung und Menge der aus dem Bereich des Auftraggebers zu entsorgenden Böden, Stoffe und Bauteile; Art der Verwertung oder bei Abfall die Entsorgungsanlage; Anforderungen an die Nachweise über Transporte, Entsorgung und die vom Auftraggeber zu tragenden Entsorgungskosten.

0.2.16 Art, Anzahl, Menge oder Masse der Stoffe und Bauteile, die vom Auftraggeber beigestellt werden, sowie Art, genaue Bezeichnung des Ortes und Zeit ihrer Übergabe.

0.2.17 In welchem Umfang der Auftraggeber Abladen, Lagern und Transport von Stoffen und Bauteilen übernimmt oder dafür dem Auftragnehmer Geräte oder Arbeitskräfte zur Verfügung stellt.

0.2.18 Leistungen für andere Unternehmer.

0.2.19 Mitwirken beim Einstellen von Anlageteilen und bei der Inbetriebnahme von Anlagen im Zusammenwirken mit anderen Beteiligten, z. B. mit dem Auftragnehmer für die Gebäudeautomation.

0.2.20 Benutzung von Teilen der Leistung vor der Abnahme.

0.2.21 Übertragung der Wartung während der Dauer der Verjährungsfrist für die Mängelansprüche für maschinelle und elektrotechnische sowie elektronische Anlagen oder Teile davon, bei denen die Wartung Einfluss auf die Sicherheit und die Funktionsfähigkeit hat (vergleiche §13Absatz4Nummer2VOB/B), durch einen besonderen Wartungsvertrag.

0.2.22 Abrechnung nach bestimmten Zeichnungen oder Tabellen.

0.3 Einzelangaben bei Abweichungen von den ATV

0.3.1 Wenn andere als die in den ATV DIN 18299 bis ATV DIN 18459 vorgesehenen Regelungen getroffen werden sollen, sind diese in der Leistungsbeschreibung eindeutig und im Einzelnen anzugeben.

0.3.2 Abweichende Regelungen von der ATV DIN 18299 können insbesondere in Betracht kommen bei Abschnitt 2.1.1, Abschnitt 2.2, Abschnitt 2.3.1, wenn die Lieferung von Stoffen und Bauteilen nicht zur Leistung gehören soll, wenn nur ungebrauchte Stoffe und Bauteile vorgehalten werden dürfen, wenn auch gebrauchte Stoffe und Bauteile geliefert werden dürfen.

0.4 Einzelangaben zu Nebenleistungen und Besonderen Leistungen

0.4.1 Nebenleistungen

Nebenleistungen (Abschnitt 4.1 aller ATV) sind in der Leistungsbeschreibung nur zu erwähnen, wenn sie ausnahmsweise selbständig vergütet werden sollen. Eine ausdrückliche Erwähnung ist geboten, wenn die Kosten der Nebenleistung von erheblicher Bedeutung für die Preisbildung sind; in diesen Fällen sind besondere Ordnungszahlen (Positionen) vorzusehen. Dies kommt insbesondere für das Einrichten und Räumen der Baustelle in Betracht.

0.4.2 Besondere Leistungen

Werden Besondere Leistungen (Abschnitt 4.2 aller ATV) verlangt, ist dies in der Leistungsbeschreibung anzugeben; gegebenenfalls sind hierfür besondere Ordnungszahlen (Positionen) vorzusehen.

0.5 Abrechnungseinheiten

Im Leistungsverzeichnis sind die Abrechnungseinheiten für die Teilleistungen (Positionen) gemäß Abschnitt 0.5 der jeweiligen ATV anzugeben.

1 Geltungsbereich

Die ATV DIN 18299 „Allgemeine Regelungen für Bauarbeiten jeder Art" gilt für alle Bauarbeiten, auch für solche, für die keine ATV in VOB/C — ATV DIN 18300 bis ATV DIN 18459 — bestehen.

Abweichende Regelungen in den ATV DIN 18300 bis ATV DIN 18459 haben Vorrang.

2 Stoffe, Bauteile

2.1 Allgemeines

2.1.1 Die Leistungen umfassen auch die Lieferung der dazugehörigen Stoffe und Bauteile einschließlich Abladen und Lagern auf der Baustelle.

2.1.2 Stoffe und Bauteile, die vom Auftraggeber beigestellt werden, hat der Auftragnehmer rechtzeitig beim Auftraggeber anzufordern.

2.1.3 Stoffe und Bauteile müssen für den jeweiligen Verwendungszweck geeignet und aufeinander abgestimmt sein.

2.2 Vorhalten

Stoffe und Bauteile, die der Auftragnehmer nur vorzuhalten hat, die also nicht in das Bauwerk eingehen, dürfen nach Wahl des Auftragnehmers gebraucht oder ungebraucht sein.

2.3 Liefern

2.3.1 Stoffe und Bauteile, die der Auftragnehmer zu liefern und einzubauen hat, die also in das Bauwerk eingehen, müssen ungebraucht sein. Wiederaufbereitete (Recycling-)Stoffe gelten als ungebraucht, wenn sie den Bedingungen gemäß Abschnitt 2.1.3 entsprechen.

2.3.2 Stoffe und Bauteile, für die DIN-Normen bestehen, müssen den DIN-Güte- und DIN-Maßbestimmungen entsprechen.

2.3.3 Stoffe und Bauteile, die nach den behördlichen Vorschriften einer Zulassung bedürfen, müssen amtlich zugelassen sein und den Bestimmungen ihrer Zulassung entsprechen.

2.3.4 Stoffe und Bauteile, für die bestimmte technische Spezifikationen in der Leistungsbeschreibung nicht genannt sind, dürfen auch verwendet werden, wenn sie Normen, technischen Vorschriften oder sonstigen Bestimmungen anderer Staaten entsprechen, sofern das geforderte Schutzniveau in Bezug auf Sicherheit, Gesundheit und Gebrauchstauglichkeit gleichermaßen dauerhaft erreicht wird.

Sofern für Stoffe und Bauteile eine Überwachungs- oder Prüfzeichenpflicht oder der Nachweis der Brauchbarkeit, z. B. durch allgemeine bauaufsichtliche Zulassung, allgemein vorgesehen ist, kann von einer Gleichwertigkeit nur ausgegangen werden, wenn die Stoffe und Bauteile ein Überwachungs- oder Prüfzeichen tragen oder für sie der genannte Brauchbarkeitsnachweis erbracht ist.

3 Ausführung

3.1 Wenn Verkehrs-, Versorgungs- und Entsorgungsanlagen im Bereich der Baustelle liegen, sind die Vorschriften und Anordnungen der zuständigen Stellen zu beachten. Kann die Lage dieser Anlagen nicht angegeben werden, ist sie zu erkunden. Leistungen zur Erkundung derartiger Anlagen sind Besondere Leistungen (siehe Abschnitt 4.2.1).

3.2 Die für die Aufrechterhaltung des Verkehrs bestimmten Flächen sind freizuhalten. Der Zugang zu Einrichtungen der Versorgungs- und Entsorgungsbetriebe, der Feuerwehr, der Post und Bahn, zu Vermessungspunkten und dergleichen darf nicht mehr als durch die Ausführung unvermeidlich behindert werden.

3.3 Werden Schadstoffe vorgefunden, z. B. in Böden, Gewässern, Stoffen oder Bauteilen, ist dies dem Auftraggeber unverzüglich mitzuteilen. Bei

Gefahr im Verzug hat der Auftragnehmer die notwendigen Sicherungs-maßnahmen unverzüglich durchzuführen. Die weiteren Maßnahmen sind gemeinsam festzulegen. Die erbrachten und die weiteren Leistungen sind Besondere Leistungen (siehe Abschnitt 4.2.1).

4 Nebenleistungen, Besondere Leistungen

4.1 Nebenleistungen

Nebenleistungen sind Leistungen, die auch ohne Erwähnung im Vertrag zur vertraglichen Leistung gehören (§ 2 Absatz 1 VOB/B).

Nebenleistungen sind demnach insbesondere:

4.1.1 Einrichten und Räumen der Baustelle einschließlich der Geräte und dergleichen.

4.1.2 Vorhalten der Baustelleneinrichtung einschließlich der Geräte und dergleichen.

4.1.3 Messungen für das Ausführen und Abrechnen der Arbeiten ein-schließlich des Vorhaltens der Messgeräte, Lehren, Absteckzeichen und dergleichen, des Erhaltens der Lehren und Absteckzeichen während der Bauausführung und des Stellens der Arbeitskräfte, jedoch nicht Leistungen nach § 3 Absatz 2 VOB/B.

4.1.4 Schutz- und Sicherheitsmaßnahmen nach den staatlichen und berufs-genossenschaftlichen Regelwerken zum Arbeitsschutz, ausgenommen Leistungen nach den Abschnitten 4.2.4 und 4.2.5.

4.1.5 Beleuchten, Beheizen und Reinigen der Aufenthalts- und Sanitärräu-me für die Beschäftigten des Auftragnehmers.

4.1.6 Heranbringen von Wasser und Energie von den vom Auftraggeber auf der Baustelle zur Verfügung gestellten Anschlussstellen zu den Ver-wendungs- stellen.

4.1.7 Liefern der Betriebsstoffe.

4.1.8 Vorhalten der Kleingeräte und Werkzeuge.

4.1.9 Befördern aller Stoffe und Bauteile, auch wenn sie vom Auftraggeber beigestellt sind, von den Lagerstellen auf der Baustelle oder von den in der Leistungsbeschreibung angegebenen Übergabestellen zu den Verwen-dungs- stellen und etwaiges Rückbefördern.

4.1.10 Sichern der Arbeiten gegen Niederschlagswasser, mit dem normaler-weise gerechnet werden muss, und seine etwa erforderliche Beseitigung.

4.1.11 Entsorgen von Abfall aus dem Bereich des Auftragnehmers sowie Beseitigen der Verunreinigungen, die von den Arbeiten des Auftragneh-mers herrühren.

4.1.12 Entsorgen von Abfall aus dem Bereich des Auftraggebers bis zu einer Menge von 1 m3, soweit der Abfall nicht schadstoffbelastet ist.

4.2 Besondere Leistungen

Besondere Leistungen sind Leistungen, die nicht Nebenleistungen nach Abschnitt 4.1 sind und nur dann zur vertraglichen Leistung gehören, wenn sie in der Leistungsbeschreibung besonders erwähnt sind. Besondere Leistungen sind z. B.:

4.2.1 Leistungen nach den Abschnitten 3.1 und 3.3.

4.2.2 Beaufsichtigen der Leistungen anderer Unternehmer.

4.2.3 Erfüllen von Aufgaben des Auftraggebers (Bauherrn) hinsichtlich der Planung der Ausführung des Bauvorhabens oder der Koordinierung gemäß Baustellenverordnung.

4.2.4 Leistungen zur Unfallverhütung und zum Gesundheitsschutz für Mitarbeiter anderer Unternehmen.

4.2.5 Besondere Schutz- und Sicherheitsmaßnahmen bei Arbeiten in kontaminierten Bereichen, z. B. messtechnische Überwachung, spezifische Zusatzgeräte für Baumaschinen und Anlagen, abgeschottete Arbeitsbereiche.

4.2.6 Leistungen für besondere Schutzmaßnahmen gegen Witterungsschäden, Hochwasser und Grundwasser, ausgenommen Leistungen nach Abschnitt 4.1.10.

4.2.7 Versicherung der Leistung bis zur Abnahme zugunsten des Auftraggebers oder Versicherung eines außergewöhnlichen Haftpflichtwagnisses.

4.2.8 Besondere Prüfung von Stoffen und Bauteilen, die der Auftraggeber liefert.

4.2.9 Aufstellen, Vorhalten, Betreiben und Beseitigen von Einrichtungen zur Sicherung und Aufrechterhaltung des Verkehrs auf der Baustelle, z. B. Bauzäune, Schutzgerüste, Hilfsbauwerke, Beleuchtungen, Leiteinrichtungen.

4.2.10 Bereitstellen von Teilen der Baustelleneinrichtung für andere Unternehmer oder den Auftraggeber.

4.2.11 Leistungen für besondere Maßnahmen aus Gründen des Umweltschutzes sowie der Landes- und Denkmalpflege.

4.2.12 Entsorgen von Abfall über die Leistungen nach den Abschnitten 4.1.11 und 4.1.12 hinaus.

4.2.13 Schutz der Leistung, wenn der Auftraggeber eine vorzeitige Benutzung verlangt.

4.2.14 Beseitigen von Hindernissen.

4.2.15 Zusätzliche Leistungen für die Weiterarbeit bei Frost und Schnee, soweit sie dem Auftragnehmer nicht ohnehin obliegen.

4.2.16 Leistungen für besondere Maßnahmen zum Schutz und zur Sicherung gefährdeter baulicher Anlagen und benachbarter Grundstücke.

4.2.17 Sichern von Leitungen, Kabeln, Dränen, Kanälen, Grenzsteinen, Bäumen, Pflanzen und dergleichen.

5 Abrechnung

Die Leistung ist aus Zeichnungen zu ermitteln, soweit die ausgeführte Leistung diesen Zeichnungen entspricht. Sind solche Zeichnungen nicht vorhanden, ist die Leistung aufzumessen.

13.4 Übersicht über die aktuellen Regelungen der VOB 2019

DIN 1960	VOB Teil A: Allgemeine Bestimmungen für die Vergabe von Bauleistungen
DIN 1961	VOB Teil B: Allgemeine Vertragsbedingungen für die Ausführung von Bauleistungen
DIN 18299	Allgemeine Regelungen für Bauarbeiten jeder Art
DIN 18300	Erdarbeiten
DIN 18301	Bohrarbeiten
DIN 18302	Arbeiten zum Ausbau von Bohrungen
DIN 18303	Verbauarbeiten
DIN 18304	Ramm-, Rüttel- und Pressarbeiten
DIN 18305	Wasserhaltungsarbeiten
DIN 18306	Entwässerungskanalarbeiten
DIN 18307	Druckrohrleitungsarbeiten
DIN 18308	Drän- und Versickerarbeiten
DIN 18309	Einpressarbeiten
DIN 18311	Nassbaggerarbeiten
DIN 18312	Untertagebauarbeiten
DIN 18313	Schlitzwandarbeiten mit stützenden Flüssigkeiten
DIN 18314	Spritzbetonarbeiten
DIN 18315	Verkehrswegebauarbeiten, Oberbauschichten ohne Bindemittel
DIN 18316	Verkehrswegebauarbeiten, Oberbauschichten mit hydraulischen Bindemitteln
DIN 18317	Verkehrswegebauarbeiten, Oberbauschichten aus Asphalt
DIN 18318	Verkehrswegebauarbeiten – Pflasterdecken und in ungebundener Ausführung, Plattenbeläge Einfassungen
DIN 18319	Rohrvortriebsarbeiten
DIN 18320	Landschaftsbauarbeiten
DIN 18321	Düsenstrahlarbeiten
DIN 18322	Kabelleitungstiefbauarbeiten
DIN 18323	Kampfmittelräumarbeiten
DIN 18324	Horizontalspülbohrarbeiten
DIN 18325	Gleisbauarbeiten
DIN 18326	Renovierungsarbeiten an Entwässerungskanälen
DIN 18330	Mauerarbeiten
DIN 18331	Betonarbeiten
DIN 18332	Naturwerksteinarbeiten
DIN 18333	Betonwerksteinarbeiten
DIN 18334	Zimmer- und Holzbauarbeiten
DIN 18335	Stahlbauarbeiten
DIN 18336	Abdichtungsarbeiten

DIN 18338	Dachdeckungs- und Dachdichtungsarbeiten
DIN 18339	Klempnerarbeiten
DIN 18340	Trockenbauarbeiten
DIN 18345	Wärmedämm-Verbundsysteme
DIN 18349	Betonerhaltungsarbeiten
DIN 18350	Putz- und Stuckarbeiten
DIN 18351	Vorgehängte, hinterlüftete Fassaden
DIN 18352	Fliesen- und Plattenarbeiten
DIN 18353	Estricharbeiten
DIN 18354	Gussasphaltarbeiten
DIN 18355	Tischlerarbeiten
DIN 18356	Parkett- und Holzpflasterarbeiten
DIN 18357	Beschlagarbeiten
DIN 18358	Rollladenarbeiten
DIN 18360	Metallbauarbeiten
DIN 18361	Verglasungsarbeiten
DIN 18363	Maler- und Lackierarbeiten Beschichtungen
DIN 18364	Korrosionsschutzarbeiten an Stahlbauten
DIN 18365	Bodenbelagarbeiten
DIN 18366	Tapezierarbeiten
DIN 18379	Raumlufttechnische Anlagen
DIN 18380	Heizanlagen und zentrale Wassererwärmungsanlagen
DIN 18381	Gas-, Wasser-, und Entwässerungsanlagen innerhalb von Gebäuden
DIN 18382	Nieder- und Mittelspannungsanlagen bis 36 kV Elektro-, Sicherheits- und Informationstechnische Anlagen
DIN 18384	Blitzschutz-, Überspannungsschutz und Erdungsanlagen
DIN 18385	Aufzugsanlagen, Fahrtreppen und Fahrsteige sowie Förderanlagen
DIN 18386	Gebäudeautomation
DIN 18421	Dämm- und Brandschutzarbeiten an technischen Anlagen
DIN 18451	Gerüstarbeiten
DIN18459	Abbruch- und Rückbauarbeiten

13.5 Übersicht über die Leistungsbereiche des Standardleistungsbuches für das Bauwesen STLB-Bau

Das Leistungspakt STLB-Bau umfasst folgende Leistungsbereiche
(Stand: Oktober 2019)

LB-Nr.	Bezeichnung
000	Sicherheitseinrichtungen, Baustelleneinrichtung
001	Gerüstarbeiten
002	Erdarbeiten
003	Landschaftsbauarbeiten
004	Landschaftsbauarbeiten; Pflanzen
005	Brunnenbauarbeiten und Aufschlussbohrungen
006	Spezialtiefbauarbeiten
007	Untertagebauarbeiten
008	Wasserhaltungsarbeiten
009	Entwässerungskanalarbeiten
010	Drän- und Versickerarbeiten
011	Abscheider- und Kleinkläranlagen
012	Mauerarbeiten
013	Betonarbeiten
014	Natur-, Betonwerksteinarbeiten
016	Zimmer- und Holzbauarbeiten
017	Stahlbauarbeiten
018	Abdichtungsarbeiten
019	Kampfmittelräumarbeiten
020	Dachdeckungsarbeiten
021	Dachabdichtungsarbeiten
022	Klempnerarbeiten
023	Putz- und Stuckarbeiten, Wärmedämmsysteme

LB-Nr.	Bezeichnung
024	Fliesen- und Plattenarbeiten
025	Estricharbeiten
026	Fenster, Außentüren
027	Tischlerarbeiten
028	Parkett-, Holzpflasterarbeiten
029	Beschlagarbeiten
030	Rollladenarbeiten
031	Metallbauarbeiten
032	Verglasungsarbeiten
033	Baureinigungsarbeiten
034	Maler- und Lackierarbeiten; Beschichtungen
035	Korrosionsschutzmaßnahmen an Stahlbauten
036	Bodenbelagarbeiten
037	Tapezierarbeiten
038	Vorgehängte hinterlüftete Fassaden
039	Trockenbauarbeiten
040	Wärmeversorgungsanlagen – Betriebseinrichtungen
041	Wärmeversorgungsanlagen – Leitungen, Armaturen, Heizflächen
042	Gas- und Wasseranlagen; Leitungen und Armaturen
043	Druckrohrleitungen für Gas, Wasser und Abwasser
044	Abwasseranlagen; Leitungen, Abläufe, Armaturen
045	Gas-, Wasser- und Entwässerungsanlagen – Ausstattung, Elemente, Fertigbäder
046	Gas-, Wasser- und Entwässerungsanlagen; Betriebseinrichtungen
047	Dämm- und Brandschutzarbeiten an technischen Anlagen
049	Feuerlöschanlagen, Feuerlöschgeräte

LB-Nr.	Bezeichnung
050	Blitzschutz-/Erdungsanlagen; Überspannungsschutz
051	Kabelleitungstiefbauarbeiten
052	Mittelspannungsanlagen
053	Niederspannungsanlagen - Kabel/Leitungen, Verlegesysteme, Installationsgeräte
054	Niederspannungsanlagen - Verteilersysteme und Einbaugeräte
055	Sicherheits- und Ersatzstromversorgungsanlagen
057	Gebäudesystemtechnik
058	Leuchten und Lampen
059	Sicherheitsbeleuchtungsanlagen
060	Sprech-, Ruf-, Antennenempfangs-, Uhren- und elektroakustische Anlagen
061	Kommunikationsnetze
062	Kommunikationsanlagen
063	Gefahrenmeldeanlagen
064	Zutrittskontroll-, Zeiterfassungssysteme
069	Aufzüge
070	Gebäudeautomation
075	Raumlufttechnische Anlagen
078	Kälteanlagen für raumlufttechnische Anlagen
080	Straßen, Wege, Plätze
081	Betonerhaltungsarbeiten
082	Bekämpfender Holzschutz
084	Abbruch-, Rückbau- und Schadstoffsanierungsarbeiten
085	Rohrvortriebsarbeiten
087	Abfallentsorgung; Verwertung und Beseitigung
090	Baulogistik
091	Stundenlohnarbeiten

LB-Nr.	Bezeichnung
096	Bauarbeiten an Bahnübergängen
097	Bauarbeiten an Gleisen und Weichen
098	Witterungsschutzmaßnahmen

13.6 Wichtige Paragraphen des BGB und StGB

Geschäftsfähigkeit

§ 104 Geschäftsunfähigkeit

Geschäftsunfähig ist:

1. wer nicht das siebente Lebensjahr vollendet hat,
2. wer sich in einem die freie Willensbestimmung ausschließenden Zustand krankhafter Störung der Geistestätigkeit befindet, sofern nicht der Zustand seiner Natur nach ein vorübergehender ist

§ 105 Nichtigkeit der Willenserklärung

(1) Die Willenserklärung eines Geschäftsunfähigen ist nichtig.

(2) Nichtig ist auch eine Willenserklärung, die im Zustand der Bewusstlosigkeit oder vorübergehender Störung der Geistestätigkeit abgegeben wird.

§ 105a Geschäfte des täglichen Lebens

Tätigt ein volljähriger Geschäftsunfähiger ein Geschäft des täglichen Lebens, das mit geringwertigen Mitteln bewirkt werden kann, so gilt der von ihm geschlossene Vertrag in Ansehung von Leistung und, soweit vereinbart, Gegenleistung als wirksam, sobald Leistung und Gegenleistung bewirkt sind. Satz 1 gilt nicht bei einer erheblichen Gefahr für die Person oder das Vermögen des Geschäftsunfähigen.

§ 106 Beschränkte Geschäftsfähigkeit Minderjähriger

Ein Minderjähriger, der das siebente Lebensjahr vollendet hat, ist nach Maßgabe der §§ 107 bis 113 in der Geschäftsfähigkeit beschränkt.

§ 107 Einwilligung des gesetzlichen Vertreters

Der Minderjährige bedarf zu einer Willenserklärung, durch die er nicht lediglich einen rechtlichen Vorteil erlangt, der Einwilligung seines gesetzlichen Vertreters.

Willenserklärung

§ 125 Nichtigkeit wegen Formmangels

Ein Rechtsgeschäft, welches der durch Gesetz vorgeschriebenen Form ermangelt, ist nichtig. Der Mangel der durch Rechtsgeschäft bestimmten Form hat im Zweifel gleichfalls Nichtigkeit zur Folge.

§ 126 Schriftform

(1) Ist durch Gesetz schriftliche Form vorgeschrieben, so muss die Urkunde von dem Aussteller eigenhändig durch Namensunterschrift oder mittels notariell beglaubigten Handzeichens unterzeichnet werden.

(2) Bei einem Vertrag muss die Unterzeichnung der Parteien auf derselben Urkunde erfolgen. Werden über den Vertrag mehrere gleichlautende Urkunden aufgenommen, so genügt es, wenn jede Partei die für die andere Partei bestimmte Urkunde unterzeichnet.

(3) Die schriftliche Form kann durch die elektronische Form ersetzt werden, wenn sich nicht aus dem Gesetz ein anderes ergibt.

(4) Die schriftliche Form wird durch die notarielle Beurkundung ersetzt.

§ 126 a Elektronische Form

(1) Soll die gesetzlich vorgeschriebene schriftliche Form durch die elektronische Form ersetzt werden, so muss der Aussteller der Erklärung dieser seinen Namen hinzufügen und das elektronische Dokument mit einer qualifizierten elektronischen Signatur nach dem Signaturgesetz versehen.

(2) Bei einem Vertrag müssen die Parteien jeweils ein gleichlautendes Dokument in der in Absatz 1 bezeichneten Weise elektronisch signieren.

§ 126 b Textform

Ist durch Gesetz Textform vorgeschrieben, so muss eine lesbare Erklärung, in der die Person des Erklärenden genannt ist, auf einem dauerhaften Datenträger abgegeben werden. Ein dauerhafter Datenträger ist jedes Medium, das

1. es dem Empfänger ermöglicht, eine auf dem Datenträger befindliche, an ihn persönlich gerichtete Erklärung so aufzubewahren oder zu speichern, dass sie ihm während eines für ihren Zweck angemessenen Zeitraums zugänglich ist, und

2. geeignet ist, die Erklärung unverändert wiederzugeben.

§ 127 Vereinbarte Form

(1) Die Vorschriften des § 126, des § 126a oder des § 126b gelten im Zweifel auch für die durch Rechtsgeschäft bestimmte Form.

(2) Zur Wahrung der durch Rechtsgeschäft bestimmten schriftlichen Form genügt, soweit nicht ein anderer Wille anzunehmen ist, die telekommunikative Übermittlung und bei einem Vertrag der Briefwechsel. Wird eine solche Form gewählt, so kann nachträglich eine dem § 126 entsprechende Beurkundung verlangt werden.

(3) Zur Wahrung der durch Rechtsgeschäft bestimmten elektronischen Form genügt, soweit nicht ein anderer Wille anzunehmen ist, auch eine

andere als die in §126a bestimmte elektronische Signatur und bei einem
Vertrag der Austausch von Angebots- und Annahmeerklärung, die jeweils
mit einer elektronischen Signatur versehen sind. Wird eine solche Form
gewählt, so kann nachträglich eine dem §126a entsprechende elektronische
Signierung oder, wenn diese einer der Parteien nicht möglich ist, eine dem
§ 126 entsprechende Beurkundung verlangt werden.

§ 127a Gerichtlicher Vergleich

Die notarielle Beurkundung wird bei einem gerichtlichen Vergleich durch
die Aufnahme der Erklärungen in ein nach den Vorschriften der Zivilprozessordnung errichtetes Protokoll ersetzt.

§ 128 Notarielle Beurkundung

Ist durch Gesetz notarielle Beurkundung eines Vertrags vorgeschrieben, so
genügt es, wenn zunächst der Antrag und sodann die Annahme des Antrags von einem Notar beurkundet wird.

§ 134 Gesetzliches Verbot

Ein Rechtsgeschäft, das gegen ein gesetzliches Verbot verstößt, ist nichtig,
wenn sich nicht aus dem Gesetz ein anderes ergibt.

§ 138 Sittenwidriges Rechtsgeschäft; Wucher

(1) Ein Rechtsgeschäft, das gegen die guten Sitten verstößt, ist nichtig.

(2) Nichtig ist insbesondere ein Rechtsgeschäft, durch das jemand unter
Ausbeutung der Zwangslage, der Unerfahrenheit, des Mangels an Urteils-
vermögen oder der erheblichen Willensschwäche eines anderen sich oder
einem Dritten für eine Leistung Vermögensvorteile versprechen oder gewähren lässt, die in einem auffälligen Missverhältnis zu der Leistung stehen.

§ 139 Teilnichtigkeit

Ist ein Teil eines Rechtsgeschäfts nichtig, so ist das ganze Rechtsgeschäft
nichtig, wenn nicht anzunehmen ist, dass es auch ohne den nichtigen Teil
vorgenommen sein würde.

Vertrag

§ 145 Bindung an den Antrag

Wer einem anderen die Schließung eines Vertrags anträgt, ist an den Antrag gebunden, es sei denn, dass er die Gebundenheit ausgeschlossen hat.

§ 146 Erlöschen des Antrags

Der Antrag erlischt, wenn er dem Antragenden gegenüber abgelehnt oder wenn er nicht diesem gegenüber nach den §§ 147 bis 149 rechtzeitig angenommen wird.

§ 147 Annahmefrist

(1) Der einem Anwesenden gemachte Antrag kann nur sofort angenommen werden. Dies gilt auch von einem mittels Fernsprechers oder einer sonstigen technischen Einrichtung von Person zu Person gemachten Antrag.

(2) Der einem Abwesenden gemachte Antrag kann nur bis zu dem Zeitpunkt angenommen werden, in welchem der Antragende den Eingang der Antwort unter regelmäßigen Umständen erwarten darf.

§ 148 Bestimmung einer Annahmefrist

Hat der Antragende für die Annahme des Antrags eine Frist bestimmt, so kann die Annahme nur innerhalb der Frist erfolgen.

§ 149 Verspätet zugegangene Annahmeerklärung

Ist eine dem Antragenden verspätet zugegangene Annahmeerklärung dergestalt abgesendet worden, dass sie bei regelmäßiger Beförderung ihm rechtzeitig zugegangen sein würde, und musste der Antragende dies erkennen, so hat er die Verspätung dem Annehmenden unverzüglich nach dem Empfang der Erklärung anzuzeigen, sofern es nicht schon vorher geschehen ist. Verzögert er die Absendung der Anzeige, so gilt die Annahme als nicht verspätet.

§ 150 Verspätete und abändernde Annahme

(1) Die verspätete Annahme eines Antrags gilt als neuer Antrag.

(2) Eine Annahme unter Erweiterungen, Einschränkungen oder sonstigen Änderungen gilt als Ablehnung verbunden mit einem neuen Antrag.

§ 151 Annahme ohne Erklärung gegenüber dem Antragenden

Der Vertrag kommt durch die Annahme des Antrags zustande, ohne dass die Annahme dem Antragenden gegenüber erklärt zu werden braucht, wenn eine solche Erklärung nach der Verkehrssitte nicht zu erwarten ist oder der Antragende auf sie verzichtet hat. Der Zeitpunkt, in welchem der Antrag erlischt, bestimmt sich nach dem aus dem Antrag oder den Umständen zu entnehmenden Willen des Antragenden.

§ 152 Annahme bei notarieller Beurkundung

Wird ein Vertrag notariell beurkundet, ohne dass beide Teile gleichzeitig anwesend sind, so kommt der Vertrag mit der nach § 128 erfolgten Beurkundung der Annahme zustande, wenn nicht ein anderes bestimmt ist. Die Vorschrift des § 151 Satz 2 findet Anwendung.

§ 153 Tod oder Geschäftsunfähigkeit des Antragenden

Das Zustandekommen des Vertrags wird nicht dadurch gehindert, dass der Antragende vor der Annahme stirbt oder geschäftsunfähig wird, es sei denn, dass ein anderer Wille des Antragenden anzunehmen ist.

§ 154 Offener Einigungsmangel; fehlende Beurkundung

(1) Solange nicht die Parteien sich über alle Punkte eines Vertrags geeinigt haben, über die nach der Erklärung auch nur einer Partei eine Vereinbarung getroffen werden soll, ist im Zweifel der Vertrag nicht geschlossen. Die Verständigung über einzelne Punkte ist auch dann nicht bindend, wenn eine Aufzeichnung stattgefunden hat.

(2) Ist eine Beurkundung des beabsichtigten Vertrags verabredet worden, so ist im Zweifel der Vertrag nicht geschlossen, bis die Beurkundung erfolgt ist.

§ 155 Versteckter Einigungsmangel

Haben sich die Parteien bei einem Vertrag, den sie als geschlossen ansehen, über einen Punkt, über den eine Vereinbarung getroffen werden sollte, in Wirklichkeit nicht geeinigt, so gilt das Vereinbarte, sofern anzunehmen ist, dass der Vertrag auch ohne eine Bestimmung über diesen Punkt geschlossen sein würde.

§ 157 Auslegung von Verträgen

Verträge sind so auszulegen, wie Treu und Glauben mit Rücksicht auf die Verkehrssitte es erfordern.

Fristen, Termine

§ 186 Geltungsbereich

Für die in Gesetzen, gerichtlichen Verfügungen und Rechtsgeschäften enthaltenen Frist- und Terminsbestimmungen gelten die Auslegungsvorschriften der §§ 187 bis 193.

§ 187 Fristbeginn

(1) Ist für den Anfang einer Frist ein Ereignis oder ein in den Lauf eines Tages fallender Zeitpunkt maßgebend, so wird bei der Berechnung der Frist der Tag nicht mitgerechnet, in welchen das Ereignis oder der Zeitpunkt fällt.

(2) Ist der Beginn eines Tages der für den Anfang einer Frist maßgebende Zeitpunkt, so wird dieser Tag bei der Berechnung der Frist mitgerechnet.

Das Gleiche gilt von dem Tag der Geburt bei der Berechnung des Lebensalters.

§ 188 Fristende

(1) Eine nach Tagen bestimmte Frist endigt mit dem Ablauf des letzten Tages der Frist.

(2) Eine Frist, die nach Wochen, nach Monaten oder nach einem mehrere Monate umfassenden Zeitraum - Jahr, halbes Jahr, Vierteljahr - bestimmt ist, endigt im Falle des § 187 Abs. 1 mit dem Ablauf desjenigen Tages der letzten Woche oder des letzten Monats, welcher durch seine Benennung oder seine Zahl dem Tag entspricht, in den das Ereignis oder der Zeitpunkt fällt, im Falle des § 187 Abs. 2 mit dem Ablauf desjenigen Tages der letzten Woche oder des letzten Monats, welcher dem Tage vorhergeht, der durch seine Benennung oder seine Zahl dem Anfangstag der Frist entspricht.

(3) Fehlt bei einer nach Monaten bestimmten Frist in dem letzten Monat der für ihren Ablauf maßgebende Tag, so endigt die Frist mit dem Ablauf des letzten Tages dieses Monats.

§ 189 Berechnung einzelner Fristen

(1) Unter einem halben Jahr wird eine Frist von sechs Monaten, unter einem Vierteljahr eine Frist von drei Monaten, unter einem halben Monat eine Frist von 15 Tagen verstanden.

(2) Ist eine Frist auf einen oder mehrere ganze Monate und einen halben Monat gestellt, so sind die 15 Tage zuletzt zu zählen.

§ 190 Fristverlängerung

Im Falle der Verlängerung einer Frist wird die neue Frist von dem Ablauf der vorigen Frist an berechnet.

§ 191 Berechnung von Zeiträumen

Ist ein Zeitraum nach Monaten oder nach Jahren in dem Sinne bestimmt, dass er nicht zusammenhängend zu verlaufen braucht, so wird der Monat zu 30, das Jahr zu 365 Tagen gerechnet.

§ 192 Anfang, Mitte, Ende des Monats

Unter Anfang des Monats wird der erste, unter Mitte des Monats der 15., unter Ende des Monats der letzte Tag des Monats verstanden.

§ 193 Sonn- und Feiertag; Sonnabend

Ist an einem bestimmten Tag oder innerhalb einer Frist eine Willenserklärung abzugeben oder eine Leistung zu bewirken und fällt der bestimmte Tag oder der letzte Tag der Frist auf einen Sonntag, einen am Erklärungs-

oder Leistungsort staatlich anerkannten allgemeinen Feiertag oder einen Sonnabend, so tritt an die Stelle eines solchen Tages der nächste Werktag.

Verjährung

§ 194 Gegenstand der Verjährung

(1) Das Recht, von einem anderen ein Tun oder Unterlassen zu verlangen (Anspruch), unterliegt der Verjährung.

(2) Ansprüche aus einem familienrechtlichen Verhältnis unterliegen der Verjährung nicht, soweit sie auf die Herstellung des dem Verhältnis entsprechenden Zustandes für die Zukunft gerichtet sind.

§ 195 Regelmäßige Verjährungsfrist

Die regelmäßige Verjährungsfrist beträgt drei Jahre.

§ 196 Verjährungsfrist bei Rechten an einem Grundstück

Ansprüche auf Übertragung des Eigentums an einem Grundstück sowie auf Begründung, Übertragung oder Aufhebung eines Rechts an einem Grundstück oder auf Änderung des Inhalts eines solchen Rechts sowie die Ansprüche auf die Gegenleistung verjähren in zehn Jahren.

§ 197 Dreißigjährige Verjährungsfrist

(1) In 30 Jahren verjähren, soweit nicht ein anderes bestimmt ist,

1. Schadensersatzansprüche, die auf der vorsätzlichen Verletzung des Lebens, des Körpers, der Gesundheit, der Freiheit oder der sexuellen Selbstbestimmung beruhen,

2. Herausgabeansprüche aus Eigentum, anderen dinglichen Rechten, den §§ 2018, 2130 und 2362 sowie die Ansprüche, die der Geltendmachung der Herausgabeansprüche dienen,

3. rechtskräftig festgestellte Ansprüche,

4. Ansprüche aus vollstreckbaren Vergleichen oder vollstreckbaren Urkunden,

5. Ansprüche, die durch die im Insolvenzverfahren erfolgte Feststellung vollstreckbar geworden sind, und

6. Ansprüche auf Erstattung der Kosten der Zwangsvollstreckung.

(2) Soweit Ansprüche nach Absatz 1 Nr. 3 bis 5 künftig fällig werdende regelmäßig wiederkehrende Leistungen zum Inhalt haben, tritt an die Stelle der Verjährungsfrist von 30 Jahren die regelmäßige Verjährungsfrist.

§ 198 Verjährung bei Rechtsnachfolge

Gelangt eine Sache, hinsichtlich derer ein dinglicher Anspruch besteht, durch Rechtsnachfolge in den Besitz eines Dritten, so kommt die während des Besitzes des Rechtsvorgängers verstrichene Verjährungszeit dem Rechtsnachfolger zugute.

§ 199 Beginn der regelmäßigen Verjährungsfrist und Verjährungshöchstfristen

(1) Die regelmäßige Verjährungsfrist beginnt, soweit nicht ein anderer Verjährungsbeginn bestimmt ist, mit dem Schluss des Jahres, in dem

1. der Anspruch entstanden ist und

2. der Gläubiger von den den Anspruch begründenden Umständen und der Person des Schuldners Kenntnis erlangt oder ohne grobe Fahrlässigkeit erlangen müsste.

(2) Schadensersatzansprüche, die auf der Verletzung des Lebens, des Körpers, der Gesundheit oder der Freiheit beruhen, verjähren ohne Rücksicht auf ihre Entstehung und die Kenntnis oder grob fahrlässige Unkenntnis in 30 Jahren von der Begehung der Handlung, der Pflichtverletzung oder dem sonstigen, den Schaden auslösenden Ereignis an.

(3) Sonstige Schadensersatzansprüche verjähren

1. ohne Rücksicht auf die Kenntnis oder grob fahrlässige Unkenntnis in zehn Jahren von ihrer Entstehung an und

2. ohne Rücksicht auf ihre Entstehung und die Kenntnis oder grob fahrlässige Unkenntnis in 30 Jahren von der Begehung der Handlung, der Pflichtverletzung oder dem sonstigen, den Schaden auslösenden Ereignis an.

Maßgeblich ist die früher endende Frist.

(3a) Ansprüche, die auf einem Erbfall beruhen oder deren Geltendmachung die Kenntnis einer Verfügung von Todes wegen voraussetzt, verjähren ohne Rücksicht auf die Kenntnis oder grob fahrlässige Unkenntnis in 30 Jahren von der Entstehung des Anspruchs an.

(4) Andere Ansprüche als die nach den Absätzen 2 bis 3a verjähren ohne Rücksicht auf die Kenntnis oder grob fahrlässige Unkenntnis in zehn Jahren von ihrer Entstehung an.

(5) Geht der Anspruch auf ein Unterlassen, so tritt an die Stelle der Entstehung die Zuwiderhandlung.

§ 200 Beginn anderer Verjährungsfristen

Die Verjährungsfrist von Ansprüchen, die nicht der regelmäßigen Verjährungsfrist unterliegen, beginnt mit der Entstehung des Anspruchs, soweit nicht ein anderer Verjährungsbeginn bestimmt ist. § 199 Abs. 5 findet entsprechende Anwendung.

§ 201 Beginn der Verjährungsfrist von festgestellten Ansprüchen

Die Verjährung von Ansprüchen der in § 197 Abs. 1 Nr. 3 bis 6 bezeichneten Art beginnt mit der Rechtskraft der Entscheidung, der Errichtung des vollstreckbaren Titels oder der Feststellung im Insolvenzverfahren, nicht jedoch vor der Entstehung des Anspruchs. § 199 Abs. 5 findet entsprechende Anwendung.

§ 209 Wirkung der Hemmung

Der Zeitraum, während dessen die Verjährung gehemmt ist, wird in die Verjährungsfrist nicht eingerechnet.

§ 212 Neubeginn der Verjährung

(1) Die Verjährung beginnt erneut, wenn

1. der Schuldner dem Gläubiger gegenüber den Anspruch durch Abschlagszahlung, Zinszahlung, Sicherheitsleistung oder in anderer Weise anerkennt oder
2. eine gerichtliche oder behördliche Vollstreckungshandlung vorgenommen oder beantragt wird.

(2) Der erneute Beginn der Verjährung infolge einer Vollstreckungshandlung gilt als nicht eingetreten, wenn die Vollstreckungshandlung auf Antrag des Gläubigers oder wegen Mangels der gesetzlichen Voraussetzungen aufgehoben wird.

(3) Der erneute Beginn der Verjährung durch den Antrag auf Vornahme einer Vollstreckungshandlung gilt als nicht eingetreten, wenn dem Antrag nicht stattgegeben oder der Antrag vor der Vollstreckungshandlung zurückgenommen oder die erwirkte Vollstreckungshandlung nach Absatz 2 aufgehoben wird.

Rechtsfolgen der Verjährung

§ 214 Wirkung der Verjährung

(1) Nach Eintritt der Verjährung ist der Schuldner berechtigt, die Leistung zu verweigern.

(2) Das zur Befriedigung eines verjährten Anspruchs Geleistete kann nicht zurückgefordert werden, auch wenn in Unkenntnis der Verjährung geleistet worden ist. Das Gleiche gilt von einem vertragsmäßigen Anerkenntnis sowie einer Sicherheitsleistung des Schuldners.

Sicherheitsleistung

§ 232 Arten

(1) Wer Sicherheit zu leisten hat, kann dies bewirken durch Hinterlegung von Geld oder Wertpapieren, durch Verpfändung von Forderungen, die in das Bundesschuldbuch oder Landesschuldbuch eines Landes eingetragen sind, durch Verpfändung beweglicher Sachen, durch Bestellung von Schiffshypotheken an Schiffen oder Schiffsbauwerken, die in einem deutschen Schiffsregister oder Schiffsbauregister eingetragen sind, durch Bestellung von Hypotheken an inländischen Grundstücken, durch Verpfändung von Forderungen, für die eine Hypothek an einem inländischen Grundstück besteht, oder durch Verpfändung von Grundschulden oder Rentenschulden an inländischen Grundstücken.

(2) Kann die Sicherheit nicht in dieser Weise geleistet werden, so ist die Stellung eines tauglichen Bürgen zulässig.

§ 233 Wirkung der Hinterlegung

Mit der Hinterlegung erwirbt der Berechtigte ein Pfandrecht an dem hinterlegten Geld oder an den hinterlegten Wertpapieren und, wenn das Geld oder die Wertpapiere in das Eigentum des Fiskus oder der als Hinterlegungsstelle bestimmten Anstalt übergehen, ein Pfandrecht an der Forderung auf Rückerstattung.

Schuldverhältnisse/Verpflichtung zur Leistung

§ 241 Pflichten aus dem Schuldverhältnis

(1) Kraft des Schuldverhältnisses ist der Gläubiger berechtigt, von dem Schuldner eine Leistung zu fordern. Die Leistung kann auch in einem Unterlassen bestehen.

(2) Das Schuldverhältnis kann nach seinem Inhalt jeden Teil zur Rücksicht auf die Rechte, Rechtsgüter und Interessen des anderen Teils verpflichten.

§ 241a Unbestellte Leistungen

*)

(1) Durch die Lieferung beweglicher Sachen, die nicht auf Grund von Zwangsvollstreckungsmaßnahmen oder anderen gerichtlichen Maßnahmen verkauft werden (Waren), oder durch die Erbringung sonstiger Leistungen durch einen Unternehmer an den Verbraucher wird ein Anspruch gegen den Verbraucher nicht begründet, wenn der Verbraucher die Waren oder sonstigen Leistungen nicht bestellt hat.

(2) Gesetzliche Ansprüche sind nicht ausgeschlossen, wenn die Leistung nicht für den Empfänger bestimmt war oder in der irrigen Vorstellung

einer Bestellung erfolgte und der Empfänger dies erkannt hat oder bei Anwendung der im Verkehr erforderlichen Sorgfalt hätte erkennen können.

(3) Von den Regelungen dieser Vorschrift darf nicht zum Nachteil des Verbrauchers abgewichen werden. Die Regelungen finden auch Anwendung, wenn sie durch anderweitige Gestaltungen umgangen werden.

*)

Amtlicher Hinweis:

Diese Vorschrift dient der Umsetzung von Artikel 9 der Richtlinie 97/7/EG des Europäischen Parlaments und des Rates vom 20. Mai 1997 über den Verbraucherschutz bei Vertragsabschlüssen im Fernabsatz (ABl. EG Nr. L 144 S. 19)

§ 242 Leistung nach Treu und Glauben

Der Schuldner ist verpflichtet, die Leistung so zu bewirken, wie Treu und Glauben mit Rücksicht auf die Verkehrssitte es erfordern.

§ 249 Art und Umfang des Schadensersatzes

(1) Wer zum Schadensersatz verpflichtet ist, hat den Zustand herzustellen, der bestehen würde, wenn der zum Ersatz verpflichtende Umstand nicht eingetreten wäre.

(2) Ist wegen Verletzung einer Person oder wegen Beschädigung einer Sache Schadensersatz zu leisten, so kann der Gläubiger statt der Herstellung den dazu erforderlichen Geldbetrag verlangen. Bei der Beschädigung einer Sache schließt der nach Satz 1 erforderliche Geldbetrag die Umsatzsteuer nur mit ein, wenn und soweit sie tatsächlich angefallen ist.

§ 250 Schadensersatz in Geld nach Fristsetzung

Der Gläubiger kann dem Ersatzpflichtigen zur Herstellung eine angemessene Frist mit der Erklärung bestimmen, dass er die Herstellung nach dem Ablauf der Frist ablehne. Nach dem Ablauf der Frist kann der Gläubiger den Ersatz in Geld verlangen, wenn nicht die Herstellung rechtzeitig erfolgt; der Anspruch auf die Herstellung ist ausgeschlossen.

§ 251 Schadensersatz in Geld ohne Fristsetzung

(1) Soweit die Herstellung nicht möglich oder zur Entschädigung des Gläubigers nicht genügend ist, hat der Ersatzpflichtige den Gläubiger in Geld zu entschädigen.

(2) Der Ersatzpflichtige kann den Gläubiger in Geld entschädigen, wenn die Herstellung nur mit unverhältnismäßigen Aufwendungen möglich ist. Die aus der Heilbehandlung eines verletzten Tieres entstandenen Aufwen-

dungen sind nicht bereits dann unverhältnismäßig, wenn sie dessen Wert erheblich übersteigen.

§ 252 Entgangener Gewinn

Der zu ersetzende Schaden umfasst auch den entgangenen Gewinn. Als entgangen gilt der Gewinn, welcher nach dem gewöhnlichen Lauf der Dinge oder nach den besonderen Umständen, insbesondere nach den getroffenen Anstalten und Vorkehrungen, mit Wahrscheinlichkeit erwartet werden konnte.

§ 276 Verantwortlichkeit des Schuldners

(1) Der Schuldner hat Vorsatz und Fahrlässigkeit zu vertreten, wenn eine strengere oder mildere Haftung weder bestimmt noch aus dem sonstigen Inhalt des Schuldverhältnisses, insbesondere aus der Übernahme einer Garantie oder eines Beschaffungsrisikos zu entnehmen ist. Die Vorschriften der §§ 827 und 828 finden entsprechende Anwendung.

(2) Fahrlässig handelt, wer die im Verkehr erforderliche Sorgfalt außer Acht lässt.

(3) Die Haftung wegen Vorsatzes kann dem Schuldner nicht im Voraus erlassen werden.

§ 277 Sorgfalt in eigenen Angelegenheiten

Wer nur für diejenige Sorgfalt einzustehen hat, welche er in eigenen Angelegenheiten anzuwenden pflegt, ist von der Haftung wegen grober Fahrlässigkeit nicht befreit.

§ 278 Verantwortlichkeit des Schuldners für Dritte

Der Schuldner hat ein Verschulden seines gesetzlichen Vertreters und der Personen, deren er sich zur Erfüllung seiner Verbindlichkeit bedient, in gleichem Umfang zu vertreten wie eigenes Verschulden. Die Vorschrift des § 276 Abs. 3 findet keine Anwendung.

§ 281 Schadensersatz statt der Leistung wegen nicht oder nicht wie geschuldet erbrachter Leistung

(1) Soweit der Schuldner die fällige Leistung nicht oder nicht wie geschuldet erbringt, kann der Gläubiger unter den Voraussetzungen des § 280 Abs. 1 Schadensersatz statt der Leistung verlangen, wenn er dem Schuldner erfolglos eine angemessene Frist zur Leistung oder Nacherfüllung bestimmt hat. Hat der Schuldner eine Teilleistung bewirkt, so kann der Gläubiger Schadensersatz statt der ganzen Leistung nur verlangen, wenn er an der Teilleistung kein Interesse hat. Hat der Schuldner die Leistung nicht wie geschuldet bewirkt, so kann der Gläubiger Schadensersatz statt der

ganzen Leistung nicht verlangen, wenn die Pflichtverletzung unerheblich ist.

(2) Die Fristsetzung ist entbehrlich, wenn der Schuldner die Leistung ernsthaft und endgültig verweigert oder wenn besondere Umstände vorliegen, die unter Abwägung der beiderseitigen Interessen die sofortige Geltendmachung des Schadensersatzanspruchs rechtfertigen.

(3) Kommt nach der Art der Pflichtverletzung eine Fristsetzung nicht in Betracht, so tritt an deren Stelle eine Abmahnung.

(4) Der Anspruch auf die Leistung ist ausgeschlossen, sobald der Gläubiger statt der Leistung Schadensersatz verlangt hat.

(5) Verlangt der Gläubiger Schadensersatz statt der ganzen Leistung, so ist der Schuldner zur Rückforderung des Geleisteten nach den §§ 346 bis 348 berechtigt.

§ 286 Verzug des Schuldners

*)

(1) Leistet der Schuldner auf eine Mahnung des Gläubigers nicht, die nach dem Eintritt der Fälligkeit erfolgt, so kommt er durch die Mahnung in Verzug. Der Mahnung stehen die Erhebung der Klage auf die Leistung sowie die Zustellung eines Mahnbescheids im Mahnverfahren gleich.

(2) Der Mahnung bedarf es nicht, wenn

1. für die Leistung eine Zeit nach dem Kalender bestimmt ist,

2. der Leistung ein Ereignis vorauszugehen hat und eine angemessene Zeit für die Leistung in der Weise bestimmt ist, dass sie sich von dem Ereignis an nach dem Kalender berechnen lässt,

3. der Schuldner die Leistung ernsthaft und endgültig verweigert,

4. aus besonderen Gründen unter Abwägung der beiderseitigen Interessen der sofortige Eintritt des Verzugs gerechtfertigt ist.

(3) Der Schuldner einer Entgeltforderung kommt spätestens in Verzug, wenn er nicht innerhalb von 30 Tagen nach Fälligkeit und Zugang einer Rechnung oder gleichwertigen Zahlungsaufstellung leistet; dies gilt gegenüber einem Schuldner, der Verbraucher ist, nur, wenn auf diese Folgen in der Rechnung oder Zahlungsaufstellung besonders hingewiesen worden ist. Wenn der Zeitpunkt des Zugangs der Rechnung oder Zahlungsaufstellung unsicher ist, kommt der Schuldner, der nicht Verbraucher ist, spätestens 30 Tage nach Fälligkeit und Empfang der Gegenleistung in Verzug.

(4) Der Schuldner kommt nicht in Verzug, solange die Leistung infolge eines Umstands unterbleibt, den er nicht zu vertreten hat.

(5) Für eine von den Absätzen 1 bis 3 abweichende Vereinbarung über den Eintritt des Verzugs gilt § 271a Absatz 1 bis 5 entsprechend.

*)

Amtlicher Hinweis:

Diese Vorschrift dient zum Teil auch der Umsetzung der Richtlinie 2000/35/EG des Europäischen Parlaments und des Rates vom 29. Juni 2000 zur Bekämpfung von Zahlungsverzug im Geschäftsverkehr (ABl. EG Nr. L 200 S. 35).

Fußnote

(+++ § 286: Zur Anwendung vgl. § 34 BGBEG +++)

§ 293 Annahmeverzug

Der Gläubiger kommt in Verzug, wenn er die ihm angebotene Leistung nicht annimmt.

§ 300 Wirkungen des Gläubigerverzugs

(1) Der Schuldner hat während des Verzugs des Gläubigers nur Vorsatz und grobe Fahrlässigkeit zu vertreten.

(2) Wird eine nur der Gattung nach bestimmte Sache geschuldet, so geht die Gefahr mit dem Zeitpunkt auf den Gläubiger über, in welchem er dadurch in Verzug kommt, dass er die angebotene Sache nicht annimmt.

§ 304 Ersatz von Mehraufwendungen

Der Schuldner kann im Falle des Verzugs des Gläubigers Ersatz der Mehraufwendungen verlangen, die er für das erfolglose Angebot sowie für die Aufbewahrung und Erhaltung des geschuldeten Gegenstands machen musste.

Gestaltung rechtsgeschäftlicher Schuldverhältnisse durch Allgemeine Geschäftsbedingungen

§ 305 Einbeziehung Allgemeiner Geschäftsbedingungen in den Vertrag

(1) Allgemeine Geschäftsbedingungen sind alle für eine Vielzahl von Verträgen vorformulierten Vertragsbedingungen, die eine Vertragspartei (Verwender) der anderen Vertragspartei bei Abschluss eines Vertrags stellt. Gleichgültig ist, ob die Bestimmungen einen äußerlich gesonderten Bestandteil des Vertrags bilden oder in die Vertragsurkunde selbst aufgenommen werden, welchen Umfang sie haben, in welcher Schriftart sie verfasst sind und welche Form der Vertrag hat. Allgemeine Geschäftsbedingungen liegen nicht vor, soweit die Vertragsbedingungen zwischen den Vertragsparteien im Einzelnen ausgehandelt sind.

(2) Allgemeine Geschäftsbedingungen werden nur dann Bestandteil eines Vertrags, wenn der Verwender bei Vertragsschluss

1. die andere Vertragspartei ausdrücklich oder, wenn ein ausdrücklicher Hinweis wegen der Art des Vertragsschlusses nur unter unverhältnismäßigen Schwierigkeiten möglich ist, durch deutlich sichtbaren Aushang am Orte des Vertragsschlusses auf sie hinweist und

2. der anderen Vertragspartei die Möglichkeit verschafft, in zumutbarer Weise, die auch eine für den Verwender erkennbare körperliche Behinderung der anderen Vertragspartei angemessen berücksichtigt, von ihrem Inhalt Kenntnis zu nehmen, und wenn die andere Vertragspartei mit ihrer Geltung einverstanden ist.

(3) Die Vertragsparteien können für eine bestimmte Art von Rechtsgeschäften die Geltung bestimmter Allgemeiner Geschäftsbedingungen unter Beachtung der in Absatz 2 bezeichneten Erfordernisse im Voraus vereinbaren.

§ 305a Einbeziehung in besonderen Fällen

Auch ohne Einhaltung der in § 305 Abs. 2 Nr. 1 und 2 bezeichneten Erfordernisse werden einbezogen, wenn die andere Vertragspartei mit ihrer Geltung einverstanden ist,

1. die mit Genehmigung der zuständigen Verkehrsbehörde oder auf Grund von internationalen Übereinkommen erlassenen Tarife und Ausführungsbestimmungen der Eisenbahnen und die nach Maßgabe des Personenbeförderungsgesetzes genehmigten Beförderungsbedingungen der Straßenbahnen, Obusse und Kraftfahrzeuge im Linienverkehr in den Beförderungsvertrag,

2. die im Amtsblatt der Regulierungsbehörde für Telekommunikation und Post veröffentlichten und in den Geschäftsstellen des Verwenders bereitgehaltenen Allgemeinen Geschäftsbedingungen

   a) in Beförderungsverträge, die außerhalb von Geschäftsräumen durch den Einwurf von Postsendungen in Briefkästen abgeschlossen werden,

   b) in Verträge über Telekommunikations-, Informations- und andere Dienstleistungen, die unmittelbar durch Einsatz von Fernkommunikationsmitteln und während der Erbringung einer Telekommunikationsdienstleistung in einem Mal erbracht werden, wenn die Allgemeinen Geschäftsbedingungen der anderen Vertragspartei nur unter unverhältnismäßigen Schwierigkeiten vor dem Vertragsschluss zugänglich gemacht werden können.

§ 305b Vorrang der Individualabrede

Individuelle Vertragsabreden haben Vorrang vor Allgemeinen Geschäftsbedingungen.

§ 305c Überraschende und mehrdeutige Klauseln

(1) Bestimmungen in Allgemeinen Geschäftsbedingungen, die nach den Umständen, insbesondere nach dem äußeren Erscheinungsbild des Vertrags, so ungewöhnlich sind, dass der Vertragspartner des Verwenders mit ihnen nicht zu rechnen braucht, werden nicht Vertragsbestandteil.

(2) Zweifel bei der Auslegung Allgemeiner Geschäftsbedingungen gehen zu Lasten des Verwenders.

§ 306 Rechtsfolgen bei Nichteinbeziehung und Unwirksamkeit

(1) Sind Allgemeine Geschäftsbedingungen ganz oder teilweise nicht Vertragsbestandteil geworden oder unwirksam, so bleibt der Vertrag im Übrigen wirksam.

(2) Soweit die Bestimmungen nicht Vertragsbestandteil geworden oder unwirksam sind, richtet sich der Inhalt des Vertrags nach den gesetzlichen Vorschriften.

(3) Der Vertrag ist unwirksam, wenn das Festhalten an ihm auch unter Berücksichtigung der nach Absatz 2 vorgesehenen Änderung eine unzumutbare Härte für eine Vertragspartei darstellen würde.

§ 306a Umgehungsverbot

Die Vorschriften dieses Abschnitts finden auch Anwendung, wenn sie durch anderweitige Gestaltungen umgangen werden.

§ 307 Inhaltskontrolle

(1) Bestimmungen in Allgemeinen Geschäftsbedingungen sind unwirksam, wenn sie den Vertragspartner des Verwenders entgegen den Geboten von Treu und Glauben unangemessen benachteiligen. Eine unangemessene Benachteiligung kann sich auch daraus ergeben, dass die Bestimmung nicht klar und verständlich ist.

(2) Eine unangemessene Benachteiligung ist im Zweifel anzunehmen, wenn eine Bestimmung

1. mit wesentlichen Grundgedanken der gesetzlichen Regelung, von der abgewichen wird, nicht zu vereinbaren ist oder
2. wesentliche Rechte oder Pflichten, die sich aus der Natur des Vertrags ergeben, so einschränkt, dass die Erreichung des Vertragszwecks gefährdet ist.

(3) Die Absätze 1 und 2 sowie die §§ 308 und 309 gelten nur für Bestimmungen in Allgemeinen Geschäftsbedingungen, durch die von Rechtsvorschriften abweichende oder diese ergänzende Regelungen vereinbart werden. Andere Bestimmungen können nach Absatz 1 Satz 2 in Verbindung mit Absatz 1 Satz 1 unwirksam sein.

§ 308 Klauselverbote mit Wertungsmöglichkeit

In Allgemeinen Geschäftsbedingungen ist insbesondere unwirksam

1. (Annahme- und Leistungsfrist)

eine Bestimmung, durch die sich der Verwender unangemessen lange oder nicht hinreichend bestimmte Fristen für die Annahme oder Ablehnung eines Angebots oder die Erbringung einer Leistung vorbehält; ausgenommen hiervon ist der Vorbehalt, erst nach Ablauf der Widerrufsfrist nach § 355 Absatz 1 und 2 zu leisten;

1a. (Zahlungsfrist)

eine Bestimmung, durch die sich der Verwender eine unangemessen lange Zeit für die Erfüllung einer Entgeltforderung des Vertragspartners vorbehält; ist der Verwender kein Verbraucher, ist im Zweifel anzunehmen, dass eine Zeit von mehr als 30 Tagen nach Empfang der Gegenleistung oder, wenn dem Schuldner nach Empfang der Gegenleistung eine Rechnung oder gleichwertige Zahlungsaufstellung zugeht, von mehr als 30 Tagen nach Zugang dieser Rechnung oder Zahlungsaufstellung unangemessen lang ist;

1b. (Überprüfungs- und Abnahmefrist)

eine Bestimmung, durch die sich der Verwender vorbehält, eine Entgeltforderung des Vertragspartners erst nach unangemessen langer Zeit für die Überprüfung oder Abnahme der Gegenleistung zu erfüllen; ist der Verwender kein Verbraucher, ist im Zweifel anzunehmen, dass eine Zeit von mehr als 15 Tagen nach Empfang der Gegenleistung unangemessen lang ist;

2. (Nachfrist)

eine Bestimmung, durch die sich der Verwender für die von ihm zu bewirkende Leistung abweichend von Rechtsvorschriften eine unangemessen lange oder nicht hinreichend bestimmte Nachfrist vorbehält;

3. (Rücktrittsvorbehalt)

die Vereinbarung eines Rechts des Verwenders, sich ohne sachlich gerechtfertigten und im Vertrag angegebenen Grund von seiner Leistungspflicht zu lösen; dies gilt nicht für Dauerschuldverhältnisse;

4. (Änderungsvorbehalt)

die Vereinbarung eines Rechts des Verwenders, die versprochene Leistung zu ändern oder von ihr abzuweichen, wenn nicht die Vereinbarung der Änderung oder Abweichung unter Berücksichtigung der Interessen des Verwenders für den anderen Vertragsteil zumutbar ist;

5. (Fingierte Erklärungen)

eine Bestimmung, wonach eine Erklärung des Vertragspartners des Verwenders bei Vornahme oder Unterlassung einer bestimmten Handlung als von ihm abgegeben oder nicht abgegeben gilt, es sei denn, dass

   a) dem Vertragspartner eine angemessene Frist zur Abgabe einer ausdrücklichen Erklärung eingeräumt ist und

   b) der Verwender sich verpflichtet, den Vertragspartner bei Beginn der Frist auf die vorgesehene Bedeutung seines Verhaltens besonders hinzuweisen;

6. (Fiktion des Zugangs)

eine Bestimmung, die vorsieht, dass eine Erklärung des Verwenders von besonderer Bedeutung dem anderen Vertragsteil als zugegangen gilt;

7. (Abwicklung von Verträgen)

eine Bestimmung, nach der der Verwender für den Fall, dass eine Vertragspartei vom Vertrag zurücktritt oder den Vertrag kündigt,

   a) eine unangemessen hohe Vergütung für die Nutzung oder den Gebrauch einer Sache oder eines Rechts oder für erbrachte Leistungen oder

   b) einen unangemessen hohen Ersatz von Aufwendungen verlangen kann;

8. (Nichtverfügbarkeit der Leistung)

die nach Nummer 3 zulässige Vereinbarung eines Vorbehalts des Verwenders, sich von der Verpflichtung zur Erfüllung des Vertrags bei Nichtverfügbarkeit der Leistung zu lösen, wenn sich der Verwender nicht verpflichtet,

   a) den Vertragspartner unverzüglich über die Nichtverfügbarkeit zu informieren und

   b) Gegenleistungen des Vertragspartners unverzüglich zu erstatten.

   Fußnote

(+++ § 308: Zur Anwendung vgl. § 34 BGBEG +++)

§ 309 Klauselverbote ohne Wertungsmöglichkeit

Auch soweit eine Abweichung von den gesetzlichen Vorschriften zulässig ist, ist in Allgemeinen Geschäftsbedingungen unwirksam

1. (Kurzfristige Preiserhöhungen)
   eine Bestimmung, welche die Erhöhung des Entgelts für Waren oder Leistungen vorsieht, die innerhalb von vier Monaten nach Vertragsschluss geliefert oder erbracht werden sollen; dies gilt nicht bei Waren

oder Leistungen, die im Rahmen von Dauerschuldverhältnissen geliefert oder erbracht werden;

2. (Leistungsverweigerungsrechte)
eine Bestimmung, durch die

a) das Leistungsverweigerungsrecht, das dem Vertragspartner des Verwenders nach § 320 zusteht, ausgeschlossen oder eingeschränkt wird oder

b) ein dem Vertragspartner des Verwenders zustehendes Zurückbehaltungsrecht, soweit es auf demselben Vertragsverhältnis beruht, ausgeschlossen oder eingeschränkt, insbesondere von der Anerkennung von Mängeln durch den Verwender abhängig gemacht wird;

3. (Aufrechnungsverbot)
eine Bestimmung, durch die dem Vertragspartner des Verwenders die Befugnis genommen wird, mit einer unbestrittenen oder rechtskräftig festgestellten Forderung aufzurechnen;

4. (Mahnung, Fristsetzung)
eine Bestimmung, durch die der Verwender von der gesetzlichen Obliegenheit freigestellt wird, den anderen Vertragsteil zu mahnen oder ihm eine Frist für die Leistung oder Nacherfüllung zu setzen;

5. (Pauschalierung von Schadensersatzansprüchen)
die Vereinbarung eines pauschalierten Anspruchs des Verwenders auf Schadensersatz oder Ersatz einer Wertminderung, wenn

a) die Pauschale den in den geregelten Fällen nach dem gewöhnlichen Lauf der Dinge zu erwartenden Schaden oder die gewöhnlich eintretende Wertminderung übersteigt oder

b) dem anderen Vertragsteil nicht ausdrücklich der Nachweis gestattet wird, ein Schaden oder eine Wertminderung sei überhaupt nicht entstanden oder wesentlich niedriger als die Pauschale;

6. (Vertragsstrafe)
eine Bestimmung, durch die dem Verwender für den Fall der Nichtabnahme oder verspäteten Abnahme der Leistung, des Zahlungsverzugs oder für den Fall, dass der andere Vertragsteil sich vom Vertrag löst, Zahlung einer Vertragsstrafe versprochen wird;

7. (Haftungsausschluss bei Verletzung von Leben, Körper, Gesundheit und bei grobem Verschulden)

a) (Verletzung von Leben, Körper, Gesundheit)
ein Ausschluss oder eine Begrenzung der Haftung für Schäden aus der Verletzung des Lebens, des Körpers oder der Gesundheit, die auf einer fahrlässigen Pflichtverletzung des Verwenders oder einer vorsätzlichen oder fahrlässigen Pflichtverletzung eines gesetzlichen Vertreters oder Erfüllungsgehilfen des Verwenders beruhen;

b) (Grobes Verschulden)
ein Ausschluss oder eine Begrenzung der Haftung für sonstige

Schäden, die auf einer grob fahrlässigen Pflichtverletzung des Verwenders oder auf einer vorsätzlichen oder grob fahrlässigen Pflichtverletzung eines gesetzlichen Vertreters oder Erfüllungsgehilfen des
Verwenders beruhen;

die Buchstaben a und b gelten nicht für Haftungsbeschränkungen in
den nach Maßgabe des Personenbeförderungsgesetzes genehmigten
Beförderungsbedingungen und Tarifvorschriften der Straßenbahnen, Obusse und Kraftfahrzeuge im Linienverkehr, soweit sie nicht
zum Nachteil des Fahrgasts von der Verordnung über die Allgemeinen Beförderungsbedingungen für den Straßenbahn- und Obus-
verkehr sowie den Linienverkehr mit Kraftfahrzeugen vom 27. Februar 1970 abweichen; Buchstabe b gilt nicht für Haftungsbeschränkungen für staatlich genehmigte Lotterie- oder Ausspielverträge;

8. (Sonstige Haftungsausschlüsse bei Pflichtverletzung)

a) (Ausschluss des Rechts, sich vom Vertrag zu lösen) eine Bestimmung, die bei einer vom Verwender zu vertretenden, nicht in einem
Mangel der Kaufsache oder des Werkes bestehenden Pflichtverletzung das Recht des anderen Vertragsteils, sich vom Vertrag zu lösen, ausschließt oder einschränkt; dies gilt nicht für die in der
Nummer 7 bezeichneten Beförderungsbedingungen und Tarifvorschriften unter den dort genannten Voraussetzungen;

b) (Mängel)

eine Bestimmung, durch die bei Verträgen über Lieferungen neu
hergestellter Sachen und über Werkleistungen

aa) (Ausschluss und Verweisung auf Dritte)

die Ansprüche gegen den Verwender wegen eines Mangels insgesamt oder bezüglich einzelner Teile ausgeschlossen, auf die
Einräumung von Ansprüchen gegen Dritte beschränkt oder von
der vorherigen gerichtlichen Inanspruchnahme Dritter abhängig
gemacht werden;

bb) (Beschränkung auf Nacherfüllung)

die Ansprüche gegen den Verwender insgesamt oder bezüglich
einzelner Teile auf ein Recht auf Nacherfüllung beschränkt werden, sofern dem anderen Vertragsteil nicht ausdrücklich das Recht
vorbehalten wird, bei Fehlschlagen der Nacherfüllung zu mindern
oder, wenn nicht eine Bauleistung Gegenstand der Mängelhaftung
ist, nach seiner Wahl vom Vertrag zurückzutreten;

cc) (Aufwendungen bei Nacherfüllung)

die Verpflichtung des Verwenders ausgeschlossen oder beschränkt wird, die zum Zwecke der Nacherfüllung erforderlichen Aufwendungen, insbesondere Transport-, Wege-, Arbeits-
und Materialkosten, zu tragen;

    dd) (Vorenthalten der Nacherfüllung)

        der Verwender die Nacherfüllung von der vorherigen Zahlung des vollständigen Entgelts oder eines unter Berücksichtigung des Mangels unverhältnismäßig hohen Teils des Entgelts abhängig macht;

    ee) (Ausschlussfrist für Mängelanzeige)

        der Verwender dem anderen Vertragsteil für die Anzeige nicht offensichtlicher Mängel eine Ausschlussfrist setzt, die kürzer ist als die nach dem Doppelbuchstaben ff zulässige Frist;

    ff) (Erleichterung der Verjährung)

        die Verjährung von Ansprüchen gegen den Verwender wegen eines Mangels in den Fällen des § 438 Abs. 1 Nr. 2 und des § 634a Abs. 1 Nr. 2 erleichtert oder in den sonstigen Fällen eine weniger als ein Jahr betragende Verjährungsfrist ab dem gesetzlichen Verjährungsbeginn erreicht wird;

9. (Laufzeit bei Dauerschuldverhältnissen)

    bei einem Vertragsverhältnis, das die regelmäßige Lieferung von Waren oder die regelmäßige Erbringung von Dienst- oder Werkleistungen durch den Verwender zum Gegenstand hat,

    a) eine den anderen Vertragsteil länger als zwei Jahre bindende Laufzeit des Vertrags,

    b) eine den anderen Vertragsteil bindende stillschweigende Verlängerung des Vertragsverhältnisses um jeweils mehr als ein Jahr oder

    c) zu Lasten des anderen Vertragsteils eine längere Kündigungsfrist als drei Monate vor Ablauf der zunächst vorgesehenen oder stillschweigend verlängerten Vertragsdauer;

    dies gilt nicht für Verträge über die Lieferung als zusammengehörig verkaufter Sachen, für Versicherungsverträge sowie für Verträge zwischen den Inhabern urheberrechtlicher Rechte und Ansprüche und Verwertungsgesellschaften im Sinne des Gesetzes über die Wahrnehmung von Urheberrechten und verwandten Schutzrechten;

10. (Wechsel des Vertragspartners)

    eine Bestimmung, wonach bei Kauf-, Dienst- oder Werkverträgen ein Dritter anstelle des Verwenders in die sich aus dem Vertrag ergebenden Rechte und Pflichten eintritt oder eintreten kann, es sei denn, in der Bestimmung wird

    a) der Dritte namentlich bezeichnet oder

    b) dem anderen Vertragsteil das Recht eingeräumt, sich vom Vertrag zu lösen;

11. (Haftung des Abschlussvertreters)

    eine Bestimmung, durch die der Verwender einem Vertreter, der den Vertrag für den anderen Vertragsteil abschließt,

a) ohne hierauf gerichtete ausdrückliche und gesonderte Erklärung eine eigene Haftung oder Einstandspflicht oder

b) im Falle vollmachtsloser Vertretung eine über § 179 hinausgehende Haftung auferlegt;

12. (Beweislast)

eine Bestimmung, durch die der Verwender die Beweislast zum Nachteil des anderen Vertragsteils ändert, insbesondere indem er

a) diesem die Beweislast für Umstände auferlegt, die im Verantwortungsbereich des Verwenders liegen, oder

b) den anderen Vertragsteil bestimmte Tatsachen bestätigen lässt; Buchstabe b gilt nicht für Empfangsbekenntnisse, die gesondert unterschrieben oder mit einer gesonderten qualifizierten elektronischen Signatur versehen sind;

13. (Form von Anzeigen und Erklärungen)

eine Bestimmung, durch die Anzeigen oder Erklärungen, die dem Verwender oder einem Dritten gegenüber abzugeben sind, an eine strengere Form als die Schriftform oder an besondere Zugangserfordernisse gebunden werden.

a) an eine strengere Form als die schriftliche Form in einem Vertrag, für den durch Gesetz notarielle Beurkundung vorgeschrieben ist oder

b) an eine strengere Form als die Textform in anderen als den in Buchstabe a genannten Verträgen oder

c) an besondere Zugangserfordernisse;

14. (Klageverzicht)

eine Bestimmung, wonach der andere Vertragsteil seine Ansprüche gegen den Verwender gerichtlich nur geltend machen darf, nachdem er eine gütliche Einigung in einem Verfahren zur außergerichtlichen Streitbeilegung versucht hat;

15. (Abschlagszahlungen und Sicherheitsleistung)

eine Bestimmung, nach der der Verwender bei einem Werkvertrag

a) für Teilleistungen Abschlagszahlungen vom anderen Vertragsteil verlangen kann, die wesentlich höher sind als die nach § 632a Absatz 1 und § 650m Absatz 1 zu leistenden Abschlagszahlungen, oder

b) die Sicherheitsleistung nach § 650m Absatz 2 nicht oder nur in geringerer Höhe leisten muss.

§ 310 Anwendungsbereich

(1) § 305 Absatz 2 und 3, § 308 Nummer 1, 2 bis 8 und § 309 finden keine Anwendung auf Allgemeine Geschäftsbedingungen, die gegenüber einem Unternehmer, einer juristischen Person des öffentlichen Rechts oder einem öffentlich-rechtlichen Sondervermögen verwendet werden. § 307 Abs. 1

und 2 findet in den Fällen des Satzes 1 auch insoweit Anwendung, als dies zur Unwirksamkeit von in § 308 Nummer 1, 2 bis 8 und § 309 genannten Vertragsbestimmungen führt; auf die im Handelsverkehr geltenden Gewohnheiten und Gebräuche ist angemessen Rücksicht zu nehmen. In den Fällen des Satzes 1 finden § 307 Absatz 1 und 2 sowie § 308 Nummer 1a und 1b auf Verträge, in die die Vergabe- und Vertragsordnung für Bauleistungen Teil B (VOB/B) in der jeweils zum Zeitpunkt des Vertragsschlusses geltenden Fassung ohne inhaltliche Abweichungen insgesamt einbezogen ist, in Bezug auf eine Inhaltskontrolle einzelner Bestimmungen keine Anwendung.

(2) Die §§ 308 und 309 finden keine Anwendung auf Verträge der Elektrizitäts-, Gas-, Fernwärme- und Wasserversorgungsunternehmen über die Versorgung von Sonderabnehmern mit elektrischer Energie, Gas, Fernwärme und Wasser aus dem Versorgungsnetz, soweit die Versorgungsbedingungen nicht zum Nachteil der Abnehmer von Verordnungen über Allgemeine Bedingungen für die Versorgung von Tarifkunden mit elektrischer Energie, Gas, Fernwärme und Wasser abweichen. Satz 1 gilt entsprechend für Verträge über die Entsorgung von Abwasser.

(3) Bei Verträgen zwischen einem Unternehmer und einem Verbraucher (Verbraucherverträge) finden die Vorschriften dieses Abschnitts mit folgenden Maßgaben Anwendung:

1. Allgemeine Geschäftsbedingungen gelten als vom Unternehmer gestellt, es sei denn, dass sie durch den Verbraucher in den Vertrag eingeführt wurden;

2. § 305c Abs. 2 und die §§ 306 und 307 bis 309 dieses Gesetzes sowie Artikel 46b des Einführungsgesetzes zum Bürgerlichen Gesetzbuche finden auf vorformulierte Vertragsbedingungen auch dann Anwendung, wenn diese nur zur einmaligen Verwendung bestimmt sind und soweit der Verbraucher auf Grund der Vorformulierung auf ihren Inhalt keinen Einfluss nehmen konnte;

3. bei der Beurteilung der unangemessenen Benachteiligung nach § 307 Abs. 1 und 2 sind auch die den Vertragsschluss begleitenden Umstände zu berücksichtigen.

(4) Dieser Abschnitt findet keine Anwendung bei Verträgen auf dem Gebiet des Erb-, Familien- und Gesellschaftsrechts sowie auf Tarifverträge, Betriebs- und Dienstvereinbarungen. Bei der Anwendung auf Arbeitsverträge sind die im Arbeitsrecht geltenden Besonderheiten angemessen zu berücksichtigen; § 305 Abs. 2 und 3 ist nicht anzuwenden. Tarifverträge, Betriebs- und Dienstvereinbarungen stehen Rechtsvorschriften im Sinne von § 307 Abs. 3 gleich.

Fußnote (+++ § 310: Zur Anwendung vgl. § 34 BGBEG +++)

§ 313 Störung der Geschäftsgrundlage

(1) Haben sich Umstände, die zur Grundlage des Vertrags geworden sind, nach Vertragsschluss schwerwiegend verändert und hätten die Parteien den Vertrag nicht oder mit anderem Inhalt geschlossen, wenn sie diese Veränderung vorausgesehen hätten, so kann Anpassung des Vertrags verlangt werden, soweit einem Teil unter Berücksichtigung aller Umstände des Einzelfalls, insbesondere der vertraglichen oder gesetzlichen Risikoverteilung, das Festhalten am unveränderten Vertrag nicht zugemutet werden kann.

(2) Einer Veränderung der Umstände steht es gleich, wenn wesentliche Vorstellungen, die zur Grundlage des Vertrags geworden sind, sich als falsch herausstellen.

(3) Ist eine Anpassung des Vertrags nicht möglich oder einem Teil nicht zumutbar, so kann der benachteiligte Teil vom Vertrag zurücktreten. An die Stelle des Rücktrittsrechts tritt für Dauerschuldverhältnisse das Recht zur Kündigung.

§ 314 Kündigung von Dauerschuldverhältnissen aus wichtigem Grund

(1) Dauerschuldverhältnisse kann jeder Vertragsteil aus wichtigem Grund ohne Einhaltung einer Kündigungsfrist kündigen. Ein wichtiger Grund liegt vor, wenn dem kündigenden Teil unter Berücksichtigung aller Umstände des Einzelfalls und unter Abwägung der beiderseitigen Interessen die Fortsetzung des Vertragsverhältnisses bis zur vereinbarten Beendigung oder bis zum Ablauf einer Kündigungsfrist nicht zugemutet werden kann.

(2) Besteht der wichtige Grund in der Verletzung einer Pflicht aus dem Vertrag, ist die Kündigung erst nach erfolglosem Ablauf einer zur Abhilfe bestimmten Frist oder nach erfolgloser Abmahnung zulässig. Für die Entbehrlichkeit der Bestimmung einer Frist zur Abhilfe und für die Entbehrlichkeit einer Abmahnung findet § 323 Absatz 2 Nummer 1 und 2 entsprechende Anwendung. Die Bestimmung einer Frist zur Abhilfe und eine Abmahnung sind auch entbehrlich, wenn besondere Umstände vorliegen, die unter Abwägung der beiderseitigen Interessen die sofortige Kündigung rechtfertigen.

(3) Der Berechtigte kann nur innerhalb einer angemessenen Frist kündigen, nachdem er vom Kündigungsgrund Kenntnis erlangt hat.

(4) Die Berechtigung, Schadensersatz zu verlangen, wird durch die Kündigung nicht ausgeschlossen.

Vertragsstrafe

§ 339 Verwirkung der Vertragsstrafe

Verspricht der Schuldner dem Gläubiger für den Fall, dass er seine Verbindlichkeit nicht oder nicht in gehöriger Weise erfüllt, die Zahlung einer Geldsumme als Strafe, so ist die Strafe verwirkt, wenn er in Verzug kommt. Besteht die geschuldete Leistung in einem Unterlassen, so tritt die Verwirkung mit der Zuwiderhandlung ein.

§ 340 Strafversprechen für Nichterfüllung

(1) Hat der Schuldner die Strafe für den Fall versprochen, dass er seine Verbindlichkeit nicht erfüllt, so kann der Gläubiger die verwirkte Strafe statt der Erfüllung verlangen. Erklärt der Gläubiger dem Schuldner, dass er die Strafe verlange, so ist der Anspruch auf Erfüllung ausgeschlossen.

(2) Steht dem Gläubiger ein Anspruch auf Schadensersatz wegen Nichterfüllung zu, so kann er die verwirkte Strafe als Mindestbetrag des Schadens verlangen. Die Geltendmachung eines weiteren Schadens ist nicht ausgeschlossen.

§ 341 Strafversprechen für nicht gehörige Erfüllung

(1) Hat der Schuldner die Strafe für den Fall versprochen, dass er seine Verbindlichkeit nicht in gehöriger Weise, insbesondere nicht zu der bestimmten Zeit, erfüllt, so kann der Gläubiger die verwirkte Strafe neben der Erfüllung verlangen.

(2) Steht dem Gläubiger ein Anspruch auf Schadensersatz wegen der nicht gehörigen Erfüllung zu, so finden die Vorschriften des § 340 Abs. 2 Anwendung.

(3) Nimmt der Gläubiger die Erfüllung an, so kann er die Strafe nur verlangen, wenn er sich das Recht dazu bei der Annahme vorbehält.

§ 342 Andere als Geldstrafe

Wird als Strafe eine andere Leistung als die Zahlung einer Geldsumme versprochen, so finden die Vorschriften der §§ 339 bis 341 Anwendung; der Anspruch auf Schadensersatz ist ausgeschlossen, wenn der Gläubiger die Strafe verlangt.

§ 343 Herabsetzung der Strafe

(1) Ist eine verwirkte Strafe unverhältnismäßig hoch, so kann sie auf Antrag des Schuldners durch Urteil auf den angemessenen Betrag herabgesetzt werden. Bei der Beurteilung der Angemessenheit ist jedes berechtigte Interesse des Gläubigers, nicht bloß das Vermögensinteresse, in Betracht zu ziehen. Nach der Entrichtung der Strafe ist die Herabsetzung ausgeschlossen.

(2) Das Gleiche gilt auch außer in den Fällen der §§ 339, 342, wenn jemand eine Strafe für den Fall verspricht, dass er eine Handlung vornimmt oder unterlässt.

§ 344 Unwirksames Strafversprechen

Erklärt das Gesetz das Versprechen einer Leistung für unwirksam, so ist auch die für den Fall der Nichterfüllung des Versprechens getroffene Vereinbarung einer Strafe unwirksam, selbst wenn die Parteien die Unwirksamkeit des Versprechens gekannt haben.

§ 345 Beweislast

Bestreitet der Schuldner die Verwirkung der Strafe, weil er seine Verbindlichkeit erfüllt habe, so hat er die Erfüllung zu beweisen, sofern nicht die geschuldete Leistung in einem Unterlassen besteht.

Gesamtschuldner

§ 420 Teilbare Leistung

Schulden mehrere eine teilbare Leistung oder haben mehrere eine teilbare Leistung zu fordern, so ist im Zweifel jeder Schuldner nur zu einem gleichen Anteil verpflichtet, jeder Gläubiger nur zu einem gleichen Anteil berechtigt.

§ 421 Gesamtschuldner

Schulden mehrere eine Leistung in der Weise, dass jeder die ganze Leistung zu bewirken verpflichtet, der Gläubiger aber die Leistung nur einmal zu fordern berechtigt ist (Gesamtschuldner), so kann der Gläubiger die Leistung nach seinem Belieben von jedem der Schuldner ganz oder zu einem Teil fordern. Bis zur Bewirkung der ganzen Leistung bleiben sämtliche Schuldner verpflichtet.

§ 422 Wirkung der Erfüllung

(1) Die Erfüllung durch einen Gesamtschuldner wirkt auch für die Übrigen Schuldner. Das Gleiche gilt von der Leistung an Erfüllungs statt, der Hinterlegung und der Aufrechnung.

(2) Eine Forderung, die einem Gesamtschuldner zusteht, kann nicht von den übrigen Schuldnern aufgerechnet werden.

§ 423 Wirkung des Erlasses

Ein zwischen dem Gläubiger und einem Gesamtschuldner vereinbarter Erlass wirkt auch für die übrigen Schuldner, wenn die Vertragschließenden das ganze Schuldverhältnis aufheben wollten.

§ 424 Wirkung des Gläubigerverzugs

Der Verzug des Gläubigers gegenüber einem Gesamtschuldner wirkt auch für die übrigen Schuldner.

§ 427 Gemeinschaftliche vertragliche Verpflichtung

Verpflichten sich mehrere durch Vertrag gemeinschaftlich zu einer teilbaren Leistung, so haften sie im Zweifel als Gesamtschuldner.

§ 428 Gesamtgläubiger

Sind mehrere eine Leistung in der Weise zu fordern berechtigt, dass jeder die ganze Leistung fordern kann, der Schuldner aber die Leistung nur einmal zu bewirken verpflichtet ist (Gesamtgläubiger), so kann der Schuldner nach seinem Belieben an jeden der Gläubiger leisten. Dies gilt auch dann, wenn einer der Gläubiger bereits Klage auf die Leistung erhoben hat.

Dienstvertrag

§ 611 Vertragstypische Pflichten beim Dienstvertrag

(1) Durch den Dienstvertrag wird derjenige, welcher Dienste zusagt, zur Leistung der versprochenen Dienste, der andere Teil zur Gewährung der vereinbarten Vergütung verpflichtet.

(2) Gegenstand des Dienstvertrags können Dienste jeder Art sein.

§ 612 Vergütung

(1) Eine Vergütung gilt als stillschweigend vereinbart, wenn die Dienstleistung den Umständen nach nur gegen eine Vergütung zu erwarten ist.

(2) Ist die Höhe der Vergütung nicht bestimmt, so ist bei dem Bestehen einer Taxe die taxmäßige Vergütung, in Ermangelung einer Taxe die übliche Vergütung als vereinbart anzusehen.

§ 612a Maßregelungsverbot

Der Arbeitgeber darf einen Arbeitnehmer bei einer Vereinbarung oder einer Maßnahme nicht benachteiligen, weil der Arbeitnehmer in zulässiger Weise seine Rechte ausübt.

§ 613 Unübertragbarkeit

Der zur Dienstleistung Verpflichtete hat die Dienste im Zweifel in Person zu leisten. Der Anspruch auf die Dienste ist im Zweifel nicht übertragbar.

Werkvertrag

§ 631 Vertragstypische Pflichten beim Werkvertrag

(1) Durch den Werkvertrag wird der Unternehmer zur Herstellung des versprochenen Werkes, der Besteller zur Entrichtung der vereinbarten Vergütung verpflichtet.

(2) Gegenstand des Werkvertrags kann sowohl die Herstellung oder Veränderung einer Sache als auch ein anderer durch Arbeit oder Dienstleistung herbeizuführender Erfolg sein.

§ 632 Vergütung

(1) Eine Vergütung gilt als stillschweigend vereinbart, wenn die Herstellung des Werkes den Umständen nach nur gegen eine Vergütung zu erwarten ist.

(2) Ist die Höhe der Vergütung nicht bestimmt, so ist bei dem Bestehen einer Taxe die taxmäßige Vergütung, in Ermangelung einer Taxe die übliche Vergütung als vereinbart anzusehen.

(3) Ein Kostenanschlag ist im Zweifel nicht zu vergüten.

§ 632a Abschlagszahlungen

(1) Der Unternehmer kann von dem Besteller eine Abschlagszahlung in Höhe des Wertes der von ihm erbrachten und nach dem Vertrag geschuldeten Leistungen verlangen. Sind die erbrachten Leistungen nicht vertragsgemäß, kann der Besteller die Zahlung eines angemessenen Teils des Abschlags verweigern. Die Beweislast für die vertragsgemäße Leistung verbleibt bis zur Abnahme beim Unternehmer. § 641 Abs. 3 gilt entsprechend. Die Leistungen sind durch eine Aufstellung nachzuweisen, die eine rasche und sichere Beurteilung der Leistungen ermöglichen muss. Die Sätze 1 bis 5 gelten auch für erforderliche Stoffe oder Bauteile, die angeliefert oder eigens angefertigt und bereitgestellt sind, wenn dem Besteller nach seiner Wahl Eigentum an den Stoffen oder Bauteilen übertragen oder entsprechende Sicherheit hierfür geleistet wird.

(2) Die Sicherheit nach Absatz 1 Satz 6 kann auch durch eine Garantie oder ein sonstiges Zahlungsversprechen eines im Geltungsbereich dieses Gesetzes zum Geschäftsbetrieb befugten Kreditinstituts oder Kreditversicherers geleistet werden.

§ 633 Sach- und Rechtsmangel

(1) Der Unternehmer hat dem Besteller das Werk frei von Sach- und Rechtsmängeln zu verschaffen.

(2) Das Werk ist frei von Sachmängeln, wenn es die vereinbarte Beschaffenheit hat. Soweit die Beschaffenheit nicht vereinbart ist, ist das Werk frei von Sachmängeln,

1. wenn es sich für die nach dem Vertrag vorausgesetzte, sonst
2. für die gewöhnliche Verwendung eignet und eine Beschaffenheit aufweist, die bei Werken der gleichen Art üblich ist und die der Besteller nach der Art des Werks erwarten kann.

Einem Sachmangel steht es gleich, wenn der Unternehmer ein anderes als das bestellte Werk oder das Werk in zu geringer Menge herstellt.

(3) Das Werk ist frei von Rechtsmängeln, wenn Dritte in Bezug auf das Werk keine oder nur die im Vertrag übernommenen Rechte gegen den Besteller geltend machen können.

§ 634 Rechte des Bestellers bei Mängeln

Ist das Werk mangelhaft, kann der Besteller, wenn die Voraussetzungen der folgenden Vorschriften vorliegen und soweit nicht ein anderes bestimmt ist,

1. nach § 635 Nacherfüllung verlangen,
2. nach § 637 den Mangel selbst beseitigen und Ersatz der erforderlichen Aufwendungen verlangen,
3. nach den §§ 636, 323 und 326 Abs. 5 von dem Vertrag zurücktreten oder nach §638 die Vergütung mindern und
4. nach den §§ 636, 280, 281, 283 und 311a Schadensersatz oder nach § 284 Ersatz vergeblicher Aufwendungen verlangen.

§ 634 a Verjährung der Mängelansprüche

(1) Die in § 634 Nr. 1, 2 und 4 bezeichneten Ansprüche verjähren

1. vorbehaltlich der Nummer 2 in zwei Jahren bei einem Werk, dessen Erfolg in der Herstellung, Wartung oder Veränderung einer Sache oder in der Erbringung von Planungs- oder Überwachungsleistungen hierfür besteht,
2. in fünf Jahren bei einem Bauwerk und einem Werk, dessen Erfolg in der Erbringung von Planungs- oder Überwachungsleistungen hierfür besteht, und
3. im Übrigen in der regelmäßigen Verjährungsfrist.

(2) Die Verjährung beginnt in den Fällen des Absatzes 1 Nr. 1 und 2 mit der Abnahme.

(3) Abweichend von Absatz 1 Nr. 1 und 2 und Absatz 2 verjähren die Ansprüche in der regelmäßigen Verjährungsfrist, wenn der Unternehmer den Mangel arglistig verschwiegen hat. Im Fall des Absatzes 1 Nr. 2 tritt die Verjährung jedoch nicht vor Ablauf der dort bestimmten Frist ein.

(4) Für das in § 634 bezeichnete Rücktrittsrecht gilt § 218. Der Besteller kann trotz einer Unwirksamkeit des Rücktritts nach § 218 Abs. 1 die Zahlung der Vergütung insoweit verweigern, als er auf Grund des Rücktritts dazu berechtigt sein würde. Macht er von diesem Recht Gebrauch, kann der Unternehmer vom Vertrag zurücktreten.

(5) Auf das in § 634 bezeichnete Minderungsrecht finden § 218 und Absatz 4 Satz 2 entsprechende Anwendung.

§ 635 Nacherfüllung

(1) Verlangt der Besteller Nacherfüllung, so kann der Unternehmer nach seiner Wahl den Mangel beseitigen oder ein neues Werk herstellen.

(2) Der Unternehmer hat die zum Zwecke der Nacherfüllung erforderlichen Aufwendungen, insbesondere Transport-, Wege-, Arbeits- und Materialkosten zu tragen.

(3) Der Unternehmer kann die Nacherfüllung unbeschadet des § 275 Abs. 2 und 3 verweigern, wenn sie nur mit unverhältnismäßigen Kosten möglich ist.

(4) Stellt der Unternehmer ein neues Werk her, so kann er vom Besteller Rückgewähr des mangelhaften Werks nach Maßgabe der §§ 346 bis 348 verlangen.

§ 636 Besondere Bestimmungen für Rücktritt und Schadenersatz

Außer in den Fällen des § 281 Abs. 2 und des § 323 Abs. 2 bedarf es der Fristsetzung auch dann nicht, wenn der Unternehmer die Nacherfüllung gemäß § 635 Abs. 3 verweigert oder wenn die Nacherfüllung fehlgeschlagen oder dem Besteller unzumutbar ist

§ 637 Selbstvornahme

(1) Der Besteller kann wegen eines Mangels des Werkes nach erfolglosem Ablauf einer von ihm zur Nacherfüllung bestimmten angemessenen Frist den Mangel selbst beseitigen und Ersatz der erforderlichen Aufwendungen verlangen, wenn nicht der Unternehmer die Nacherfüllung zu Recht verweigert.

(2) § 323 Abs. 2 findet entsprechende Anwendung. Der Bestimmung einer Frist bedarf es auch dann nicht, wenn die Nacherfüllung fehlgeschlagen oder dem Besteller unzumutbar ist.

(3) Der Besteller kann von dem Unternehmer für die zur Beseitigung des Mangels erforderlichen Aufwendungen Vorschuss verlangen.

§ 638 Minderung

(1) Statt zurückzutreten, kann der Besteller die Vergütung durch Erklärung gegenüber dem Unternehmer mindern. Der Ausschlussgrund des § 323 Abs. 5 Satz 2 findet keine Anwendung.

(2) Sind auf der Seite des Bestellers oder auf der Seite des Unternehmers mehrere beteiligt, so kann die Minderung nur von allen oder gegen alle erklärt werden.

(3) Bei der Minderung ist die Vergütung in dem Verhältnis herabzusetzen, in welchem zur Zeit des Vertragsschlusses der Wert des Werkes in mangelfreiem Zustand zu dem wirklichen Wert gestanden haben würde. Die Minderung ist, soweit erforderlich, durch Schätzung zu ermitteln.

(4) Hat der Besteller mehr als die geminderte Vergütung gezahlt, so ist der Mehrbetrag vom Unternehmer zu erstatten. § 346 Abs. 1 und § 347 Abs. 1 finden entsprechende Anwendung.

§ 639 Haftungsausschluss

Auf eine Vereinbarung, durch welche die Rechte des Bestellers wegen eines Mangels ausgeschlossen oder beschränkt werden, kann sich der Unternehmer nicht berufen, wenn er den Mangel arglistig verschwiegen oder eine Garantie für die Beschaffenheit des Werkes übernommen hat.

§ 640 Abnahme

(1) Der Besteller ist verpflichtet, das vertragsmäßig hergestellte Werk abzunehmen, sofern nicht nach der Beschaffenheit des Werkes die Abnahme ausgeschlossen ist. Wegen unwesentlicher Mängel kann die Abnahme nicht verweigert werden.

(2) Als abgenommen gilt ein Werk auch, wenn der Unternehmer dem Besteller nach Fertigstellung des Werks eine angemessene Frist zur Abnahme gesetzt hat und der Besteller die Abnahme nicht innerhalb dieser Frist unter Angabe mindestens eines Mangels verweigert hat. Ist der Besteller ein Verbraucher, so treten die Rechtsfolgen des Satzes 1 nur dann ein, wenn der Unternehmer den Besteller zusammen mit der Aufforderung zur Abnahme auf die Folgen einer nicht erklärten oder ohne Angabe von Mängeln verweigerten Abnahme hingewiesen hat; der Hinweis muss in Textform erfolgen.

(3) Nimmt der Besteller ein mangelhaftes Werk gemäß Absatz 1 Satz 1 ab, obschon er den Mangel kennt, so stehen ihm die in § 634 Nr. 1 bis 3 bezeichneten Rechte nur zu, wenn er sich seine Rechte wegen des Mangels bei der Abnahme vorbehält.

§ 641 Fälligkeit der Vergütung

(1) Die Vergütung ist bei der Abnahme des Werkes zu entrichten. Ist das Werk in Teilen abzunehmen und die Vergütung für die einzelnen Teile bestimmt, so ist die Vergütung für jeden Teil bei dessen Abnahme zu entrichten.

(2) Die Vergütung des Unternehmers für ein Werk, dessen Herstellung der Besteller einem Dritten versprochen hat, wird spätestens fällig,

1. soweit der Besteller von dem Dritten für das versprochene Werk wegen dessen Herstellung seine Vergütung oder Teile davon erhalten hat,

2. soweit das Werk des Bestellers von dem Dritten abgenommen worden ist oder als abgenommen gilt oder

3. wenn der Unternehmer dem Besteller erfolglos eine angemessene Frist zur Auskunft über die in den Nummern 1 und 2 bezeichneten Umstände bestimmt hat.

Hat der Besteller dem Dritten wegen möglicher Mängel des Werks Sicherheit geleistet, gilt Satz 1 nur, wenn der Unternehmer dem Besteller entsprechende Sicherheit leistet.

(3) Kann der Besteller die Beseitigung eines Mangels verlangen, so kann er nach der Fälligkeit die Zahlung eines angemessenen Teils der Vergütung verweigern; angemessen ist in der Regel das Doppelte der für die Beseitigung des Mangels erforderlichen Kosten.

(4) Eine in Geld festgesetzte Vergütung hat der Besteller von der Abnahme des Werkes an zu verzinsen, sofern nicht die Vergütung gestundet ist.

§ 642 Mitwirkung des Bestellers

(1) Ist bei der Herstellung des Werkes eine Handlung des Bestellers erforderlich, so kann der Unternehmer, wenn der Besteller durch das Unterlassen der Handlung in Verzug der Annahme kommt, eine angemessene Entschädigung verlangen.

(2) Die Höhe der Entschädigung bestimmt sich einerseits nach der Dauer des Verzugs und der Höhe der vereinbarten Vergütung, andererseits nach demjenigen, was der Unternehmer infolge des Verzugs an Aufwendungen erspart oder durch anderweitige Verwendung seiner Arbeitskraft erwerben kann.

§ 643 Kündigung bei unterlassener Mitwirkung

Der Unternehmer ist im Falle des § 642 berechtigt, dem Besteller zur Nachholung der Handlung eine angemessene Frist mit der Erklärung zu bestimmen, dass er den Vertrag kündige, wenn die Handlung nicht bis zum Ablauf der Frist vorgenommen werde. Der Vertrag gilt als aufgehoben, wenn nicht die Nachholung bis zum Ablauf der Frist erfolgt.

§ 644 Gefahrtragung

(1) Der Unternehmer trägt die Gefahr bis zur Abnahme des Werkes. Kommt der Besteller in Verzug der Annahme, so geht die Gefahr auf ihn über. Für den zufälligen Untergang und eine zufällige Verschlechterung des von dem Besteller gelieferten Stoffes ist der Unternehmer nicht verantwortlich.

(2) Versendet der Unternehmer das Werk auf Verlangen des Bestellers nach einem anderen Ort als dem Erfüllungsort, so finden die für den Kauf geltenden Vorschriften des § 447 entsprechende Anwendung.

§ 645 Verantwortlichkeit des Bestellers

(1) Ist das Werk vor der Abnahme infolge eines Mangels des von dem Besteller gelieferten Stoffes oder infolge einer von dem Besteller für die Ausführung erteilten Anweisung untergegangen, verschlechtert oder unausführbar geworden, ohne dass ein Umstand mitgewirkt hat, den der Unternehmer zu vertreten hat, so kann der Unternehmer einen der geleisteten Arbeit entsprechenden Teil der Vergütung und Ersatz der in der Vergütung nicht inbegriffenen Auslagen verlangen. Das Gleiche gilt, wenn der Vertrag in Gemäßheit des § 643 aufgehoben wird.

(2) Eine weitergehende Haftung des Bestellers wegen Verschuldens bleibt unberührt.

§ 646 Vollendung statt Abnahme

Ist nach der Beschaffenheit des Werkes die Abnahme ausgeschlossen, so tritt in den Fällen des § 634a Abs. 2 und der §§ 641, 644 und 645 an die Stelle der Abnahme die Vollendung des Werkes.

§ 647 Unternehmerpfandrecht

Der Unternehmer hat für seine Forderungen aus dem Vertrag ein Pfandrecht an den von ihm hergestellten oder ausgebesserten beweglichen Sachen des Bestellers, wenn sie bei der Herstellung oder zum Zwecke der Ausbesserung in seinen Besitz gelangt sind.

§ 648 Kündigungsrecht des Bestellers

Der Besteller kann bis zur Vollendung des Werkes jederzeit den Vertrag kündigen. Kündigt der Besteller, so ist der Unternehmer berechtigt, die vereinbarte Vergütung zu verlangen; er muss sich jedoch dasjenige anrechnen lassen, was er infolge der Aufhebung des Vertrags an Aufwendungen erspart oder durch anderweitige Verwendung seiner Arbeitskraft erwirbt oder zu erwerben böswillig unterlässt. Es wird vermutet, dass danach dem Unternehmer 5 vom Hundert der auf den noch nicht erbrachten Teil der Werkleistung entfallenden vereinbarten Vergütung zustehen.

§ 649 Kostenanschlag

(1) Ist dem Vertrag ein Kostenanschlag zugrunde gelegt worden, ohne dass der Unternehmer die Gewähr für die Richtigkeit des Anschlags übernommen hat, und ergibt sich, dass das Werk nicht ohne eine wesentliche Überschreitung des Anschlags ausführbar ist, so steht dem Unternehmer, wenn der Besteller den Vertrag aus diesem Grund kündigt, nur der im § 645 Abs. 1 bestimmte Anspruch zu.

(2) Ist eine solche Überschreitung des Anschlags zu erwarten, so hat der Unternehmer dem Besteller unverzüglich Anzeige zu machen.

§ 650e Sicherungshypothek des Bauunternehmers

Der Unternehmer kann für seine Forderungen aus dem Vertrag die Einräumung einer Sicherungshypothek an dem Baugrundstück des Bestellers verlangen. Ist das Werk noch nicht vollendet, so kann er die Einräumung der Sicherungshypothek für einen der geleisteten Arbeit entsprechenden Teil der Vergütung und für die in der Vergütung nicht inbegriffenen Auslagen verlangen.

§ 650f Bauhandwerkersicherung

(1) Der Unternehmer kann vom Besteller Sicherheit für die auch in Zusatzaufträgen vereinbarte und noch nicht gezahlte Vergütung einschließlich dazugehöriger Nebenforderungen, die mit 10 Prozent des zu sichernden Vergütungsanspruchs anzusetzen sind, verlangen. Satz 1 gilt in demselben Umfang auch für Ansprüche, die an die Stelle der Vergütung treten. Der Anspruch des Unternehmers auf Sicherheit wird nicht dadurch ausgeschlossen, dass der Besteller Erfüllung verlangen kann oder das Werk abgenommen hat. Ansprüche, mit denen der Besteller gegen den Anspruch des Unternehmers auf Vergütung aufrechnen kann, bleiben bei der Berechnung der Vergütung unberücksichtigt, es sei denn, sie sind unstreitig oder rechtskräftig festgestellt. Die Sicherheit ist auch dann als ausreichend anzusehen, wenn sich der Sicherungsgeber das Recht vorbehält, sein Versprechen im Falle einer wesentlichen Verschlechterung der Vermögensverhältnisse des Bestellers mit Wirkung für Vergütungsansprüche aus Bauleistungen zu widerrufen, die der Unternehmer bei Zugang der Widerrufserklärung noch nicht erbracht hat.

(2) Die Sicherheit kann auch durch eine Garantie oder ein sonstiges Zahlungsversprechen eines im Geltungsbereich dieses Gesetzes zum Geschäftsbetrieb befugten Kreditinstituts oder Kreditversicherers geleistet werden. Das Kreditinstitut oder der Kreditversicherer darf Zahlungen an den Unternehmer nur leisten, soweit der Besteller den Vergütungsanspruch des Unternehmers anerkennt oder durch vorläufig vollstreckbares Urteil zur Zahlung der Vergütung verurteilt worden ist und die Vorausset-

zungen vorliegen, unter denen die Zwangsvollstreckung begonnen werden darf.

(3) Der Unternehmer hat dem Besteller die üblichen Kosten der Sicherheitsleistung bis zu einem Höchstsatz von 2 Prozent für das Jahr zu erstatten. Dies gilt nicht, soweit eine Sicherheit wegen Einwendungen des Bestellers gegen den Vergütungsanspruch des Unternehmers aufrechterhalten werden muss und die Einwendungen sich als unbegründet erweisen.

(4) Soweit der Unternehmer für seinen Vergütungsanspruch eine Sicherheit nach Absatz 1 oder 2 erlangt hat, ist der Anspruch auf Einräumung einer Sicherungshypothek nach § 650e ausgeschlossen.

(5) Hat der Unternehmer dem Besteller erfolglos eine angemessene Frist zur Leistung der Sicherheit nach Absatz 1 bestimmt, so kann der Unternehmer die Leistung verweigern oder den Vertrag kündigen. Kündigt er den Vertrag, ist der Unternehmer berechtigt, die vereinbarte Vergütung zu verlangen; er muss sich jedoch dasjenige anrechnen lassen, was er infolge der Aufhebung des Vertrages an Aufwendungen erspart oder durch anderweitige Verwendung seiner Arbeitskraft erwirbt oder böswillig zu erwerben unterlässt. Es wird vermutet, dass danach dem Unternehmer 5 Prozent der auf den noch nicht erbrachten Teil der Werkleistung entfallenden vereinbarten Vergütung zustehen.

(6) Die Absätze 1 bis 5 finden keine Anwendung, wenn der Besteller

1. eine juristische Person des öffentlichen Rechts oder ein öffentlichrechtliches Sondervermögen ist, über deren Vermögen ein Insolvenzverfahren unzulässig ist, oder

2. Verbraucher ist und es sich um einen Verbraucherbauvertrag nach § 650i oder um einen Bauträgervertrag nach § 650u handelt.

Satz 1 Nummer 2 gilt nicht bei Betreuung des Bauvorhabens durch einen zur Verfügung über die Finanzierungsmittel des Bestellers ermächtigten Baubetreuer.

(7) Eine von den Absätzen 1 bis 5 abweichende Vereinbarung ist unwirksam.

§ 650 Anwendung des Kaufrechts

Auf einen Vertrag, der die Lieferung herzustellender oder zu erzeugender beweglicher Sachen zum Gegenstand hat, finden die Vorschriften über den Kauf Anwendung. § 442 Abs. 1 Satz 1 findet bei diesen Verträgen auch Anwendung, wenn der Mangel auf den vom Besteller gelieferten Stoff zurückzuführen ist. Soweit es sich bei den herzustellenden oder zu erzeugenden beweglichen Sachen um nicht vertretbare Sachen handelt, sind auch die §§ 642, 643, 645, 648 und 649 mit der Maßgabe anzuwenden, dass an die Stelle der Abnahme der nach den §§ 446 und 447 maßgebliche Zeitpunkt tritt.

*)

Amtlicher Hinweis:

Diese Vorschrift dient der Umsetzung der Richtlinie 1999/44/EG des Europäischen Parlaments und des Rates vom 25. Mai 1999 zu bestimmten Aspekten des Verbrauchsgüterkaufs und der Garantien für Verbrauchsgüter (ABl. EG Nr. L 171 S. 12).

Gesellschaft

§ 705 Inhalt des Gesellschaftsvertrags

Durch den Gesellschaftsvertrag verpflichten sich die Gesellschafter gegenseitig, die Erreichung eines gemeinsamen Zweckes in der durch den Vertrag bestimmten Weise zu fördern, insbesondere die vereinbarten Beiträge zu leisten.

§ 706 Beiträge der Gesellschafter

(1) Die Gesellschafter haben in Ermangelung einer anderen Vereinbarung gleiche Beiträge zu leisten.

(2) Sind vertretbare oder verbrauchbare Sachen beizutragen, so ist im Zweifel anzunehmen, dass sie gemeinschaftliches Eigentum der Gesellschafter werden sollen. Das Gleiche gilt von nicht vertretbaren und nicht verbrauchbaren Sachen, wenn sie nach einer Schätzung beizutragen sind, die nicht bloß für die Gewinnverteilung bestimmt ist.

(3) Der Beitrag eines Gesellschafters kann auch in der Leistung von Diensten bestehen.

§ 707 Erhöhung des vereinbarten Beitrags

Zur Erhöhung des vereinbarten Beitrags oder zur Ergänzung der durch Verlust verminderten Einlage ist ein Gesellschafter nicht verpflichtet.

§ 708 Haftung der Gesellschafter

Ein Gesellschafter hat bei der Erfüllung der ihm obliegenden Verpflichtungen nur für diejenige Sorgfalt einzustehen, welche er in eigenen Angelegenheiten anzuwenden pflegt.

§ 709 Gemeinschaftliche Geschäftsführung

(1) Die Führung der Geschäfte der Gesellschaft steht den Gesellschaftern gemeinschaftlich zu; für jedes Geschäft ist die Zustimmung aller Gesellschafter erforderlich.

(2) Hat nach dem Gesellschaftsvertrag die Mehrheit der Stimmen zu entscheiden, so ist die Mehrheit im Zweifel nach der Zahl der Gesellschafter
zu berechnen.

§ 710 Übertragung der Geschäftsführung

Ist in dem Gesellschaftsvertrag die Führung der Geschäfte einem Gesellschafter oder mehreren Gesellschaftern übertragen, so sind die übrigen
Gesellschafter von der Geschäftsführung ausgeschlossen. Ist die Geschäftsführung mehreren Gesellschaftern übertragen, so finden die Vorschriften
des § 709 entsprechende Anwendung.

§ 711 Widerspruchsrecht

Steht nach dem Gesellschaftsvertrag die Führung der Geschäfte allen oder
mehreren Gesellschaftern in der Art zu, dass jeder allein zu handeln berechtigt ist, so kann jeder der Vornahme eines Geschäfts durch den anderen widersprechen. Im Falle des Widerspruchs muss das Geschäft unterbleiben.

Bürgschaft

§ 765 Vertragstypische Pflichten bei der Bürgschaft

(1) Durch den Bürgschaftsvertrag verpflichtet sich der Bürge gegenüber
dem Gläubiger eines Dritten, für die Erfüllung der Verbindlichkeit des
Dritten einzustehen.

(2) Die Bürgschaft kann auch für eine künftige oder eine bedingte Verbindlichkeit übernommen werden.

§ 766 Schriftform der Bürgschaftserklärung

Zur Gültigkeit des Bürgschaftsvertrags ist schriftliche Erteilung der Bürgschaftserklärung erforderlich. Die Erteilung der Bürgschaftserklärung in
elektronischer Form ist ausgeschlossen. Soweit der Bürge die Hauptver-
bindlichkeit erfüllt, wird der Mangel der Form geheilt.

§ 770 Einreden der Anfechtbarkeit und der Aufrechenbarkeit

(1) Der Bürge kann die Befriedigung des Gläubigers verweigern, solange
dem Hauptschuldner das Recht zusteht, das seiner Verbindlichkeit zugrunde liegende Rechtsgeschäft anzufechten.

(2) Die gleiche Befugnis hat der Bürge, solange sich der Gläubiger durch
Aufrechnung gegen eine fällige Forderung des Hauptschuldners befriedigen kann.

§ 771 Einrede der Vorausklage

Der Bürge kann die Befriedigung des Gläubigers verweigern, solange nicht der Gläubiger eine Zwangsvollstreckung gegen den Hauptschuldner ohne Erfolg versucht hat (Einrede der Vorausklage). Erhebt der Bürge die Einrede der Vorausklage, ist die Verjährung des Anspruchs des Gläubigers gegen den Bürgen gehemmt, bis der Gläubiger eine Zwangsvollstreckung gegen den Hauptschuldner ohne Erfolg versucht hat.

Unerlaubte Handlungen

§ 823 Schadensersatzpflicht

(1) Wer vorsätzlich oder fahrlässig das Leben, den Körper, die Gesundheit, die Freiheit, das Eigentum oder ein sonstiges Recht eines anderen widerrechtlich verletzt, ist dem anderen zum Ersatz des daraus entstehenden Schadens verpflichtet.

(2) Die gleiche Verpflichtung trifft denjenigen, welcher gegen ein den Schutz eines anderen bezweckendes Gesetz verstößt. Ist nach dem Inhalt des Gesetzes ein Verstoß gegen dieses auch ohne Verschulden möglich, so tritt die Ersatzpflicht nur im Falle des Verschuldens ein.

§ 826 Sittenwidrige vorsätzliche Schädigung

Wer in einer gegen die guten Sitten verstoßenden Weise einem anderen vorsätzlich Schaden zufügt, ist dem anderen zum Ersatz des Schadens verpflichtet.

§ 836 Haftung des Grundstücksbesitzers

(1) Wird durch den Einsturz eines Gebäudes oder eines anderen mit einem Grundstück verbundenen Werkes oder durch die Ablösung von Teilen des Gebäudes oder des Werkes ein Mensch getötet, der Körper oder die Gesundheit eines Menschen verletzt oder eine Sache beschädigt, so ist der Besitzer des Grundstücks, sofern der Einsturz oder die Ablösung die Folge fehlerhafter Errichtung oder mangelhafter Unterhaltung ist, verpflichtet, dem Verletzten den daraus entstehenden Schaden zu ersetzen. Die Ersatzpflicht tritt nicht ein, wenn der Besitzer zum Zwecke der Abwendung der Gefahr die im Verkehr erforderliche Sorgfalt beobachtet hat.

(2) Ein früherer Besitzer des Grundstücks ist für den Schaden verantwortlich, wenn der Einsturz oder die Ablösung innerhalb eines Jahres nach der Beendigung seines Besitzes eintritt, es sei denn, dass er während seines Besitzes die im Verkehr erforderliche Sorgfalt beobachtet hat oder ein späterer Besitzer durch Beobachtung dieser Sorgfalt die Gefahr hätte abwenden können.

(3) Besitzer im Sinne dieser Vorschriften ist der Eigenbesitzer.

StGB

§ 319 Baugefährdung

(1) Wer bei der Planung, Leitung oder Ausführung eines Baues oder des Abbruchs eines Bauwerks gegen die allgemein anerkannten Regeln der Technik verstößt und dadurch Leib oder Leben eines anderen Menschen gefährdet, wird mit Freiheitsstrafe bis zu fünf Jahren oder mit Geldstrafe bestraft.

(2) Ebenso wird bestraft, wer in Ausübung eines Berufs oder Gewerbes bei der Planung, Leitung oder Ausführung eines Vorhabens, technische Einrichtungen in ein Bauwerk einzubauen oder eingebaute Einrichtungen dieser Art zu ändern, gegen die allgemein anerkannten Regeln der Technik verstößt und dadurch Leib oder Leben eines anderen Menschen gefährdet.

(3) Wer die Gefahr fahrlässig verursacht, wird mit Freiheitsstrafe bis zu drei Jahren oder mit Geldstrafe bestraft.

(4) Wer in den Fällen der Absätze 1 und 2 fahrlässig handelt und die Gefahr fahrlässig verursacht, wird mit Freiheitsstrafe bis zu zwei Jahren oder mit Geldstrafe bestraft.

GLOSSAR

Aufmaß

Als Aufmaß bezeichnet man das Vermessen und Aufzeichnen eines bestehenden Gebäudes, Bauwerks oder Bauteils. Dazu misst man das tatsächliche Objekt, (d. h. auf der Baustelle) auf oder der Leistungsumfang wird aus Ausführungsplänen ermittelt. Ein Aufmaß kann für ein Leistungsverzeichnis oder zur Erstellung einer prüfbaren Abrechnung genutzt werden. Im Rahmen eines Einheitspreisvertrages dient der so ermittelte Umfang der erbrachten Leistungen als Grundlage zur Rechnungserstellung.

Nach § 2 (2) VOB/B ist das Aufmaß Basis der Vergütung und soll nach § 14 (2) VOB/B möglichst gemeinsam von Auftragnehmer und Auftraggeber vorgenommen werden und ist in einer Messurkunde zu dokumentieren.

Aufbauend auf dem Aufmaß wird die Mengenermittlung (umgangssprachlich Massenermittlung) durchgeführt. Abrechnungsbestimmungen finden sich für die verschiedenen Gewerke in den jeweiligen Abschnitten 5 der der VOB, Teil C (DIN 18299 ff). Danach werden zum Beispiel bei Beton- und Stahlbetonarbeiten "Bei Abrechnung nach Flächenmaß (m²) Öffnungen, Durchdringungen und Einbindungen über 2,5 m² Einzelgröße abgezogen." (Abschn. 5.1.2.2 DIN 18331). Das bedeutet, dass bei einer Betonwand eine normale Türöffnung übermessen wird.

Bauleitung

Die Bauleitung (BL) leitet eine Baustelle oder Teile einer Baustelle. Sie ist für die ordnungsgemäße Ausführung der Bauarbeiten verantwortlich.

Auftraggeberbauleitung (Objektüberwachung)

Sie wird vom Auftraggeber, meist vom Bauherrn, eingesetzt. Als „Sachwalter des Bauherrn" übernimmt sie vorrangig die Überwachung und Überprüfung der zu erbringenden Leistung (Bausoll) und koordiniert die Gewerke und sonstige Beteiligte (evtl. Planer, Behörden etc.) und steht in direktem Kontakt mit dem Bauherrn zur Klärung technischer Fragen.

Für die Vergütung einer unabhängigen Objektüberwachung ist in Deutschland die in Leistungsphase 8 des entsprechenden Paragraphen der Honorarordnung für Architekten und Ingenieure festgesetzten Honorare verbindliches Preisrecht. Von ihnen kann nur innerhalb enger Grenzen abgewichen werden.

Auf die Objektüberwachung entfallen die Koordination der Bauausführung auf Übereinstimmung mit der Baugenehmigung, den Ausführungsplänen und den Leistungsbeschreibungen sowie mit den anerkannten Regeln der Technik und Vorschriften.

© Springer Fachmedien Wiesbaden GmbH, ein Teil von Springer Nature 2020
W. Rösel et al., *AVA-Handbuch*, https://doi.org/10.1007/978-3-658-29522-6

Auftragnehmer- oder Unternehmensbauleitung (Bauleitung)

Die Bauleitung der auftragnehmenden Unternehmen sorgt für die termingerechte, qualitätsgerechte und wirtschaftliche Ausführung der Arbeiten. Daneben sind Sicherheit und Gesundheitsschutz sowie der Umweltschutz sicherzustellen. Die Unternehmensbauleitung vertritt den Firmeninhaber und ist damit in der Regel für die Erfüllung der gesetzlichen, behördlichen und berufsgenossenschaftlichen Verpflichtungen verantwortlich.

Auf allen Kleinbaustellen ist der Unternehmensbauleiter nicht ständig anwesend.

Die ständige Vertretung ist dann dem Vorarbeiter oder Polier bzw. Schachtmeister vorbehalten. Bei Großbaustellen ist die Bauleitung hierarchisch organisiert:

- Oberbauleiter
- Bauleiter
- Abschnittsbauleiter
- Bauführer

Öffentlich-rechtlicher Bauleiter

Mehrere Landesbauordnungen verlangen die Bestellung eines Bauleiters nach Bauordnungsrecht. Diese Aufgabe wird zumeist vom Bauleiter des Auftraggebers mit übernommen. Der Bauleiter nach Bauordnungsrecht ist verantwortlich für die Einhaltung der Vorschriften des öffentlichen Baurechts.

Baustellen-Ordnungsplan/Baustellen-Einrichtungsplan[1]

Die Planung der Bauproduktionseinrichtungen auf der Baustelle ist für die technologiegerechte, ablaufoptimierte und zeitorientierte Organisation aller Bauarbeiten die wesentliche Voraussetzung. Die Verantwortung des Auftraggebers für den koordinierten Einsatz aller Unternehmer kann im Gegensatz zu den jeweils eigenen Interessen der Auftragnehmer stehen.

Die Baustellen-Ordnungs- und Einrichtungspläne bilden die Grundlage für ein geordnetes Zusammenwirken auf der Baustelle. Sie tragen dazu bei, Unfallgefahren abzuwenden, gegenseitige Behinderungen zu vermeiden, Ordnung und Sicherheit aufrecht zu erhalten und angemessene Ausführungsqualität zu erreichen.

Bei Großbaustellen sind erstrangige Baustellen-Ordnungspläne und nachrangige Baustellen-Einrichtungspläne sinnvoll. Bei kleineren Baustellen können beide Aufgaben in einen Plan zusammengefasst dargestellt werden.

Baustellen-Ordnungsplan
Der Baustellen-Ordnungsplan ist von der Auftraggeberseite aufzustellen und mit den Vertretern öffentlicher Belange, den Nachbarn, den Ver- und Entsorgungsunternehmern,

---

[1]   vgl.: Wolfgang Rösel, Baumanagement, Springer-Verlag Berlin 1999

den Planungsbeteiligten und den sonstigen evtl. Betroffenen abzustimmen. Er ist als Übersichtsplan mit Geländehöhen über N.N. aufzustellen und informiert über z. B.: Bauwerke und Nebenanlagen, Beschaffenheit des Baugeländes, Verkehrsverhältnisse, Zufahrten auf das Baufeld, Baufeldumschließung, Baufeldeinrichtungen, Ver- und Entsorgungseinrichtungen, Kanäle, Leitungen, Kabel, Lagerflächen, Betriebsflächen der Baustelle.

Er dient als Anlage für das Ausschreibungsverfahren und als Grundlage für die Baustelleneinrichtungsplanung des Unternehmers.

Baustellen-Einrichtungsplan
Der Baustellen-Einrichtungsplan berücksichtigt die baubetrieblichen Gegebenheiten der ausführenden Unternehmer. Er ist ein Übersichtsplan der baubetrieblichen Einrichtungen und Erfordernisse. Dies können u. a. sein: Maschinelle Einrichtungen, Unterkünfte, Magazine, Lagerflächen, Ver- und Entsorgungseinrichtungen, Baugruben, Böschungen, Verbau, Arbeitsräume, Gerüste usw.

Dynamische Baudaten (StLB-Bau)

Dynamische Baudaten (StLB-Bau = Standardleistungsbuch-Bau) ist ein datenbankorientiertes Textsystem zur standardisierten Beschreibung von Bauleistungen. Für die Zusammenstellung der Texte und die Übertragung an das Anwenderprogramm werden ein Dialogprogramm und eine XML-Schnittstelle zur Verfügung gestellt.

Dynamische Baudaten ist das System für die Leistungsbeschreibung im Bauwesen. Es wird aufgestellt von GEAB (Gemeinsamer Ausschuss Elektronik im Bauwesen), datentechnisch umgesetzt von Dr. Schiller und Partner und herausgegeben von DIN.

Im Gegensatz zu herkömmlichen Textsammlungen besteht StLB-Bau Dynamische Baudaten nicht aus einer endlichen Anzahl vorgefertigter und statischer Texte, sondern aus einem dynamischen Textgenerator, der Texte auf Anforderung nach Vorgaben des Benutzers und auf Basis eingebauter Regeln erzeugt.

Mengenermittlung/Mengenberechnung[3]

Sie ist erforderlich a) für die Kalkulation der Angebotspreise und b) für die Abrechung der ausgeführten Leistungen, wie § 14 VOB/B festlegt. Die dabei zu beachtenden Berechungsvorschriften sind jeweils unter Nr. 5 der betreffenden DIN-Normen der VOB/C aufgeführt.

Messurkunde

Die Messurkunde ist die Grundlage für das Aufmaß. Sie wird von mind. zwei Parteien, z. B. Auftragnehmer und Auftraggeber unterzeichnet und wird somit „beurkundet". (siehe Beispiel in Kapitel 12)

Preisspiegel

Als Preisspiegel wird die Gegenüberstellung der Auswertung der Angebote einzelner Bieter bezeichnet indem die Einheits- und Gesamtpreise miteinander verglichen werden. Er wird aufgestellt für eine Vergabeeinheit oder ein Gewerk und enthält in der Regel folgende Angaben:

- Ordnungs- oder Positionsnummer
- Beschreibung der Leistungen
- Einheitspreise
- Gesamtpreise
- Prozentuale Abweichungen
- Rang (billigster Bieter / teuerster Bieter)

Leistungsfähige AVA-Systeme bieten weitere Funktionen zur Auswertung, wie z. B. grafische Darstellungen an.

Raumbuch[2]

kann nach Leistungsphase 6 der entsprechenden Paragraphen der HOAI im Rahmen einer Leistungsbeschreibung mit Leistungsprogramm der Objektbeschreibung dienen. Das Raumbuch enthält dann für jeden Raum Angaben über z. B.:

- Die allgemeinen Raummerkmale wie Raumart, Lage, Abmessung, Nutzung etc.
- Die Ausbau- und Ausstattungselemente wie bauphysikalische Anforderungen, bautechnische Ausstattungen, Einbauten, Geräte etc.

Vertragsmodelle

- Einheitspreisvertrag

Die Vergütung berechnet sich aus dem Einheitspreis für die jeweilige Teilleistung (z. B. 1 m² Mauerwerk) multipliziert mit der ausgeführten Menge (z. B. 5000 m²). Die tatsächlich ausgeführte Leistung wird ermittelt durch Aufmaß aus den Bauplänen oder hilfsweise am Objekt.

- Detailpauschalvertrag
  Die zu erbringenden Leistungen werden erschöpfend beschrieben und dafür eine Pauschale vereinbart.

- Globalpauschalvertrag
  Die zu erbringenden Leistungen werden ergebnisorientiert (funktional) beschrieben und dafür eine Pauschale vereinbart. Bei Pauschalverträgen trägt der Unternehmer das Mengenrisiko, soweit zumutbar (siehe § 2 (7) VOB/B, § 242 BGB).

---

[2]   vgl. Begriffsdefinitionen nach Brüssel, Baubetrieb von A-Z, 5. Auflage, 2007

- Regievertrag (Stundenlohnvertrag)
  Die Vergütung erfolgt aufgrund vereinbarter Sätze für den tatsächlichen Aufwand an Personal- und Maschinenstunden sowie Material. (Ein Vertrag kann sowohl ausschließlich Regiearbeiten umfassen, wie auch Regiearbeiten (angehängte) in Kombination mit anderen Vergütungssystemen.).

- GMP-Vertrag (Garantierter Maximalpreis)
  Durch gemeinsam zu optimierende Planung und Ausführung soll in kooperativer Form dieser GMP unterschritten werden. Die eingesparten Kosten werden entsprechend zwischen den Partnern (Auftraggeber und Auftragnehmer) aufgeteilt.

- PPP-Vertrag (Public Private Partnership)
  Ein öffentlicher Auftraggeber beauftragt eine Gesellschaft mit der Planung, Finanzierung, dem Bau und dem Betreiben der baulichen Anlage über eine längere Laufzeit (typisch 15 bis 25 Jahre). Die Vergütung erfolgt in monatlichen oder jährlichen Raten.

- BOT (Build Operate Transfer)
  Als BOT werden im Englischen Betreibermodelle bezeichnet. Sie kennzeichnen die drei Phasen eines Projektes/Objektes aus dem das Betreibermodell besteht. Realisieren, Betreiben und Übertragen auf den Kunden.

Literaturverzeichnis

ACKER, Wendelin; MOUFANG, Oliver: *Bauvertrag nach VOB/B und BGB*. Köln: RWS, 2003

BALSER, Heinrich; BOKELMANN, Gunther; PIORRECK, Karl Fr.: *Die GmbH*. 13. Aufl. Freiburg: Haufe, 2008

BEUTH, Ansgar; BEUTH, Martin: *Lexikon Bauwesen – Fachbegriffe für Eigentümer, Bauherren, Investoren und Versicherungen*. München: DVA, 2001

BÜCHNER, Sebastian: *Der Generalplanervertrag*. Düsseldorf: Werner Verlag, 2006

BÜCHS, Andreas. *Das VOB-Baustellenhandbuch*. 6. aktualisierte Aufl. nach VOB 2012, Augsburg: Forum, 2012

DAMERAU, Hans; VON DER TAUTERAT, August: *Hochbau- und Ausbauarbeiten/ VOB im Bild – Abrechnung nach der VOB 2012 mit Ergänzungsband 2015*. 21. aktualisierte und erweiterte Aufl. Köln: Verlagsges. Müller, 2016

DAMERAU, Hans; VON DER TAUTERAT, August: *Tiefbau- und Erdarbeiten – Abrechnung nach der VOB 2012 mit Ergänzungsband 2015*. Köln: Verlagsges. Müller, 2015

DIEHR, Uwe; KNIPPER, Michael (Hrsg.): *Wirksame und unwirksame Klauseln im VOB-Vertrag – Nachschlagewerk zum Aufstellen und Prüfen von Vertragsbedingungen*. Wiesbaden: Vieweg 2003

DIN DEUTSCHES INSTITUT FÜR NORMUNG E.V. (Hrsg.): *VOB Gesamtausgabe 2012: Vergabe- und Vertragsordnung für Bauleistungen Teil A (DIN 1960), Teil B (DIN 1961), Teil C (ATV) und Egänzungsband 2015*. Berlin: Beuth, 2015

DITTEN, Dietrich. *Der Bauleiter und seine Rechtsstellung – Aufgaben, Ansprüche, Vollmacht, Haftung*. 3. Aufl. Renningen: Expert, 2002

HEIERMANN, Wolfgang; RIEDL, Richard; RUSAM, Martin: *Handkommentar zur VOB – VOB/A, VOB/B, Rechtsschutz im Vergabeverfahren*. 13. Aufl. München: Springer Verlag 2013

HERING, Norbert: *Praxiskommentar zur VOB Teile A, B und C*. 5. Aufl. Düsseldorf: Werner Verlag 2012

HOFMANN, Olaf; FRIKELL, Eckhard: *Der VOB-Pauschalvertrag*. Stamsried: Vögel, 2002

INGENSTAU, Heinz; KORBION, Hermann: *Kommentar zur VOB – Teile A und B*. 19. Aufl. Düsseldorf: Werner Verlag 2015

KULARTZ, Hans-Peter; PRIEß, Hans-Joachim; PORTZ, Norbert; MARX, Friedhelm: *Kommentar zur VOL/A – Vergaberecht, Rechtsschutz*. 2. Aufl. Düsseldorf: Werner, 2010

LEINEMANN, Ralf; MAIBAUM, Thomas: *Die VOB 2012 – BGB-Bauvertragsrecht und Vergaberecht, Die wichtigsten Vorschriften für Baupraxis und Auftragsvergabe mit Erläuterungen der Neuregelungen*. 8., völlig neu bearbeitete Aufl. Köln: Bundesanzeiger, 2013

LÖFFELMANN, Peter; FLEISCHMANN, Guntram: *Architektenrecht – Praxishandbuch zu Honorar und Haftung*, 6. Aufl. Düsseldorf: Werner Verlag, 2012

© Springer Fachmedien Wiesbaden GmbH, ein Teil von Springer Nature 2020
W. Rösel et al., *AVA-Handbuch*, https://doi.org/10.1007/978-3-658-29522-6

MARKUS, Jochen; KAISER, Stefan. *AGB-Handbuch Bauvertragsklauseln*. 4. Aufl. Düsseldorf: Werner Verlag, 2014

NIESTRATE, Helmut: *Die Architektenhaftung*. 3. Aufl. Köln: Carl Heymanns, 2006

PHILIPPS, Georg; STOLLHOFF, Frank: *Die vorsorgliche Beweissicherung im Bauwesen*. 2. überarbeitete Aufl. Stuttgart: IRB, 2010

SANGENSTEDT, Hans. R.: *Rechtshandbuch für Ingenieure und Architekten*. München: Beck, 1999

SEYFFERTH, Günter: *Praktisches Baustellen-Controlling – Handbuch für Bau- und Generalunternehmen*. Wiesbaden: Vieweg+Teubner, 2011

STAHR, Michael: *Bausanierung – Erkennen und Beheben von Bauschäden*. 6. Aufl. Wiesbaden: Springer Vieweg, Wiesbaden 2015

STLB-Bau komplett auf CD-ROM. Berlin: Beuth, 2015 (wird laufend aktualisiert)

WERNER, Ulrich; PASTOR, Walter: *Der Bauprozess – Prozessuale und materielle Probleme des zivilen Bauprozesses*. 15. Aufl. Düsseldorf: Werner Verlag, 2015

WERNER, Ulrich; PASTOR, Walter; Müller, Karl: *Baurecht von A-Z – Lexikon des öffentlichen und privaten Baurechts*. 7. Aufl. München: Beck, 2000

WIRTH, Axel; WÜRFELE, Falk; BROOKS, Stefan: *Rechtsgrundlagen des Architekten und Ingenieurs – Vertragsrecht, Haftungsrecht, Vergütungsrecht*. 2. vollständig überarbeitete und aktualisierte Aufl. Wiesbaden: Vieweg, 2012

WALDNER, Wolfram; WÖLFEL, Erich: So gründe und führe ich eine GmbH – Vorteile nutzen, Risiken vermeiden. 9. Aufl. München: Beck, 2009

Sachwortverzeichnis

© Springer Fachmedien Wiesbaden GmbH, ein Teil von Springer Nature 2020
W. Rösel et al., *AVA-Handbuch*, https://doi.org/10.1007/978-3-658-29522-6

Printed in the United States
By Bookmasters